JN234295

**新しい解析学の流れ**

●編集委員　西田 孝明・磯 祐介・木上 淳・宍倉 光広

# 確率論

熊谷　隆／著

共立出版株式会社

## シリーズ「新しい解析学の流れ」発刊にむけて

　「解析学」は現象の分析・解析に源を持つ数学の分野であり，古典力学を背景とした17世紀のニュートンによる微分・積分法の創始にも代表されるように，物理学と深い関係を持ちながら発展してきた数学である．さらに19世紀のコーシーらの研究をはじめ，解析学は極限などの「無限」を理論的に扱う数学の分野としても特徴づけられる．20世紀にはさまざまな抽象概念が導入され，解析学は深まりを見せる一方で，代数学や幾何学との結び付きを深める解析学の分野も成長し，さらに確率論も加わって多様な進歩を遂げている．

　他の学問との関わりでは，特に20世紀後半には物理学はもとより工学や化学・生物学・経済学・医学など，多様な分野に現れる種々の非線形現象の分析・解析・数理モデル化との関わりも深めてきた．さらに計算機の飛躍的な進歩により，それまでには扱うことのできなかった複雑な対象への取り組みも可能となっている．このような計算機を援用した新たな取り組みの中で，新しい時代の解析学が芽生える一方，解析学の研究で得られた成果が数値計算などを通して多くの応用分野を支えるに至っている．

　このような解析学を取り巻く状況変化の中で，21世紀における「解析学」の新しい流れを我が国から発信することが，このシリーズの目的である．これは過去の叡知の上に立って，夢のある将来の「解析学」像を描くことである．このため，このシリーズでは新たな知見の発信と共に先人の得た成果を「温故知新」として見直すことも並行して行い，さらには海外の最新の知見の紹介も行いたいと考えている．したがって本シリーズでは，新たな良書の書き下ろしはもちろんのこと，20世紀に出版された時代を越えた名著を復刊して後世に残し，さらには海外の最新の良書の翻訳を行う予定である．また，最先端の専門家向けの高度な内容の書物を出版する一方で，これからの解析学の発展を担う若い学生を導くためのテキストレベルの書物の出版も心掛けていく予定である．

編集委員　西田孝明　磯　祐介
　　　　　木上　淳　宍倉光広

# はじめに

　この本は，理工系の学部3,4年生から大学院初年度の学生を主な対象として書かれた，確率論の入門書です．

　確率論は，中世に博打の勝ち負けの可能性を計算した時から始まり，常に現実の問題と関わって育ってきた学問です．20世紀に入るまでは，今でいう順列・組合せを用いた思考ゲームとしての確率論が発展する一方，出生死亡率・平均寿命などを扱う，現在の統計学の源となる学問が発展しました．しかし，これらの初等的な枠組みで扱える範囲には限界があり，より一般の現象を扱うためにはきちんとした土台の上に理論を展開していく必要がありました．そのような中，20世紀前半に生まれた理論が測度論と呼ばれる理論なのです．これをして「ものを測る，事象の確率を測る」とは何かという土台がしっかりと固められ，現代確率論の飛躍的発展につながりました．今日では，確率論は多岐の線型・非線型問題に応用され，統計力学や集団遺伝学，数理ファイナンスといった幅広い分野の研究と結びついています．

　このように，20世紀に飛躍的に発展した確率論を現代の視点から語るには，近代確率論の思想の源である測度論をベースに話を展開するのが一番自然ではないかと著者は考えます．何だか難しそうな理論で，読者の中には自分達には必要ないのではないかといぶかる人もいるかもしれませんが，決してそうではありません．上述した確率論の略歴からも分かるように，現代の確率論にとって測度論の思想は，車のエンジンの役割を担っています．このエンジンが，車輪に当たる応用に結びつき，学問の諸分野を疾走してきたわけです．ですから，確率論を勉強する皆さんもまた，常に理論・応用の両方を意識する必要があります．理論ばかり追及すると，ともすれば無味乾燥な世界に入り込む恐れがあり，一方，具体的な個々の例だけを扱ってその裏にある統一的な概念が見えないと，木を見て森を見ずの中途半端な状態になってしまいます．

そこで本書は，今日的な立場に立って測度とは何かを述べるところから話を起こしました．高いところから確率論という理論の基本的な構造を見せ，高校数学とのつながりや具体的な例について語るという方法です．初学者には所々に出てくる概念の意味がつかみにくいかもしれませんが，具体例を参考にどのような内容を抽象化したものかを理解するように努めてください．車輪に当たる応用的内容も，多分に取り入れました．コンパクトな入門書ですが，このページ数にしてこれだけの理論と応用例を記した入門書は，邦書には少ないのではないかと自負しています．いくつかの例外を除くと，大学初年度級の微分積分学・線型代数学の知識があれば（測度論の知識があればなおよいですが）理解できると思います．巻末の付録を利用しながら，本書と平行して測度論（あるいはルベーグ積分論，本書ではこの二つを同義で用います）を勉強するのもよいでしょう．初学者にとって難しいと思われる内容，証明については文字のサイズを小さくして書いていますので，読み飛ばして先に進んでも構いません．

私は大学に入った初めの頃，ルベーグ積分論がよく理解できませんでした．いろいろな本を読んでも，思想の部分が見えず苦労しました．しかし，とある教科書を読んで「なるほど」と思い，それまで無味乾燥に見えていた話が急に生き生きと飛び跳ねて見えるようになりました．現在確率論を専門としているのも，その経験が多分に影響していると思います．その時の感動を思い出しつつ，少しでもこの理論の美しさとその応用へのつながりの楽しさにわくわくしてもらえればと願いつつ書きました．私の力不足でその感動が伝わりにくいかも知れませんが，素朴なサイコロの世界から出発して少しでも広い世界にたどり着いて欲しいと願っています．

本書の構成は次ページの図のようになっています．第1章では，近代確率論の基礎となる確率空間について述べ，確率論における基本的な定理として大数の法則，中心極限定理，大偏差原理とその応用について述べました．大偏差原理については，入門的な確率論の邦書ではあまり扱われていませんが，近年の大偏差原理の研究の進展と応用上の重要性に鑑みて，本書ではその基本的な内容に触れることにしました．第2章は，ポアソン過程，ブラウン運動という二つの確率過程についての基本的な性質を見た後，離散マルチンゲールと，その応用として最適戦術の問題およびオプションの価格付けの問題を扱いました．

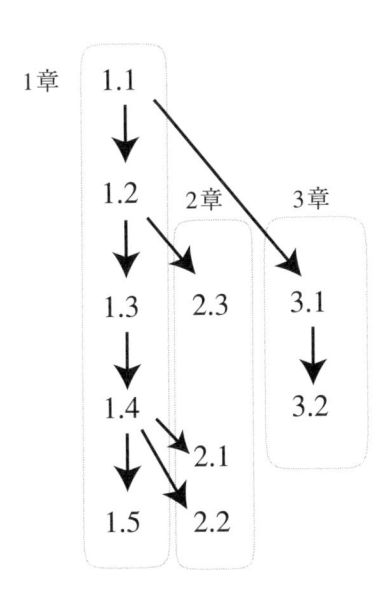

```
1章    1.1
         ↓
        1.2      2章   3章
         ↓        ↘
        1.3      2.3    3.1
         ↓                ↓
        1.4              3.2
         ↓      ↘
               2.1
         ↓      ↘
        1.5     2.2
```

章の関連図

　ブラウン運動は最も重要な確率過程なので，その構成方法を 3 通り紹介しました．また，マルチンゲールという概念の重要性をしっかりと認識してもらえるよう，盛りだくさんの応用例を準備しました．第 3 章は，それまでの章とは多少趣を変え，離散調和解析の基礎として電気回路と対応するマルコフ連鎖について述べました．特に第 3 章は，あまり多くの知識を必要とせずに実解析と確率論の接点を垣間見ることのできるよい教材ではないかと思います．邦書にこれについて詳しい記述のある入門書を著者は知らないので，あえてこの章を加えました．なお，本書を通じて数学用語，外国人名の仮名表記の仕方については，いくつかの例外はありますが，基本的に『岩波 数学辞典（第 3 版）』（日本数学会編集）に従いました．

　図にも示す通り，2.3 節以降は（多少の例外を除いて）それまでの節と独立して読むことができます．応用に興味のある方は，この関連図を参考に 2.3 節以降の応用の部分を先に読んで自分の中で動機づけを高めてから基礎の詳しい部分を読むのも一つの手ではないかと思います．また，章末練習問題には，各章

で学んだ定理の応用問題の他，実生活にも出てきそうな確率の問題の中から各章の内容と関係したものを選び出しています．全問に解答を付けていますので，安心して (?) チャレンジしてみて下さい．

このような本の執筆は著者にとって初めてのことであり，記述ミスや誤植などがあると思われます．これらの訂正表をホームページ

$$\text{http://www.kurims.kyoto-u.ac.jp/~kumagai/}$$

において，随時更新していく予定です．

謝辞：京都大学名誉教授の渡辺信三先生には，著者が学生時代の時から温かくご指導を頂きました．本書の第1章，第2章は，著者が学生時代に受けた渡辺先生の確率論の講義の内容を多分に取り入れさせて頂きました．また渡辺先生には，初稿を御通読頂き，たくさんの貴重なアドバイスを頂きました．例1.1.9でパラメータ $p$ の自由度を入れる考え方や定理2.3.14の証明は，先生に頂いたアドバイスを参考にして加筆修正したものです．この場を借りて深く感謝するとともに，厚く御礼申し上げます．この本は，名古屋大学，京都大学，信州大学，奈良女子大学における著者の講義，集中講義，公開講座がベースになっています．講義の際，スタッフの方々や聴講された方々から貴重なご意見を頂きました．磯祐介教授，木上淳教授には，本書の執筆をおすすめ頂き，また査読者の方をはじめ服部哲弥氏，服部久美子氏，杉浦誠氏，白井朋之氏，日野正訓氏，高岡浩一郎氏，白谷健一郎君，萩原浩平君からは，原稿の間違い・問題点の指摘を頂きました（なお，言うまでもないことですが，依然残っているであろう間違いについての責任は筆者である私にあります）．妻の資子には，本文の図の作成に協力してもらいました．本の出版にあたっては，共立出版社の小山透さん，大越隆道さんに大変お世話になりました．このようにいろいろな形で執筆を支えて下さった皆さまに厚く御礼申し上げます．

2003年2月　　　　　　　　京都にて　　熊谷　隆

重版にあたり，誤植などを訂正しました．間違い・問題点をご指摘下さった，角田保氏，河備浩司氏，木上淳氏，桑江一洋氏，猿子幸弘氏，志賀徳造氏，田中勝氏，戸田アレクシ哲氏，富崎松代氏，宮本宗実氏，横戸宏紀氏，天野利一君，江崎翔太君，梶野直孝君，鄭容武君，藤浪靖人君に感謝いたします．

# 目 次

## 第1章 確率論の基礎 — 1
- 1.1 サイコロ投げの確率（高校数学との橋渡し） — 1
  - 1.1.1 サイコロの確率 — 2
  - 1.1.2 平均と分散 — 4
  - 1.1.3 条件付き確率と独立性 — 5
- 1.2 確率空間（近代確率論の基礎） — 10
- 1.3 大数の法則とその応用 — 20
- 1.4 中心極限定理 — 30
  - 1.4.1 分布の収束 — 30
  - 1.4.2 特性関数 — 38
  - 1.4.3 分布関数の収束と特性関数の収束 — 42
  - 1.4.4 応用 — 44
  - 1.4.5 中心極限定理 — 46
- 1.5 大偏差原理 — 48

## 第2章 いろいろな確率過程 — 59
- 2.1 ポアソン分布とポアソン過程 — 59
  - 2.1.1 ポアソン分布と指数分布 — 60
  - 2.1.2 ポアソン過程 — 64
- 2.2 ブラウン運動とその性質 — 68
  - 2.2.1 ブラウン運動の定義とその構成方法 — 69
  - 2.2.2 ブラウン運動の性質と偏微分方程式への応用 — 81
- 2.3 離散マルチンゲールとその応用 — 87
  - 2.3.1 離散マルチンゲール — 87

viii　目次

   2.3.2　応用 A：最適戦術 I ..................... 94
   2.3.3　最適戦術 II ........................... 97
   2.3.4　応用 B：オプションの価格付け ............. 102

**第3章　電気回路とランダムウォーク**　　**115**
 3.1　有限グラフ上の電気回路とランダムウォーク ......... 115
   3.1.1　有限グラフ上の電気回路 .................. 115
   3.1.2　電気回路に対応するマルコフ連鎖 ............ 122
   3.1.3　ディリクレ問題の解の求め方 ............... 129
   3.1.4　ポアソン方程式 ........................ 133
   3.1.5　デーンの定理 .......................... 136
   3.1.6　有効抵抗と脱出確率 .................... 138
   3.1.7　レイリーの定理 ........................ 141
 3.2　無限グラフ上の電気回路とランダムウォーク ......... 143
   3.2.1　無限グラフ上の電気回路と，対応するマルコフ連鎖の
      再帰性 ................................ 143
   3.2.2　再帰性についてのポーヤの問題 ............. 149
   3.2.3　いろいろなグラフ上のマルコフ連鎖の再帰性 ..... 153

**付 録 A　ルベーグ積分論の基本的定理**　　**163**
 A.1　積分論における基本的な設定 .................... 164
 A.2　積分論における基本的な定理 .................... 169

**付 録 B　問題の解答**　　**175**

**参考文献**　　**197**

**索 引**　　**203**

**Tea Break**
 囚人のジレンマ ................................. 9
 ランダム性とは何か？ ............................. 19

ウィーナー測度の発見的考察 .................... 70
$\Delta/2$ になるわけ .............................. 86

# 第1章 確率論の基礎

確率は日常生活においてさまざまな形で現れるが，そのようなとき私たちはいくつかの「法則」を（経験則として）認めて話を進めている．例えば，コインを何度も何度も投げると表の出る頻度が 1/2 に近づくことを経験的に知っており，あるいは受験の時に出てきた偏差値は，統計的な分布が正規分布によって近似できるということを暗に認めて計算しているのである．中学・高校の時には経験則として学んだこのような「法則」は，実のところ確率空間と呼ばれる空間を設定して議論することにより数学の定理として証明することができる．本章では，確率空間を設定して上に述べた法則にあたる大数の法則，中心極限定理を証明する．さらに最後の小節では，このような近似において偏差が大きい部分の挙動を表す大偏差原理について，基礎的な内容を扱う．これらの三つの定理（法則・原理）は，確率論を語るうえで三種の神器と言ってもよいものである．

## 1.1 サイコロ投げの確率（高校数学との橋渡し）

まずはサイコロの問題から入って，確率空間という概念がどういうものであるか具体例を通して学んでいこう．高校で習ったことを厳密にするためにさまざまな用語が出てくるが，それぞれの用語の意味するところを理解するのが大事である．1.1.3 小節では条件付き確率の話題を扱う．条件付き確率の問題は奥が深いので，すぐに理解ができなくてもがっかりすることはない．特に，例 1.1.9 のクイズショー（囚人のジレンマ）の問題は，たくさんの人が頭を抱えてきた問題であり，初学者には難しいであろう．その後，本書で必要にはならないので，いったん飛ばしてもらっても構わない．

## 1.1.1 サイコロの確率

次のようなサイコロのモデルを考えよう．

$$\Omega = \{1, 2, 3, 4, 5, 6\}$$
$$P(\{1\}) = P(\{2\}) = P(\{3\}) = P(\{4\}) = P(\{5\}) = P(\{6\})$$
$$= 1/6$$

$\Omega$ は，出るサイコロの目全体の集合であり，$P(\{i\})$ は $i$ の目が出る確率を表している．このようにモデルを設定すると，例えば

$$P(\{\text{偶数の目}\}) = P(\{2\}) + P(\{4\}) + P(\{6\})$$
$$= 1/2$$
$$P(\{5\text{以上の目}\}) = P(\{5\}) + P(\{6\})$$
$$= 1/3 \qquad (1.1.1)$$

といった具合に，いろんな確率を互いに交わりのないものの確率に分けて計算することができる．

このモデルで我々は，サイコロの目の出方は均等であるという「仮定」をし，それぞれに確率 1/6 を割り振っている．だが，実際にゲームなどでサイコロを振るとき（今はコンピュータゲームが盛んなので，ゲームでサイコロを実際に振ることもあまりないかも知れないが），あなたの手にしているサイコロは 1 の目の面が削れているかもしれないし，すべての目が完全に同じ確からしさで出るという保証はどこにもない．そもそも現実的に同じ確からしさで出るとはどういうことかを問い詰めると，なかなか難しい問題となる．そこで通常我々は，(あまり意識せずにだが) 目の出方が均等である「理想化されたサイコロ」を考え，現実のサイコロがそれと同じ振舞いをすると考えて，「5 以上の目の出る確率は 3 分の 1 です」という風に言っているのである．数学のサイコロのモデルも，まさにそのような「理想化されたモデル」なのである．

では，ある種の約束ごとを決めてこのようなモデルを一般化することはできないだろうか？ サイコロのモデルにおいて確率 $P$ は，出る目の全体である $\Omega$ の部分集合の占める割合を「測って」いるともいえる．つまり，1 から 6 という集

合の中に，ある種の性質を持った「ものさし」を入れて，その集合の部分集合の占める割合を測っているのだ．例えば，偶数の目の出る確率である $P(\{2,4,6\})$ は，$\Omega$ の部分集合 $\{2,4,6\}$ の $\Omega$ 内での割合を表している．では，「ものさし」のもつべき性質とは何であろうか．この問への答えが，次の確率空間という設定である．

**定義 1.1.1** $\Omega$ を有限集合（要素の数が有限個の集合）とする．$\mathcal{F} = \{A : A \text{ は } \Omega \text{ の部分集合}\}$ とし，$\mathcal{F}$ から $[0,1]$ への関数 $P$ が次の性質 1),2) を持つとき，$(\Omega, \mathcal{F}, P)$ の組を**確率空間** (probability space) と呼ぶ．
1) $P(\emptyset) = 0$, $P(\Omega) = 1$
2) $A, B \in \mathcal{F}$ が，互いに共通部分を持たない（つまり $A \cap B = \emptyset$ となる）とき，$P(A \cup B) = P(A) + P(B)$.

ただし，$\emptyset$ は空集合を表す．2) から帰納的に次が分かる．

2') $B_1, \ldots, B_n \in \mathcal{F}$ が互いに共通部分を持たない（つまり $i \neq j$ のとき $B_i \cap B_j = \emptyset$ となる）とき，$P(\cup_{i=1}^n B_i) = \sum_{i=1}^n P(B_i)$.

何だか突然難しくなったように見えるが，敬遠せずにサイコロのモデルの場合に照らし合わせて，言わんとすることを確認してもらいたい．2) や 2') が述べていることは，((1.1.1) で計算したように）ある確率を互いに交わりのないものの確率に分けてその和として計算することに他ならない．「$P$ が $\Omega$ の部分集合の占める割合を測っている」ということを数学的に書いたものが，「$P$ が $\mathcal{F}$ から $[0,1]$ への関数である」ということである．$\mathcal{F}$ の元のことを**事象** (event) と呼ぶ．今の場合，$\Omega$ の元の個数を $M$ とすると $\mathcal{F}$ の元（つまり事象）の個数は，$2^M$ であることに注意する．二つの事象 $A, B$ が交わりをもたない（$A \cap B = \emptyset$）とき $A$ と $B$ は**排反** (exclusive events) であるという．念のため，もう一つ簡単な確率空間の例を挙げておく．

**コイントスの例**

$\Omega = \{\text{表},\text{裏}\}$, $\mathcal{F} = \{\emptyset, \{\text{表}\}, \{\text{裏}\}, \Omega\}$, $P(\{\text{表}\}) = P(\{\text{裏}\}) = 1/2$

## 1.1.2 平均と分散

**例 1.1.2** 10 人の学生に確率論の試験をしたところ，点数は次のようになった．

$$80,\ 55,\ 30,\ 78,\ 95,\ 100,\ 58,\ 84,\ 20,\ 70$$

このとき，テストの平均は

$$(80 + 55 + 30 + 78 + 95 + 100 + 58 + 84 + 20 + 70)/10 = 67$$

により，67 点である．

ここでは，このように日常現れる「平均」を数学の言葉で定義しよう．そのためにまず，確率変数を定義する．

**定義 1.1.3** $(\Omega, \mathcal{F}, P)$ を，確率空間とする．このとき $\Omega$ の各元に実数値を対応させる関数 $X$ を，**確率変数** (random variable) という．

確率変数とは，要するに $\Omega$ から実数への関数なのである．上の例の場合，生徒に $A$ 君から $J$ 君まで名前を付けると，$\Omega = \{A \text{君}, \ldots, J \text{君}\}$ であり，確率変数 $X$ は，各々の生徒にその点数を対応させる関数である．次に平均と分散の定義を与える．

**定義 1.1.4** $(\Omega, \mathcal{F}, P)$ を確率空間，$X$ を確率変数とする．$\Omega = \{w_1, \ldots, w_n\}$ とし，$P(w_i) = p_i, X(w_i) = x_i\ (1 \leq i \leq n)$ とするとき，$\sum_{i=1}^{n} x_i p_i$ を $E[X]$ と書き，$X$ の**平均（値）**(mean) または**期待値** (expectation) と呼び，$\sum_{i=1}^{n}(x_i - E(X))^2 p_i$ を $\text{Var}[X]$ と書き $X$ の**分散** (variance) と呼ぶ．また，$\sqrt{\text{Var}[X]}$ を $X$ の**標準偏差** (standard deviation) という．

平均を $m$，標準偏差を $\sigma$，分散を $\sigma^2$ と書くこともある．$X$ の分散や標準偏差は，$X$ が平均から離れると大きくなり，$X$ の「ばらつき」を計る尺度の一つとなる．これを上の例に照らし合わせてみよう．上の例では確率があまり表に出てきていないが，全体の中で各個人が占める割合は $1/10$ ということで $P(\{A\text{君}\}) = \cdots = P(\{J\text{君}\}) = 1/10$ であり，

$$E[X] = (80+55+30+78+95+100+58+84$$
$$+20+70) \times \frac{1}{10} = 67$$
$$\mathrm{Var}[X] = (13^2+12^2+37^2+11^2+28^2+33^2+9^2+17^2$$
$$+47^2+3^2) \times \frac{1}{10} = 626.4$$

ということになる．当然ではあるが，平均については先程書いた普段行う計算と同じ結果になった．

### 1.1.3 条件付き確率と独立性

次のような問を考えよう．

**例 1.1.5** 子供が二人いる家庭を訪ねたところ，男の子がいることが分かった．その時もう一人の子供も男の子である確率はいくらか？ただし子供が男である確率と女である確率は常に等しいとする．

これではまだ設定があいまいなので，次の二つの設定をおき，各々について考えてみよう．

設定1）二人子供がいるということしか知らず，訪問した際に「男のお子さんはいらっしゃいますか？」と聞いたところ，「はい」という返事がかえってきた．

設定2）二人子供がいるということしか知らず，訪問した際に「うちの第1子は男の子なのです．」という話を先方がしてくれた．

設定は他にもありうるが，ここではこの二つを考える．この場合の確率空間を書いてみると，

$$\Omega = \{\,男男,\ 男女,\ 女男,\ 女女\,\}$$
$$P(\{\,男男\,\}) = P(\{\,男女\,\}) = P(\{\,女男\,\}) = P(\{\,女女\,\}) = 1/4$$

となる．ただし，子供の性別は第1子，第2子の順で書いている．設定1）の場合，$A=\{$男の子が一人はいる$\}=\{$男男, 男女, 女男$\}$，$B=\{$二人とも男の子である$\}=\{$男男$\}$とすると，求める確率は $A$ という条件が付いた上で $B$ が起こる確率である．このような確率を条件付き確率といい，次のように定義する．

**定義 1.1.6** $(\Omega, \mathcal{F}, P)$ を確率空間とする．$A, B \in \mathcal{F}$ （ただし $P(A) > 0$ とする）に対して，次の式で与えられる確率 $P(B|A)$ を，条件 $A$ の下での $B$ の**条件付き確率** (conditional probability) という．

$$P(B|A) = \frac{P(A \cap B)}{P(A)}$$

設定 1 ）の場合，

$$P(B|A) = \frac{P(A \cap B)}{P(A)} = \frac{1/4}{3/4} = \frac{1}{3}$$

つまり求める条件付き確率は 1/3 となる．これに対して設定 2 ）の場合，$A =$ { 第 1 子が男の子 } = { 男男, 男女 }, $B =$ { 二人とも男の子 } = { 男男 } だから

$$P(B|A) = \frac{P(A \cap B)}{P(A)} = \frac{1/4}{2/4} = \frac{1}{2}$$

つまり求める条件付き確率は 1/2 となる．このように，状況が少し違うだけで，もう一人が男の子である確率は違ってくるのである．

**例 1.1.7** 当たりが 10 本入った 100 本のくじがある．このくじを 1 番目に引く人と 2 番目に引く人とでは，どちらがくじに当たりやすいだろうか？ ただし，いったん引いたくじは元には戻さないものとする．

いかさまなしとの暗黙の仮定をおいているので，1 番目に引く人が当たる確率は 10/100 = 1/10 である．一方，2 番目の人が当たる確率は，1 番目の人が当たって 2 番目の人も当たる確率と，1 番目の人は外れて 2 番目の人は当たる確率に分けられる．前者の確率は，

$$P(\{1\text{番目当たり}\})P(\{2\text{番目当たり}\}|\{1\text{番目当たり}\})$$
$$= \frac{10}{100} \times \frac{9}{99} = \frac{9}{990}$$

後者の確率も同様に計算できて，結局求める確率は

$$\frac{9}{990} + \frac{90}{100} \times \frac{10}{99} = \frac{99}{990} = \frac{1}{10}$$

つまり，1 番目に引こうが 2 番目に引こうが，当たる確率はどちらも 1/10 で等しいのである．このことは（いかさまなしのくじについては）一般に成り立つ

ことであるので，例えば年末ジャンボ宝くじを発売日に買っても売り切れ寸前で買っても，当たる確率は変わらないのである．

ここで，二つの事象の独立性について定義をしよう．

**定義 1.1.8** $(\Omega, \mathcal{F}, P)$ を確率空間とする．$A, B \in \mathcal{F}$ が

$$P(A \cap B) = P(A)P(B)$$

を満たすとき，$A$ と $B$ は**互いに独立** (mutually independent) であるという．三つ以上の事象 $A_1, \ldots, A_n$ については，この中から任意に選んだ相異なる事象からなる組 $A_{i_1}, \ldots, A_{i_m}$ $(1 \leq i_1 < i_2 < \cdots < i_m \leq n)$ について

$$P(A_{i_1} \cap \cdots \cap A_{i_m}) = P(A_{i_1}) \cdots P(A_{i_m})$$

となるときこれらの事象は独立であるという．

条件付き確率の定義から分かるように，$P(A) > 0$ のときはこの定義は $P(B|A) = P(B)$ と等しい．例 1.1.5 でいうと，「第 1 子が男である事象ともう一人（第 2 子）が男である事象」は独立であるが，「男の子がいる事象ともう一人が男である事象」は独立ではないということになる．

**問 1.1.1** 三つの事象 $A, B, C$ から任意に二つを選んだペアは常に独立であるが，$A, B, C$ が三つ組としては独立ではないような例を挙げよ．

**例 1.1.9** （クイズショーの問題）
カーテンで中が見えなくなっている三つの部屋のうちのいずれか一つの部屋に車が置いてあり，解答者が 1 回で見事車のある部屋を当てるとその車が解答者のものになる，というテレビ番組があるとする．解答者が「何番目の部屋」と解答した後で司会者が残りの部屋のうちの一つのカーテンを開けたところ，そこには車はなかった．ここで司会者が，解答者に「選んだ部屋を変更しますか？」と聞いてきた．さて解答者は部屋を変更したほうがよいのだろうか？

あとの Tea Break にも書くように，この問題は，数学的な設定をどう置くかによって答えが変わってくる（設定の置き方で答えが変わることは，先程の例

1.1.5でも見た）．ここでは次のような設定を考えよう．部屋の番号を $x, y, z$ とし，$x, y, z$ の部屋に車がある事象をそれぞれ $X, Y, Z$ とするとき，

$$\Omega = \{X, Y, Z\}, \quad P(X) = P(Y) = P(Z) = \frac{1}{3}$$

つまり，それぞれの部屋に車が置かれている確率は等しいものとする．以下では解答者が選んだ部屋が $x$ であるとしよう（$y, z$ を選んだ場合も番号を付け替えるだけで以下と同様の議論ができる）．もちろん，解答者が当たる確率は $P(X) = 1/3$ である．次に司会者についての設定として，司会者は車のある部屋を知っており，解答者が選ばなかった部屋 $y, z$ のうち車がないほうの部屋を必ず開けるものとし，どちらの部屋にも車がない（つまり $x$ に車がある）ときには確率 $p$ で $y$ の部屋を開けるものとする（ただし $0 \leq p \leq 1$）．司会者も人間だから部屋の開け方に癖があることは十分考えうる（例えば $p = 1$ の場合は，司会者はアルファベットで小さいほうの部屋を開けるタイプの人ということになる）ので，そのパラメータを $p$ としたのである．

司会者が開けた部屋が $y$ であるという事象を $O_y$，$z$ であるという事象を $O_z$ と書くことにする（$O$ は open の略）．計算したい確率は $P(X|O_y), P(X|O_z)$ である．今 $O_z = (O_y)^c$ であり，司会者は車のない部屋を開けるということから $Y = Y \cap (O_y)^c, Z = Z \cap O_y$ である．したがって，このモデルの根元事象（それ以上分割できない事象）は

$$\omega_1 = X \cap O_y, \ \omega_2 = X \cap (O_y)^c, \ \omega_3 = Y, \ \omega_4 = Z$$

となる．$O_y = \omega_1 \cup \omega_4$ となることに注意しよう．$P(Y) = P(Z) = 1/3$ だから $P(\omega_3) = P(\omega_4) = 1/3$ であり，司会者の仮定より $P(O_y|X) = P(X \cap O_y)/P(X) = p$ だから $P(\omega_1) = p/3, P(\omega_2) = (1-p)/3$ である．以上より求める条件付き確率は

$$P(X|O_y) = \frac{P(X \cap O_y)}{P(O_y)} = \frac{P(\omega_1)}{P(\omega_1 \cup \omega_4)} = \frac{\frac{p}{3}}{\frac{p}{3} + \frac{1}{3}} = \frac{p}{p+1}$$

$$P(X|O_z) = \frac{P(X \cap (O_y)^c)}{P((O_y)^c)} = \frac{P(\omega_2)}{P(\omega_2 \cup \omega_3)} = \frac{\frac{1-p}{3}}{\frac{1-p}{3} + \frac{1}{3}}$$

$$= \frac{1-p}{2-p}$$

である．司会者が開いた部屋が $y$ だとすると，解答者が選んでいない部屋 $z$ に車がある確率は $1 - p/(1+p) = 1/(1+p)$ であり，$x$ に車がある確率より高い（$p = 1$ ならば等しい）．司会者が $Z$ を開けた場合も同様の計算で同じ結論が出るので，結局選んだ部屋を変更したほうがよいということになる（$p = 1$ で司会者が $y$ を開けたときと，$p = 0$ で司会者が $z$ を開けたときは，部屋を変更してもしなくても確率は $1/2$ で等しい）．

## *Tea Break* 囚人のジレンマ

上の例 1.1.9 の問題を次のような設定として考えてみよう．

実は司会者は車のある場所を知らず，たまたま開けた部屋に車がなかったので解答者に「選んだ部屋を変更しますか？」と聞いたのだとすると，解答者は部屋を変更したほうがよいのだろうか？

今度は司会者は車のある部屋を知らずに開けたのだから，当たりが 1 本ある 3 本のくじを引いて，次に残り 2 本のうちの 1 本を引いた人が外れたと分かった状態と同じ状態であると考えられる．先程の例 1.1.7 でも述べたように，くじを先に引くか後に引くかによって当たる確率は変わらないから，これは自分が後に引いて先に引いた人は外れたという状態と同じである．よって求める条件付き確率は $1/2$ となり，この場合は選んだ部屋を変更してもしなくても，確率は変わらないのである．

クイズショーの問題と同じ種類の問題として，次に挙げる「囚人のジレンマ」と呼ばれる有名な問題がある．

刑務所に $A, B, C$ の 3 人の囚人がそれぞれ独房に入っている．明日，3 人のうち 2 人は死刑になり，1 人は釈放されるということが囚人達に知らされていた．しかし，誰が死刑になるかは次の日まで囚人達には知らされないことになっていた．その晩，囚人 $A$ が看守に対して，「3 人のうち 2 人が死刑になるということは $B, C$ 2 人のうちどちらかは死刑になるということだ．だから，2 人のうちどちらが死刑になるか，教えてくれないだろうか？」と聞いた．看守は，$B, C$ のうち死刑になる人を $A$ に教えても，$A$ が死刑になるかどうかを教えるわけではないからよいだろうと考え，「$B, C$ のうち $B$ は死刑になる」と $A$ に教えた．それを聞いた $A$ は，ひそかに喜んだ．なぜなら，自分が死刑になる確率は，この情報を聞いたことにより $2/3$ から $1/2$ に下がったと考えたからだ．さて $A$ の考察は正しいであろうか？

「車が当たる」という事象が「釈放される」という事象に対応すると考えると，先程の「クイズショーの問題」と同じ種類の問題であることはすぐにわかるであろう（死刑になるかどうかとは，随分恐ろしい話だが）．今度は看守は誰が死刑になるかを知っていると考えるのが自然なので，上の例 1.1.9 と同様の設定で考えることができる．したがって，$A$ が釈放される場合に看守が「$B$ が死刑になる」と告げる確率を $p$ とすると，例 1.1.9 と同様にして，看守が「$B$ が死刑になる」と告げた場合に $A$ が釈放される確率は $p/(p+1)$ になる．つまり，$p > 1/2$ の場合はもとの確率 $1/3$ より上がったことになり，$p = 1/2$ の場合は変わらない，$p < 1/2$ のときは逆に下がったことになる．看守が「$C$ が死刑になる」と告げた場合には，$A$ が釈放される確率は $(1-p)/(2-p)$ になり，$p = 1/2$ を境に「$B$ が死刑になる」と告げた場合と逆の変動をするのである．

現実の問題を数学の議論にのせようとするとき，設定の仕方がいかに重要であるかが，分かって頂けただろうか？

## 1.2 確率空間（近代確率論の基礎）

前節では $\Omega$ が有限集合の場合に確率空間を定め，具体例を通じて確率空間のいくつかの性質をみた．しかし実際には有限集合上では扱える確率空間の例も限られてしまう．この節では一気に一般の集合上の確率空間の設定をする．前節で定義したさまざまな概念も，本節においてより一般的な枠組みで定義し直すことにする．分かりにくい場合は，前節で与えた対応する概念を参考にしてイメージをつかんで欲しい．なお，実際にこのような設定の「ありがたみ」が現れてくるのは次節以降であるから，初学者はある程度イメージをつかんだら先に進み，大数の法則や中心極限定理といった「ありがたみ」を理解した後に本節を丁寧に読み返すというのも一つの手である．

まず $\Omega$ が一般の集合の場合に，（確率を）「測ることのできる集合」を定義しよう．

**定義 1.2.1** 集合 $\Omega$ の部分集合の族 $\mathcal{F}$ が以下の条件を満たすとき，$\mathcal{F}$ を **$\sigma$ 加法族** ($\sigma$-algebra) といい（可算加法族，完全加法族ともいう），$\mathcal{F}$ の元を **事象** (event) という．
1) $\Omega \in \mathcal{F}$

2) $A \in \mathcal{F}$ ならば $A^c \in \mathcal{F}$

3) $A_n \in \mathcal{F}$ $(n = 1, 2, \ldots)$ ならば $\cup_{n=1}^{\infty} A_n \in \mathcal{F}$

$(\Omega, \mathcal{F})$ が上の条件を満たすとき，この組を**可測空間** (measurable space) という．

ただし $A^c$ は $A$ の補集合 $\{\omega \in \Omega : \omega \notin A\}$ を表すものとする．また，$\cup_{n=1}^{\infty} A_n = \{\omega \in \Omega : $ ある $n \geq 1$ について $\omega \in A_n\}$ である．

　定義 1.1.1 では $\Omega$ の部分集合の元すべてが $\mathcal{F}$ に入っている場合のみを扱っていたが，$\Omega$ として無限集合も含めるとこれでは $\mathcal{F}$ が大きくなりすぎて以下に述べるような性質を持つ $P$ が構成できるかどうかが分からなくなる．そこで「測ることのできる集合」（事象）として自然な要請を与えたのが上の定義である．ところで，このような性質を持つ $\mathcal{F}$ で，然るべき大きさのものは存在するのであろうか？ 次の命題はこの問にある意味で肯定的な答えを与える．

**命題 1.2.2** 集合 $\Omega$ と，$\Omega$ の部分集合の族 $\mathcal{E}$（つまり，$\mathcal{E}$ の元が $\Omega$ の部分集合であるようなもの）が与えられたとき，$\mathcal{E}$ を含む最小の $\sigma$ 加法族が存在する．

**証明：** $\mathcal{E}$ を含む $\sigma$ 加法族全体を $\mathcal{A}$ とおく．$\{A : A$ は $\Omega$ の部分集合$\}$ は $\mathcal{A}$ の元だから，$\mathcal{A} \neq \emptyset$ である．このとき

$$\overline{\mathcal{E}} = \{B : \text{任意の } \mathcal{M} \in \mathcal{A} \text{ に対して}, B \in \mathcal{M}\}$$

とおくと，$\overline{\mathcal{E}}$ は $\mathcal{E}$ を含む $\sigma$ 加法族であることは定義から簡単に確認できる．$\mathcal{F}$ が $\mathcal{E}$ を含む（任意の）$\sigma$ 加法族であれば $\overline{\mathcal{E}} \subset \mathcal{F}$ であることも $\overline{\mathcal{E}}$ の定義から簡単に確認できるから，この $\overline{\mathcal{E}}$ が求める $\sigma$ 加法族である．■

　命題 1.2.2 で存在が保証された $\sigma$ 加法族を $\sigma(\mathcal{E})$ と書き，$\mathcal{E}$ から**生成された $\sigma$ 加法族** (generated $\sigma$-algebra) という．特に，$S$ を位相空間（具体的には，例えば $\mathbf{R}^n$）とするとき，$S$ の開集合から生成された $\sigma$ 加法族を，**位相 $\sigma$ 加法族** (topological $\sigma$-algebra)（ボレル集合族ともいう）と呼び，$\mathcal{B}(S)$ と書く．

　次に，定義 1.1.1 の $P$ に当たる確率（確率測度）を一般的な範ちゅうで定義する．

**定義 1.2.3** $(\Omega, \mathcal{F})$ を可測空間とする．このとき，$\mathcal{F}$ 上の関数 $P$ が以下を満たすとき，$P$ を**確率測度** (probability measure) または単に確率といい，$(\Omega, \mathcal{F}, P)$

の組を**確率空間** (probability space) という.
1) $A \in \mathcal{F}$ に対して $0 \leq P(A) \leq 1$
2) $P(\Omega) = 1$
3) $A_n \in \mathcal{F}$ $(n = 1, 2, \ldots)$ が互いに素 (mutually disjoint), つまり $i \neq j$ ならば $A_i \cap A_j = \emptyset$ であるとき, 以下が成り立つ.

$$P\left(\bigcup_{n=1}^{\infty} A_n\right) = \sum_{n=1}^{\infty} P(A_n) \qquad (1.2.1)$$

上の (1.2.1) を $\sigma$ **加法性** ($\sigma$-additivity) という (可算加法性, 完全加法性ともいう).

実際にこのような確率空間を構成する際は, まず有限加法族の上に有限加法的測度を作り (付録 A 参照), カラテオドリの定理 (定理 A.1.6) を用いてこれを $\sigma$ 加法族上の $\sigma$ 加法的測度に拡張するのが一般的なやり方である. そのあたりの事情は付録 A に書くので, 初学者は当面以下に述べる具体例を頭に置き, $(\Omega, \mathcal{F}, P)$ という確率空間が与えられているとして読み進めていって欲しい.

**例 1.2.4** 1) $\Omega = \{0, 1, \ldots, n\}$, $\mathcal{F} = \{\Omega$ の部分集合$\}$, $P(\{k\}) = {}_nC_k p^k (1-p)^{n-k}$ $(0 \leq k \leq n)$. ただし $p$ は $0 \leq p \leq 1$ の範囲の定数. このような分布を**二項分布** (binomial distribution) といい, $B(n, p)$ と書く. 二項分布は, 表が出る確率が $p$ であるようなコインを $n$ 回投げたときに表が $k$ 回出る確率を表している.

2) $\Omega = \{0, 1, 2, \ldots\}$, $\mathcal{F} = \{\Omega$ の部分集合$\}$, $P(\{k\}) = p(1-p)^k$ $(k \in \mathbf{Z}_+ := \mathbf{N} \cup \{0\})$. ただし $p$ は $0 < p \leq 1$ の範囲の定数. このような分布を**幾何分布** (geometric distribution) という. 幾何分布は, 表が出る確率が $p$ であるようなコインを続けて投げたときに表が出るまでに裏が $k$ 回出る確率を表している.

3) $\Omega = [0, 1]$, $\mathcal{F} = \{$ルベーグ可測集合$\}$, $P =$ ルベーグ測度 (付録 A 参照). このとき $P$ を $\Omega$ 上の**一様分布** (uniform distribution) という.

4) $\Omega = \mathbf{R}$, $\mathcal{F} = \{$ルベーグ可測集合$\}$, $a \in A$ のとき $P(A) = 1$, $a \notin A$ のとき $P(A) = 0$. このような分布を ($a$ にマス (mass) をもつ) **デルタ測度** (delta measure) といい, $\delta_a$ と書く.

5) $\Omega = \mathbf{R}$, $\mathcal{F} = \{$ ルベーグ可測集合 $\}$,
$$P((-\infty, a]) = \frac{1}{\sqrt{2\pi v}} \int_{-\infty}^{a} \exp\left(-\frac{(x-m)^2}{2v}\right) dx, \qquad a \in \mathbf{R}$$
ただし $m, v$ は $m \in \mathbf{R}, v \geq 0$ なる定数．このような分布を（平均 $m$，分散 $v$ の）**正規分布** (normal distribution) といい，$N(m, v)$ と書く．特に，平均 $0$，分散 $1$ の正規分布 $N(0, 1)$ を**標準正規分布** (standard normal distribution) という．また，被積分関数 $\frac{1}{\sqrt{2\pi v}} \exp(-\frac{(x-m)^2}{2v})$ を，正規分布の**密度関数** (density function) という．

**問 1.2.1** $\{A_n\}_{n=1}^{\infty} \subset \mathcal{F}$ を単調増大列とする．このとき $\lim_{n \to \infty} A_n = \cup_{n=1}^{\infty} A_n$ と定義すると
$$\lim_{n \to \infty} P(A_n) = P(\lim_{n \to \infty} A_n) \tag{1.2.2}$$
が成り立つことを示せ．$\{A_n\}_{n=1}^{\infty}$ が単調減少列のときも $\lim_{n \to \infty} A_n = \cap_{n=1}^{\infty} A_n$ と定義することにより (1.2.2) が成り立つことを示せ．

次に確率変数の定義をする．一般には $\Omega$ の部分集合で $\mathcal{F}$ の元でないようなものもあるので，前節の定義 1.1.3 では（常に成り立つので）記されなかった以下のような条件が確率変数の定義に課せられる．

**定義 1.2.5** $(\Omega, \mathcal{F}, P)$ を確率空間，$(S, \mathcal{G})$ を可測空間とする．このとき $\Omega$ から $S$ への写像 $X$ が，任意の $A \in \mathcal{G}$ に対して $X^{-1}(A) \in \mathcal{F}$ を満たすとき，$X$ を（$\mathcal{F}/\mathcal{G}$-可測，$S$ 値）**確率変数** (random variable) という．

特に $(S, \mathcal{G}) = (\mathbf{R}^n, \mathcal{B}(\mathbf{R}^n))$ のとき，$X$ を $n$ 次元確率変数（$n = 1$ のとき単に実確率変数）と呼ぶ．

$\Omega$ 上の関数 $X_1, \ldots, X_n$ が与えられたとき，$X_1, \ldots, X_n$ が確率変数となるような $\Omega$ 上の最小の $\sigma$ 加法族を命題 1.2.2 と同じ方法によって生成することができる．これを $X_1, \ldots, X_n$ によって生成された $\sigma$ 加法族と呼び，$\sigma(X_1, \ldots, X_n)$ と書く．

**定義 1.2.6** $(\Omega, \mathcal{F}, P)$ を確率空間，$(S, \mathcal{G})$ を可測空間とし，$X$ を $\Omega$ から $S$ への確率変数とする．このとき，
$$P^X(A) = P(X^{-1}(A)), \qquad A \in \mathcal{G}$$

によって $(S,\mathcal{G})$ 上に確率測度 $P^X$ を定めることができる．これを $X$ による $(S,\mathcal{G})$ への**像測度** (image measure, induced measure) と呼ぶ．特に $(S,\mathcal{G}) = (\mathbf{R}, \mathcal{B}(\mathbf{R}))$ のとき，$P^X$ を $X$ の**分布** (distribution) あるいは $X$ の**法則** (law) という．

$\Omega$ から $\mathbf{R}$ への確率変数の列 $\{X_i\}_{i=1}^n$ があるとき，$\mathbf{R}^n$ への $n$ 次元確率変数 $\mathbf{X}(\omega) = (X_1(\omega), \ldots, X_n(\omega))$ によって決まる $\mathbf{R}^n$ 上の像測度 $P^{\mathbf{X}}$ を，$(X_1, \ldots, X_n)$ の**同時分布** (joint distribution) という．

次に，確率変数の族が独立であることの定義をする．

**定義 1.2.7** $\Omega$ から $\mathbf{R}$ への確率変数の族 $\{X_i\}_{i \in \Lambda}$ （$\Lambda$ は集合）は，以下の条件を満たすとき互いに**独立** (independent) であるという．

任意の $n$ と互いに異なる任意の $\alpha_1, \ldots, \alpha_n \in \Lambda$，および任意の $E_1, \ldots, E_n \in \mathcal{B}(\mathbf{R})$ に対して，

$$P^{\mathbf{X}}\left(\prod_{i=1}^n E_i\right) = \prod_{i=1}^n P^{X_{\alpha_i}}(E_i)$$

が成り立つ．ここで $\mathbf{X} = (X_{\alpha_1}, \ldots, X_{\alpha_n})$ とする．

$X_i = 1_{A_i}$ $(A_i \in \mathcal{F})$ とすると，この定義は，（定義 1.1.8 で定めた）$\{A_i\}$ が独立であるということに他ならない．

上の定義は，直積測度を用いると

$$P^{\mathbf{X}} = P^{X_{\alpha_1}} \otimes \cdots \otimes P^{X_{\alpha_n}} \tag{1.2.3}$$

ということである．直積測度については，巻末の付録 A を参照のこと．

**定義 1.2.8** 確率空間 $(\Omega, \mathcal{F}, P)$ 上の実確率変数 $X$ について，

$$E[X] = \int_\Omega X(\omega) P(d\omega), \qquad \mathrm{Var}[X] = E[(X - E[X])^2] \tag{1.2.4}$$

が存在するとき，これらをそれぞれを $X$ の**平均**（値）(mean)（または**期待値** (expectation)），**分散** (variance) と呼ぶ．

これは，定義 1.1.4 の一般化である．ここで登場する，$P$ についての積分の詳しい定義は付録 A を参照してもらいたい．実際に計算する際は，次の命題に

述べるように,像測度 $P^X$ について $\mathbf{R}^n$ 上の通常の(重)積分の計算を行えばよい.

**命題 1.2.9** 実確率変数の族 $\{X_i\}_{i=1}^n$ と可測関数 $f: \mathbf{R}^n \to \mathbf{R}$ に対して,$h(\omega) = f(X_1(\omega), \ldots, X_n(\omega))$ とおくと $h$ は実確率変数となり,さらに $h$ が可積分ならば

$$E[h(\omega)] = \int_{\mathbf{R}^n} f(x_1, \ldots, x_n) P^{\mathbf{X}}(dx_1, \ldots, dx_n) \tag{1.2.5}$$

を満たす.ここで $\mathbf{X} = (X_1, \ldots, X_n)$ とする.

**証明:** まず $f(x) = 1_A(x)$,$A \in \mathcal{B}(\mathbf{R}^n)$ の場合,

$$E[1_A(X_1, \ldots, X_n)] = E[1_{\{\omega: \mathbf{X}(\omega) \in A\}}] = P(\mathbf{X}^{-1}(A))$$
$$= P^{\mathbf{X}}(A) = \int_{\mathbf{R}^n} 1_A(x_1, \ldots, x_n) P^{\mathbf{X}}(d\mathbf{x})$$

よって,(1.2.5) が示された.$f$ が単関数($f(x) = \sum_{i=1}^n \alpha_i 1_{A_i}(x)$,$\alpha_i \in \mathbf{R}$,$A_i \in \mathcal{B}(\mathbf{R}^n)$ という形の関数)の場合にも,積分の線型性より (1.2.5) は成り立つ.一般の可積分関数 $f$ については,付録 A の (A.1.3) のように $f = f^+ - f^-$ と分けると定理 A.2.1 より $f^+$,$f^-$ それぞれを単関数で近似できるので,(ルベーグの収束定理(定理 A.2.6)より)(1.2.5) は成り立つ. ∎

**問 1.2.2** $X$ を,正規分布 $N(m,v)$ にしたがう(すなわち,$X$ の像測度が例 1.2.4 5) の正規分布となる)確率変数とする.このとき $X$ の平均が $m$,分散が $v$ になることを示せ.

命題 1.2.9 と (1.2.3) より,次の系が成り立つ.

**系 1.2.10** 実確率変数の族 $\{X_i\}_{i=1}^n$ が独立であるとき,任意の可測関数 $\{f_i\}_{i=1}^n$ で $f_i(X_i)$,$1 \leq i \leq n$ が可積分なるものに対して以下が成り立つ.

$$E[f_1(X_1) \cdots f_n(X_n)] = \prod_{i=1}^n E[f_i(X_i)]$$

**問 1.2.3** $\{X_i\}_{i=1}^n$ を独立な確率変数の族で $E[|X_i|^2] < \infty \ (1 \leq i \leq n)$ を満たすものとする．このとき，次の等式が成り立つことを示せ．

$$\mathrm{Var}\left[\sum_{i=1}^n X_i\right] = \sum_{i=1}^n \mathrm{Var}[X_i]$$

**問 1.2.4** $\{X_i\}_{i=1}^n$ を独立な確率変数の族で $P(X_i = 1) = p$, $P(X_i = 0) = 1 - p \ (0 < p < 1)$ を満たすものとする．$S_n = \sum_{i=1}^n X_i$ とすると，$E[S_n] = np$, $\mathrm{Var}[S_n] = np(1-p)$ であることを示せ．

**定義 1.2.11** 実確率変数の族 $\{X_i\}_{i=1}^\infty$ が互いに独立であり，かつ $X_i$ の分布がすべての $i \in \mathbf{N}$ で等しいとき，$\{X_i\}_{i=1}^\infty$ は**独立同分布** (independent and identically distributed) を持つ（略して i.i.d.）という．

独立同分布をもつ確率変数の族は実際に存在するのであろうか？ それに答えるのが次の定理である．証明には多少の測度論の知識を要するので，初学者は読み飛ばしても良い．

**定理 1.2.12** （コルモゴロフ (Kolmogorov) の拡張定理）
各 $n \in \mathbf{N}$ ごとに $(\mathbf{R}^n, \mathcal{B}(\mathbf{R}^n))$ 上の確率測度 $P_n$ が与えられ，次の**一致条件** (consistency condition) を満たすとする．

$$P_n(A) = P_{n+k}(A \times \mathbf{R}^k), \qquad A \in \mathcal{B}(\mathbf{R}^n) \tag{1.2.6}$$

このとき $\mathbf{R}^\infty = \Pi_{i=1}^\infty \mathbf{R}$ 上に，次の条件を満たす確率測度 $P$ が唯一存在する．

$$P(\pi_n^{-1}(A)) = P_n(A), \qquad A \in \mathcal{B}(\mathbf{R}^n)$$

ただし $\pi_n$ は，$\mathbf{R}^\infty$ の初めの $n$ 個の成分を $\mathbf{R}^n$ に射影する写像とする．

**証明：** $\Lambda = \pi_n^{-1}(A_n)$ に対して $Q(\Lambda) = P_n(A_n)$ と定めると，(1.2.6) よりこれは $\Lambda$ の表し方によらず定まる（つまり $\Lambda = \pi_n^{-1}(A_n) = \pi_m^{-1}(A_m)$ のとき $P_n(A_n) = P_m(A_m)$ である）．$\mathcal{A} = \{\pi_n^{-1}(A_n) : A_n \in \mathcal{B}(\mathbf{R}^n), n \in \mathbf{N}\}$ とおくと，$\mathcal{A}$ は $\mathbf{R}^\infty$ 上の有限加法族（付録 A，定義 A.1.4 参照）である．$Q$ が $\sigma(\mathcal{A})$ 上の確率測度に拡張できればそれが求める $P$ となるので，カラテオドリの定理（付録 A 定理 A.1.6）より，次の命題が示されればよい．

## 1.2. 確率空間（近代確率論の基礎）

任意の減少列 $\{\Lambda_i\}_{i=1}^{\infty} \subset \mathcal{A}$ について，$\alpha = \lim_{n\to\infty} Q(\Lambda_n) > 0$ ならば $\cap_{i=1}^{\infty}\Lambda_i \neq \emptyset$ である．

上の条件を満たす $\{\Lambda_i\}$ について $\Lambda_n = \pi_{i_n}^{-1}(A_{i_n})$，$A_{i_n} \in \mathcal{B}(\mathbf{R}^{i_n})$ と表したとき，もし $i_n \leq N$（$N$ はある自然数）がすべての $n$ で成り立っているならば，$A_{i_n}$ はすべて $\mathbf{R}^N$ の元に入り $P_N$ が確率測度であるから容易に $\cap_{i=1}^{\infty}\Lambda_i \neq \emptyset$ とわかる．そこで，$\{i_n\}$ に非有界な部分列がある場合を考えるとよい．添え字を打ち直すことにより $\Lambda_n = \pi_n^{-1}(A_n)$，$A_n \in \mathcal{B}(\mathbf{R}^n)$ としてよい．付録 A の定理 A.2.2 から，各 $n$ について $C_n \subset A_n$，$P_n(A_n \setminus C_n) < \alpha/2^{n+1}$ となるコンパクト集合 $C_n$ を取ることができる．$D_n = \pi_n^{-1}(C_n)$ とすると，$D_n \subset \Lambda_n$，$Q(\Lambda_n \setminus D_n) < \alpha/2^{n+1}$ である．よって $\bar{D}_n = \cap_{k=1}^n D_k$ とおくと

$$Q(\bar{D}_n) = Q(\Lambda_n) - Q(\Lambda_n \setminus \bar{D}_n) \geq Q(\Lambda_n) - \sum_{k=1}^n Q(\Lambda_k \setminus D_k) \geq \alpha/2$$

となり，よって $\bar{D}_n \neq \emptyset$ である．このとき，$\cap_{k=1}^{\infty} D_k \neq \emptyset$ である［その証明：$\mathbf{x}^{(n)} = (x_1^{(n)}, x_2^{(n)}, \ldots) \in \bar{D}_n$ をとる．このとき，各 $p \in \mathbf{N}$ に対して $\mathbf{x}^{(n+p)} \in \bar{D}_{n+p} \subset \bar{D}_n$ であるから，$(x_1^{(n+p)}, x_2^{(n+p)}, \ldots, x_n^{(n+p)}) \in C_n$ である．まず $n=1$ について，$C_1$ がコンパクトだから $\{x_1^{(1+p)}\}_p$ の収束する部分列 $\{x_1^{(k_{1,j})}\}_j$ がとれる．次に $n=2$ について，$k_{1,j} \geq 2$ のとき $(x_1^{(k_{1,j})}, x_2^{(k_{1,j})}) \in C_2$ だから $C_2$ のコンパクト性より $\{x_2^{(k_{1,j})}\}_j$ の収束する部分列 $\{x_2^{(k_{2,j})}\}_j$ がとれる．これを帰納的に繰り返して，各 $l$ について収束部分列 $\{x_l^{(k_{l,j})}\}_j$ がとれた．$x_l = \lim_{n\to\infty} x_l^{(k_{n,n})}$ とおくと，$l \leq n$ なる $n$ について $(x_1^{(k_{n,n})}, x_2^{(k_{n,n})}, \ldots, x_l^{(k_{n,n})}) \in C_l$ だから $C_l$ のコンパクト性より $(x_1, x_2, \ldots, x_l) \in C_l$ となる．これが任意の $l$ について成り立っているので，$(x_1, x_2, \ldots, x_n, \ldots) \in \cap_{k=1}^{\infty} D_k$ となり，$\cap_{k=1}^{\infty} D_k \neq \emptyset$ である］．今 $D_k \subset \Lambda_k$ であったから，これにより $\cap_{i=1}^{\infty}\Lambda_i \neq \emptyset$ が示された．拡張が一意的であることも，カラテオドリの定理からしたがう． ∎

上の定理は，$\mathbf{R}$ の代わりに完備可分距離空間としても，(1.2.6) にあたる一致条件があれば成り立つことが知られている．

### 独立同分布を持つ確率変数の族の存在証明

以下，$\mathbf{R}^{\infty}$ 上に，独立同分布（分布は $\mathbf{R}$ 上の確率測度 $\mu$ に従う）を持つ確率変数の族 $\{X_i\}_{i=1}^{\infty}$ を実際に構成する．$\mu$ を与えられた $\mathbf{R}$ 上の確率測度とし，$(\mathbf{R}^l, \mathcal{B}(\mathbf{R}^l))$ 上の確率 $P_l$ を $P_l = \bigotimes_{i=1}^l \mu$（$\mu$ の $l$ 回の直積測度）とする．$\{P_l\}$ は明らかに一致条件を満たすので定理 1.2.12 より $\mathbf{R}^{\infty}$ 上の確率測度 $P$ で (1.2.6) を満たすものが存在する．今 $X_n : \mathbf{R}^{\infty} \to \mathbf{R}$ を第 $n$ 成分への射影とする

と，この $\{X_n\}_{n=1}^{\infty}$ が求める確率変数の族である．実際，$E_i \in \mathcal{B}(\mathbf{R})$ に対して

$$P^{X_i}(E_i) = P(\{X_i \in E_i\}) = P(\bigcap_{j<i}\{X_j \in \mathbf{R}\} \cap \{X_i \in E_i\})$$
$$= P(\pi_i^{-1}(\mathbf{R}^{i-1} \times E_i)) = P_i(\mathbf{R}^{i-1} \times E_i) = \mu(E_i) \qquad (1.2.7)$$

であるから $X_i$ の分布は $\mu$ であり，同様の議論により $E_i \in \mathcal{B}(\mathbf{R})$ $(1 \leq i \leq n)$，$E = E_1 \times \cdots \times E_n$ に対して

$$P^{(X_1,\ldots,X_n)}(E) = P(\bigcap_{i=1}^{n}\{X_i \in E_i\}) = P(\pi_n^{-1}(E))$$
$$= P_n(E) = \prod_{i=1}^{n}\mu(E_i) = \prod_{i=1}^{n}P^{X_i}(E_i)$$

(最後の等式は (1.2.7) から出る) が成り立つので，独立性も分かる．

**定義 1.2.13** $\{X_i\}_{i=1}^{\infty}$ が独立同分布をもち，各 $X_i$ が2つの値（例えば0と1）をそれぞれ確率 $p$ と $1-p$ でとる $(0 \leq p \leq 1)$ 場合，$\{X_i\}_{i=1}^{\infty}$ を**ベルヌーイ列** (Bernoulli sequence) という．

ベルヌーイ列とは，表の出る確率が $p$，裏の出る確率が $1-p$ であるコインを投げるという試行を無限回繰り返すことによって作られる列の数学的モデルである．直感的にはそのような列は当然存在すると思われるが，上述した定義を満たす列が（数学的に厳密な意味で）存在することを示すことは決して自明なことではないのである．この本では既に独立同分布を持つ確率変数の族の存在を証明したので，その証明の中で $\mu = p\delta_1 + (1-p)\delta_0$ とすると，ベルヌーイ列の存在証明となる．なお，この場合 $(\mathbf{R}, \mathcal{B}(\mathbf{R}))$ の代わりに $(\{0,1\}, \mathcal{F})$（$\mathcal{F}$ は $\{0,1\}$ の部分集合全体とする）を用いて構成するのが普通である．

$(\mathbf{R}, \mathcal{B}(\mathbf{R}))$ 上の確率測度 $\mu, \nu$ に対して，

$$\lambda(E) = \int_{\mathbf{R}} \nu(E-y)\mu(dy)$$
$$= \int_{\mathbf{R}}\int_{\mathbf{R}} 1_E(x+y)\nu(dx)\mu(dy), \qquad E \in \mathcal{B}(\mathbf{R})$$

（ただし $E - y = \{x - y \in \mathbf{R} : x \in E\}$ とする）によって定義される $\lambda$ は $(\mathbf{R}, \mathcal{B}(\mathbf{R}))$ 上の確率測度となる．このような確率測度 $\lambda$ を，$\mu$ と $\nu$ のたたみ込み (convolution) と呼び，$\lambda = \mu * \nu$ と書く．

**命題 1.2.14** $X_1$ と $X_2$ が独立で $X_1$ の像測度が $\mu$，$X_2$ の像測度が $\nu$ のとき，$X_1 + X_2$ の像測度は $\mu * \nu$ である．

**証明：** $\mathbf{X} = (X_1, X_2)$ とおくと，独立性より $P^{\mathbf{X}} = P^{X_1} \otimes P^{X_2}$ だから

$$\mu * \nu(E) = \int_{\mathbf{R}} \int_{\mathbf{R}} 1_E(x+y) P^{X_1}(dx) P^{X_2}(dy)$$
$$= \int_{\mathbf{R}} \int_{\mathbf{R}} 1_E(x+y) P^{\mathbf{X}}(dxdy) = P(X_1 + X_2 \in E)$$

が任意の $E \in \mathcal{B}(\mathbf{R})$ について成り立つ．よって命題が示された． ∎

## *Tea Break* ランダム性とは何か？

　本節に述べた確率空間の設定はコルモゴロフによるものである．このように基礎となる設定（今の場合「確率空間」の設定）を決めて，それを元に理論を構成していくやり方は公理主義と呼ばれ，コルモゴロフによる近代確率論構築の背後にも 20 世紀数学に大いなる影響を与えたこの公理主義の考え方がある（ちなみにコルモゴロフが「確率論の基礎」と題された大著を記したのは 1933 年のことである）．これにより，それまで経験的に正しさが認識されていた大数の法則（次節に述べる）などを厳密に証明することができるようになったわけで，このような現象を「神の意志による」と考えていた 17 世紀頃の理解に比べてランダムな現象に対する理解が飛躍的に進んだと言ってよい．

　では，ある現象が "ランダムである"（現象のランダム性）とはどういうことなのであろうか？ ここで言うランダム性は，「全くの混とん」ということではなく，大数の法則などが帰結されるような何らかの秩序が背景にある無秩序なのであるが，よく考えてみるとコルモゴロフの公理系にとって「ランダム性」は前提であり，ランダム性とは何かを述べてはいないことに気付くだろう．公理主義を採用することにより，ランダム性の問題に向かい合うことをうまく避けていると言ってもよい．では「ランダム性」とは何かとなると，実のところこれは大変難しい問題であり，例えば計算機などでよく必要になる「乱数」とは何か，という素朴

な疑問に対しても現代数学は未だに明確な解答を与えているとは言いにくい状況なのである．

一方でコルモゴロフの公理系は，「ランダム性から何が導き出せるか」については多くの情報を与えている．これらを参考にしてランダム性とは何かを明確にすることは，今後の数学のひとつの大きな課題といってもよいだろう．

## 1.3　大数の法則とその応用

　コインを何度も何度も投げると，(表の出る回数)/(投げた回数) が次第に 1/2 に近づいていく．このように各々の事象が「同様に確からしい」試行を独立に繰り返すと，それぞれの事象の起こる平均が事象の起こる確率に近づくという法則を大数の法則という（著者が中学の時には，数学の時間に実際にコインを何度も投げ表が出る回数を数えることによってこの法則が成り立つことを確認する実験があったが，今はどうなのだろうか？）．大数の法則は中学・高校では経験則として教わるものであるが，実はここまでに準備した数学的枠組みにおいては，大数の法則は定理として証明ができるのである．

　この節を通じて，$(\Omega, \mathcal{F}, P)$ を確率空間，$\{X_i\}_{i=1}^{\infty}$ をその上の独立同分布をもつ確率変数の族，$S_n = X_1 + X_2 + \cdots + X_n$（独立な試行を $n$ 回行った和）とする．大数の法則とは $S_n/n$ が（何らかの意味で）$X_1$ の平均（同分布だから，どの $X_i$ の平均でも同じ）に収束することをいう．実際には，以下に見るように収束の仕方の強さによって 2 通りの形が知られている．定理を述べる前に，まずは補題を一つ準備する．

**補題 1.3.1** （チェビシェフ (Chebyshev) の不等式）
$f$ を非負値単調非減少関数（$x \leq y$ のとき $0 \leq f(x) \leq f(y)$ となる関数）とし，$X$ を $E[|X|] < \infty$, $E[|f(X)|] < \infty$ を満たす確率変数とすると，$f(a) > 0$ を満たす $a \in \mathbf{R}$ について以下が成り立つ．

$$P(X \geq a) \leq E[f(X)]/f(a)$$

**証明：**

$$E[f(X)] = \int_{\{X \geq a\}} f(X)dP + \int_{\{X < a\}} f(X)dP$$
$$\geq f(a)P(X \geq a)$$

により示された．ただし 2 段目の不等式では，$\int_{\{X<a\}} f(X)dP \geq 0$ であることと $f$ の単調非減少性を用いた． ∎

**定理 1.3.2** （**大数の弱法則** (weak law of large numbers)）$\{X_i\}$ を独立同分布をもつ確率変数の族で $E[(X_1)^2] < \infty$ とする．このとき任意の $\epsilon > 0$ に対して以下が成り立つ．

$$\lim_{n \to \infty} P\left(\left|\frac{S_n}{n} - E[X_1]\right| \geq \epsilon\right) = 0 \tag{1.3.1}$$

**証明：** まず，以下の問 1.3.1 より $E[|X_1|] \leq \sqrt{E[(X_1)^2]} < \infty$ となることに注意しておく．さて，$X = |S_n - nE[X_1]|$, $f(a) = a^2 (a \geq 0), = 0 (a \leq 0)$ について補題 1.3.1 を用いると，

$$\begin{aligned} P(|S_n - nE[X_1]| \geq n\epsilon) &\leq \frac{E[|S_n - nE[X_1]|^2]}{(n\epsilon)^2} \\ &= \frac{nE[|X_1 - E[X_1]|^2]}{(n\epsilon)^2} \end{aligned} \tag{1.3.2}$$

となり，$n \to \infty$ により結論を得る．第 2 段の等式で，問 1.2.3 の結果を用いている． ∎

**問 1.3.1** （シュワルツ (Schwarz) の不等式）
確率変数 $X_1, X_2$ が $E[(X_1)^2] < \infty$, $E[(X_2)^2] < \infty$ を満たすとき，

$$E[X_1 X_2] \leq \sqrt{E[(X_1)^2]}\sqrt{E[(X_2)^2]} < \infty$$

が成り立つことを示せ（特に，$X_2 = 1$ として $E[X_1] \leq \sqrt{E[(X_1)^2]} < \infty$ を得る）．

**定義 1.3.3** 確率変数の族 $\{Y_n\}_{n=1}^{\infty}$ と確率変数 $X$ について，任意の $\epsilon > 0$ に対して以下が成り立つとき，$\{Y_n\}$ は $X$ に**確率収束する** ($\{Y_n\}$ converges to $X$ in probability) という．
$$\lim_{n \to \infty} P(|Y_n - X| \geq \epsilon) = 0$$

(1.3.1) は，$S_n/n$ が $E[X_1]$ に確率収束するということを述べている．確率収束は次に述べる概収束より弱いので，このタイプの大数の法則は弱法則と呼ばれる．証明もじつに簡単であり，著者自身も初めて勉強したとき，経験則と思っていた法則がとても簡単に証明できることに感動したものである．

次に確率論において基本的な補題を準備する．

**補題 1.3.4** （ボレル–カンテリ (Borel-Cantelli) の補題）
$A_1, A_2, \ldots \in \mathcal{F}$ とする．
1) $\sum_{n=1}^{\infty} P(A_n) < \infty$ ならば $P(\limsup_{n \to \infty} A_n) = 0$ である．
 ただし $\limsup_{n \to \infty} A_n = \bigcap_{k=1}^{\infty} \bigcup_{i=k}^{\infty} A_i$ と定義する．
2) $\{A_n\}_{n=1}^{\infty}$ が独立であるとき，$\sum_{n=1}^{\infty} P(A_n) = \infty$ ならば
 $P(\limsup_{n \to \infty} A_n) = 1$ である．

**証明：** 1) については，
$$P(\limsup_{n \to \infty} A_n) \leq P\left(\bigcup_{i=k}^{\infty} A_i\right) \leq \sum_{i=k}^{\infty} P(A_i)$$

が任意の $k$ について成り立ち，仮定から $k \to \infty$ とすることにより右辺が 0 に収束することから示される． 2) については，問 1.2.1 より $P(\bigcup_{i=k}^{\infty} A_i) = 1$ が任意の $k$ について成り立つことを示すと十分である．今

$$\begin{aligned}
1 - P\left(\bigcup_{i=k}^{\infty} A_i\right) &\leq 1 - P\left(\bigcup_{i=k}^{M} A_i\right) \\
&= P\left(\bigcap_{i=k}^{M} (\Omega \setminus A_i)\right) = \prod_{i=k}^{M} (1 - P(A_i)) \\
&\leq \exp\left(-\sum_{i=k}^{M} P(A_i)\right) \quad (1.3.3)
\end{aligned}$$

が任意の $M \geq k$ について成り立つ（ただし2段目の初めの等式で $\{A_n\}_{n=1}^{\infty}$ の独立性を用い，次の不等式で $1-x \leq \exp(-x)$（$x$ は任意の実数）という簡単な不等式を用いた）．$M \to \infty$ のとき，$\lim_{M \to \infty} \sum_{i=k}^{M} P(A_i) = \infty$ より (1.3.3) の右辺は $0$ に収束するので，結論を得る． ∎

この補題に出てきた $\limsup_{n \to \infty} A_n$（$\{A_n\}_{n=1}^{\infty}$ の**上極限** (superior limit) という）について補足する．集合の交わり，結びの定義に戻ると簡単にチェックできることであるが

$$\bigcap_{k=1}^{\infty} \bigcup_{i=k}^{\infty} A_i = \{\omega \in \Omega \mid \omega \text{は無限個の} A_i \text{に含まれる}\} \tag{1.3.4}$$

つまり $\limsup_{n \to \infty} A_n$ とは，$\Omega$ の元のうち無限個の $A_i$ に含まれるもの全体を表す集合なのである．(1.3.4) の右辺を $\{\omega \mid \omega \in A_i \text{ i.o.}\}$ と書くこともある (i.o. は infinitely often の略)．ついでに，$\limsup_{n \to \infty} A_n$ と対になる $\liminf_{n \to \infty} A_n$ についても説明しておこう．

$$\liminf_{n \to \infty} A_n = \bigcup_{k=1}^{\infty} \bigcap_{i=k}^{\infty} A_i$$

（これを $\{A_n\}_{n=1}^{\infty}$ の**下極限** (inferior limit) という）と定義する．先程と同様の考察をすると

$$\{\omega \in \Omega \mid \omega \text{は，ある} k(\omega) \text{以降のすべての} A_i \, (i \geq k(\omega)) \text{に含まれる}\} \tag{1.3.5}$$

（$k(\omega)$ は $\omega$ によって変わってよいことに注意！），つまり $\liminf_{n \to \infty} A_n$ は，$\Omega$ の元のうち有限個（その個数は元 $\omega$ に依存してよい）を除いたすべての $A_i$ に含まれる $\omega$ の全体を表す集合なのである．(1.3.5) の右辺を $\{\omega \mid \omega \in A_i \text{ e.f.}\}$ と書くこともある (e.f. は except finite の略)．

**問 1.3.2** $\{X_n\}_n$ を，実確率変数の族とする．$a \in \mathbf{R}$ に対して

$$A_n = \{\omega : X_n(\omega) > a\}, \quad B_n = \{\omega : X_n(\omega) \geq a\} \tag{1.3.6}$$

とおくとき，

$$\limsup_{n\to\infty} A_n \supset \{\omega : \limsup_{n\to\infty} X_n(\omega) > a\} \tag{1.3.7}$$

$$\liminf_{n\to\infty} A_n \supset \{\omega : \liminf_{n\to\infty} X_n(\omega) > a\} \tag{1.3.8}$$

$$\limsup_{n\to\infty} B_n \subset \{\omega : \limsup_{n\to\infty} X_n(\omega) \geq a\} \tag{1.3.9}$$

$$\liminf_{n\to\infty} B_n \subset \{\omega : \liminf_{n\to\infty} X_n(\omega) \geq a\} \tag{1.3.10}$$

となることを示せ．また，逆の包含関係は一般に成立しないことを示せ．

それでは，補題1.3.4を用いてより強いタイプの大数の法則を証明しよう．

**定理 1.3.5** （**大数の強法則** (strong law of large numbers)） $\{X_i\}$ を独立同分布をもつ確率変数の族で $E[(X_1)^4] < \infty$ とする．このとき以下が成り立つ．

$$P\left(\lim_{n\to\infty} \frac{S_n}{n} = E[X_1]\right) = 1 \tag{1.3.11}$$

**証明：** $m = E[X_1]$ とおく．まず，問 1.3.1 より

$$E[|X_1|] \leq (E[(X_1)^2])^{1/2} \leq (E[(X_1)^4])^{1/4} < \infty$$

となり，また $(a+b)^2 \leq 2(a^2 + b^2)$ であるから，

$$E[(X_1 - m)^4] \leq 8(E[(X_1)^4] + m^4) < \infty,$$
$$E[(X_1 - m)^2] \leq 2(E[(X_1)^2] + m^2) < \infty$$

となることに注意しておく．

$E[\{\sum_{i=1}^n (X_i - m)\}^4]$ を評価する．

$$E\left[\left\{\sum_{i=1}^n (X_i - m)\right\}^4\right]$$
$$= \sum_{i_1, i_2, i_3, i_4 = 1}^n E[(X_{i_1} - m)(X_{i_2} - m)(X_{i_3} - m)(X_{i_4} - m)]$$

であるが，各項は $i_1$ から $i_4$ のうちどれか一つが他と異なると，独立性から（例えば $i_4$ が異なるとすると $E[\cdots]E[X_{i_4} - m] =$) $0$ となる．したがって和をとる

際残ってくるのは，$i_1 = i_2 = i_3 = i_4$ の場合と $i_1$ から $i_4$ のうち二つずつが同じ値である場合に限られる．前者は $n$ 通りあるから，その和は $nE[(X_1 - m)^4]$ であり，後者は ${}_4C_2 \cdot {}_nC_2 = 3n(n-1)$ 通りあるから（${}_4C_2$ は $i_1$ から $i_4$ のうちペアになるものの組合せ，${}_nC_2$ はそれぞれのペアが $1$ から $n$ までのどの数をとるかの組合せである），その和は $3n(n-1)\{E[(X_1 - m)^2]\}^2$ である．これらをまとめると

$$E\left[\left\{\sum_{i=1}^{n}(X_i - m)\right\}^4\right]$$
$$= nE[(X_1 - m)^4] + 3n(n-1)\{E[(X_1 - m)^2]\}^2$$
$$\leq Cn^2$$

となる（$C$ は $n$ によらない定数）．この評価を用いると，

$$E\Big[\sum_{n=1}^{\infty}\Big\{\frac{1}{n}\sum_{i=1}^{n}(X_i - m)\Big\}^4\Big] = \sum_{n=1}^{\infty}\frac{1}{n^4}E\Big[\Big\{\sum_{i=1}^{n}(X_i - m)\Big\}^4\Big]$$
$$\leq C\sum_{n=1}^{\infty}\frac{1}{n^2} < \infty$$

となる（ここで無限和と平均の交換ができるのはフビニの定理（定理 A.2.9）による）．よって

$$P\Big(\sum_{n=1}^{\infty}\Big\{\frac{1}{n}\sum_{i=1}^{n}(X_i - m)\Big\}^4 < \infty\Big) = 1$$

が成立する．したがって

$$P\Big(\lim_{n\to\infty}\frac{1}{n}\sum_{i=1}^{n}(X_i - m) = 0\Big) = 1$$

となり，これは $P(\{\omega : \lim_{n\to\infty} S_n(\omega)/n = m\}) = 1$ を意味するので，結論を得る． ∎

**定義 1.3.6** 確率変数の族 $\{Y_n\}_{n=1}^{\infty}$ と確率変数 $X$ について以下が成り立つとき，$\{Y_n\}$ は $X$ に**概収束する**（$\{Y_n\}$ converges to $X$ almost surely (everywhere)）といい，$Y_n \to X$ a.s. と書く（a.s. は almost surely の略）．

$$P(\lim_{n\to\infty} Y_n = X) = 1$$

(1.3.11) は，$S_n/n$ が $E[X_1]$ に概収束するということを述べている．なお，a.s. は確率論のいわば「方言」であり，普通積分論では a.e.（a.e. は almost everywhere の略）と書き，日本語ではほとんど至るところ（測度 0 の集合を除いてすべて，という意味）という．定理 1.3.5 では，証明の都合上独立同分布を持つ確率変数の族に 4 次のモーメントの存在 ($E[(X_1)^4] < \infty$) を仮定したが，実際には大数の強法則は（したがって弱法則も）$E[|X_1|] < \infty$ の仮定の下で成り立つことが知られている（例えば，[P13] 第 6 章 §2，定理 4 などを参照せよ）．

定理 1.3.5 の証明の考え方を用いると，$|S_n(\omega)/n - m|$ についてさらに詳しい評価を得ることができる．簡単のためすべての自然数 $k$ について $E[|X_1|^k] < \infty$ としよう．任意の $\epsilon' > 0$ に対して $H_n^{\epsilon'} = \{\omega : |(S_n(\omega) - nm)/n^{1/2+\epsilon'}| \geq \epsilon\}$ ($m = E[X_1]$) とおくと，補題 1.3.1 を $f(a) = a^{2k}(a \geq 0), = 0(a \leq 0)$ で用いることにより

$$P(H_n^{\epsilon'}) = P\left(\left|\sum_{i=1}^n (X_i - m)\right| \geq \epsilon n^{1/2+\epsilon'}\right)$$
$$\leq E\left[\left\{\sum_{i=1}^n (X_i - m)\right\}^{2k}\right]/(\epsilon^{2k} n^{k+2k\epsilon'})$$

となる．弱法則では $k = 1$，強法則では $k = 2$ でこれに相当する評価をしたのである．一方，

$$E\left[\left|\sum_{i=1}^n (X_i - m)\right|^{2k}\right] = \sum_{i_1,\cdots,i_{2k}=1}^n E[(X_{i_1} - m) \cdots (X_{i_{2k}} - m)] \leq Cn^k$$

となる（実際，第 2 式の各項は $i_1$ から $i_{2k}$ のうちどれか一つが他と異なると 0 になり，個数が多いものとして効いてくるのは $2k$ 個のうち 2 個ずつ値が同じものが $k$ 組あるという場合であるから）．以上より $k$ として $2k\epsilon' > 1$ なるものをとると，

$$\sum_{n=1}^\infty P(H_n^{\epsilon'}) \leq \sum_{n=1}^\infty \frac{Cn^k}{\epsilon^{2k} n^{k+2k\epsilon'}} = \frac{C}{\epsilon^{2k}} \sum_{n=1}^\infty \frac{1}{n^{2k\epsilon'}} < \infty$$

となるから，あとは定理 1.3.5 の証明の最後の部分と同じ議論により

$$P\left(\lim_{n\to\infty} \frac{S_n - nm}{n^{1/2+\epsilon'}} = 0\right) = 1 \tag{1.3.12}$$

が任意の $\epsilon' > 0$ に対して示されたことになる．大数の強法則は (1.3.12) で分母が $n$ のものであるから，(1.3.12) は大数の強法則より強い結果である．(1.3.12) はハウスドルフ (Hausdorff) がベルヌーイ列の場合に最初に示したものである．

それでは，$S_n - nm$ は実際にはどの位のオーダーなのであろうか？ その解答はヒンチン (Khinchin) によって最初に与えられた．$E[(X_1)^2] < \infty$ のとき，$X_1$ の分散を $\sigma^2$ とおくと

$$P\left(\limsup_{n\to\infty} \frac{|S_n - nm|}{\sqrt{2n\log\log n}} = \sigma\right) = 1$$

が成立する．これを**重複対数の法則** (law of iterated logarithm) という．

最後に大数の法則の応用例を二つ紹介する．まずは弱法則の応用例から．

**定理 1.3.7**（ワイエルシュトラス (Weierstrass) の多項式近似定理）
$[0,1]$ 上の連続関数は多項式で近似することができる．すなわち，$f$ を $[0,1]$ 上の任意の連続関数とすると，多項式の族 $\{P_n\}_{n=1}^\infty$（$P_n$ は $n$ 次の多項式）で，以下を満たすものを取ることができる．

$$\lim_{n\to\infty} \max_{x\in[0,1]} |P_n(x) - f(x)| = 0$$

証明：$\{X_i^x\}_{i=1}^\infty$ をベルヌーイ列で $P(X_i^x = 0) = 1 - x$，$P(X_i^x = 1) = x$ なるものとする．$S_n = \sum_{i=1}^n X_i^x$ とし，$P_n(x) = E[f(S_n/n)]$ とすると，$0 \leq k \leq n$ について $P(S_n = k) = {}_nC_k x^k (1-x)^{n-k}$ であるから

$$P_n(x) = \sum_{k=0}^n f\left(\frac{k}{n}\right) {}_nC_k x^k (1-x)^{n-k} \tag{1.3.13}$$

となる．一方，$\epsilon > 0$ に対して $\delta(\epsilon) = \sup\{|f(x)-f(y)| : x,y \in [0,1], |x-y| \leq \epsilon\}$ とすると，$[0,1]$ 上の連続関数は一様連続だから $\epsilon \to 0$ のとき $\delta(\epsilon) \to 0$ である．以上より，$\max_{x\in[0,1]} |f(x)| = M$ とおくと，

$$\max_{x\in[0,1]} |f(x) - P_n(x)|$$
$$= \max_{x\in[0,1]} \left| E\left[ f(x) - f\left(\frac{S_n}{n}\right) \right] \right| \leq \max_{x\in[0,1]} E\left[ \left| f(x) - f\left(\frac{S_n}{n}\right) \right| \right]$$
$$= \max_{x\in[0,1]} \left\{ \int_{\{\omega : |\frac{S_n(\omega)}{n} - x| \geq \epsilon\}} \left| f(x) - f\left(\frac{S_n}{n}\right) \right| dP \right.$$
$$\left. + \int_{\{\omega : |\frac{S_n(\omega)}{n} - x| < \epsilon\}} \left| f(x) - f\left(\frac{S_n}{n}\right) \right| dP \right\}$$
$$\leq \max_{x\in[0,1]} 2MP\left( \left|\frac{S_n(\omega)}{n} - x\right| \geq \epsilon \right) + \delta(\epsilon)$$
$$\leq \max_{x\in[0,1]} \frac{2ME[|X_1^x - x|^2]}{n\epsilon^2} + \delta(\epsilon) \leq \frac{2M}{n\epsilon^2} + \delta(\epsilon)$$

となる．ここで最後の段の初めの不等式で (1.3.2) を用い，次の不等号で，$x \in [0,1]$ のとき $E[|X_1^x - x|^2] = x(1-x) \leq 1$ （問 1.2.4 で $n=1$ の場合）となることを用いた．$\epsilon > 0$ を小さくとることにより最後の項は $n \to \infty$ のときいくらでも小さい正の数になりうるので，定理が示された．∎

(1.3.13) は，$f$ についての**ベルンシュタイン** (Bernstein) **の多項式**と呼ばれる．なお，ベルンシュタインの多項式を用いれば，定理 1.3.7 は大数の法則を用いなくとも（微分積分学の範囲で）証明することができる．

次に大数の強法則の応用例として，正規数の話を紹介する．$d$ を 2 以上の自然数とする．$x \in [0,1]$ を $d$ 進展開したものを $x = x_1 d^{-1} + x_2 d^{-2} + \cdots$ $(0 \leq x_i \leq d-1)$ としたとき，すべての $0 \leq k \leq d-1$ について

$$(x_1, \ldots, x_n \text{のうち，値が} k \text{に等しいものの個数})/n \stackrel{n \to \infty}{\longrightarrow} 1/d \quad (1.3.14)$$

となるとき，$x$ を $d$ 進**正規数** (normal number) と呼ぶ（$d$ 進展開の仕方が 2 通りある数については，どちらかの展開が (1.3.14) を満たすときにこのように呼ぶ）．$x$ がすべての $d \geq 2$ について $d$ 進正規数であるとき，$x$ は正規数であるという．例えば，有理数は正規数ではない．実際，有理数を $q/p(2 \leq q, p$ は整数$)$ と表したとき，これを $p$ 進展開するとある位以降すべて 0（あるいは $p-1$）になるので $p$ 進正規数ではない．

では，正規数はいったいどのくらいあるのだろう？ 実は $[0,1]$ 上のルベーグ測度で測ると正規数全体の集合の測度は 1 になるというのが次の定理である．$m$ を $[0,1]$ 上のルベーグ測度とする．

**定理 1.3.8** $m(\{x \in [0,1] : x \text{ は正規数 }\}) = 1$

**証明：** $x$ を $d$ 進展開したときの $d^{-n}$ の係数を $x_n^d$ とおく．$0 \leq k \leq d-1$ に対して $b_n^k(x)$ を，$x_n^d = k$ のとき 1，それ以外のとき 0 とすると，$\{b_n^k\}_{n=1}^\infty$ は分布が $m(b_n^k = 1) = 1/d$, $m(b_n^k = 0) = 1 - 1/d$ となる，独立同分布を持つベルヌーイ列になる．

その証明：まず，$d$ 進展開の仕方が 2 通りある点は高々可算個であることが分かるので，その測度は 0 である．$\{b_n^k = 1\}$ となるのは $d$ 進展開したとき $x_n^d = k$ の所であるから，$m(b_n^k = 1) = 1/d$（したがって $m(b_n^k = 0) = 1 - 1/d$）は明らか．また，$\{b_j^k = l_j : 1 \leq j \leq m\}$ $(l_j \in \{0,1\})$ となるのは区間 $[\sum_{j=1}^m s_j d^{-j}, \sum_{j=1}^m s_j d^{-j} + d^{-m})$（ただし $l_j = 1$ である $j$ においては $s_j = k$, $l_j = 0$ である $j$ においては $s_j$ は $0, \ldots, d-1$ 内で $k$ 以外の値を取る）であり，そのような区間の個数は $(d-1)^L$ 個（$L = \sharp\{l_j = 0 : 1 \leq j \leq m\}$ とおいた）．よって $m(\{b_j^k = l_j : 1 \leq j \leq m\}) = (d-1)^L d^{-m} = \prod_{j=1}^m P(b_j^k = l_j)$ となる．以上より独立性も示された．

今 $|b_n^k| \leq 1$ より $E[(b_n^k)^4] \leq 1 < \infty$ であるから，定理 1.3.5 より

$$m\left(\left\{x : \lim_{n \to \infty} \frac{1}{n} \sum_{i=1}^n b_i^k(x) = \frac{1}{d}\right\}\right) = 1$$

がすべての $0 \leq k \leq d-1$ で成り立つ．したがって $m(\{x : x \text{ は } d \text{ 進正規数 }\}) = 1$．よって

$$m(\{x : x \text{ は正規数 }\}) = m\left(\bigcap_{d=2}^\infty \{x : x \text{ は } d \text{ 進正規数 }\}\right) = 1$$

となり，結論を得る． ∎

この定理によって（ルベーグ測度に対して）ほとんどすべての $x \in [0,1]$ は正規数であることが分かるが，この定理からは，具体的な無理数が正規数かどうかはわからない（実の所，著者の知るかぎり $\pi, \sqrt{2}, \sqrt{3}$ などが正規数であるかどうかはいまだに知られていない）．このように「（ある確率で測って）たくさ

んあることはわかるが具体例についてはわからない」ということは，確率論を用いた議論において時に生じることである．このような場合，具体的な例に関しては別の方法によるアプローチが必要となる．

## 1.4 中心極限定理

読者の皆さんの多くは，受験生のころ模擬試験などで，あの忌わしい「偏差値」という言葉とともに図1.1のような正規分布の図（正確には正規分布の密度関数の図）を見かけたことがあるだろう．ところで，なぜ数多くのデータを集めた時の分布（を然るべく変換したもの）が，正規分布によって近似できるのであろうか？ その答えがこの節で述べる**中心極限定理** (central limit theorem) である．中心極限定理については 1.4.5 小節で定理の内容と証明を行うが，そのための準備として初めの三つの小節で分布の収束と特性関数について述べ，1.4.4小節でその（中心極限定理の証明以外の）応用例を取り上げる．初学者は，特に初めの三つの小節については，証明の細部にはこだわらず定理の意味することが理解できるようにして欲しい．

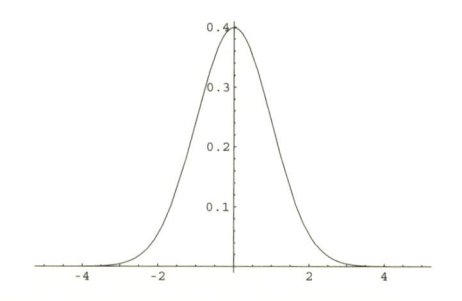

図 1.1　正規分布 $N(0,1)$ の密度関数の図

### 1.4.1　分布の収束

以下では，$\mathcal{P}(\mathbf{R}^n)$ を $(\mathbf{R}^n, \mathcal{B}(\mathbf{R}^n))$ 上の確率測度の全体，$C_b(\mathbf{R}^n)$ を $\mathbf{R}^n$ 上の有界連続関数全体とする．また，$f \in C_b(\mathbf{R}^n)$ に対して $\|f\|_\infty = \sup_{x \in \mathbf{R}^n} |f(x)|$ とする．

## 1.4. 中心極限定理

**定義 1.4.1** $\mu_k$ $(k \geq 1)$, $\mu \in \mathcal{P}(\mathbf{R}^n)$ について，任意の $f \in C_b(\mathbf{R}^n)$ に対して

$$\lim_{k \to \infty} \int_{\mathbf{R}^n} f(x) \mu_k(dx) = \int_{\mathbf{R}^n} f(x) \mu(dx)$$

が成り立つとき，$\{\mu_k\}$ は $\mu$ に **弱収束する** ($\{\mu_k\}$ converges weakly to $\mu$) といい，$\mu_k \to \mu$ $(k \to \infty)$ と書く．

$\mu \in \mathcal{P}(\mathbf{R}^n)$ に対して，各 $\mathbf{x} = (x_1, x_2, \ldots, x_n) \in \mathbf{R}^n$ について

$$F(\mathbf{x}) = \mu((-\infty, x_1] \times (-\infty, x_2] \times \cdots \times (-\infty, x_n])$$

と定めた関数を，$\mu$ の **分布関数** (distribution function) と呼ぶ．

簡単のため $n = 1$ とする．分布関数の性質として
1) 右連続（つまり $\lim_{0 < h \to 0} F(x+h) = F(x)$）
2) 単調非減少（$x \leq y$ ならば $F(x) \leq F(y)$）
3) $\lim_{x \to \infty} F(x) = 1$, $\lim_{x \to -\infty} F(x) = 0$

が挙げられる．逆に，実数上の関数 $F$ が上の 1), 2), 3) の条件を満たすならば，

$$\mu((a, b]) = F(b) - F(a) \qquad a, b \text{ は } a \leq b \text{ なる任意の実数} \qquad (1.4.1)$$

とし，これを拡張することにより $\mathcal{B}(\mathbf{R})$ 上の確率測度 $\mu$ を構成できる．

**問 1.4.1** カラテオドリの定理（定理 A.1.6）を用いることにより，(1.4.1) で定めた $\mu$ が $\mathcal{B}(\mathbf{R})$ 上の確率測度に拡張できることを示せ（付録 A，例 A.1.5 参照）．

上述した 1), 2), 3) のような特徴づけは，多次元の分布関数についてもできる．例えば，[P13] 第 3 章 §2，定理 5 などを参照せよ．

**定理 1.4.2** $\mu_k$ $(k \geq 1)$, $\mu \in \mathcal{P}(\mathbf{R}^n)$ について，以下は同値である．
1) $\mu_k \to \mu$ $(k \to \infty)$
2) $F_k, F$ をそれぞれ $\mu_k, \mu$ の分布関数とすると，

$$\lim_{k \to \infty} F_k(\mathbf{x}) = F(\mathbf{x})$$

が，すべての $F$ の連続点 $\mathbf{x}$（すなわち，$\lim_{\mathbf{x}' \to \mathbf{x}} F(\mathbf{x}') = F(\mathbf{x})$ となるすべての $\mathbf{x} \in \mathbf{R}^n$）において成立する．

**証明：** 簡単のため $n=1$ で証明する（一般の $n$ の場合も，本質的に同様の議論で証明ができる）．

まずは 1) ⇒ 2) を証明する．有界連続関数 $z = f_k(y)$ を図 1.2 のように定める（$y \leq x$ では 1，$y \geq x+1/k$ では 0 とし，その間は直線でつなぐ）．$\mu_n$ が $\mu$ に弱収束するから，

$$F_{\mu_n}(x) \leq \int_{\mathbf{R}} f_k(y) \mu_n(dy) \overset{n \to \infty}{\longrightarrow} \int_{\mathbf{R}} f_k(y) \mu(dy)$$

となる．右辺は $k \to \infty$ のとき $\mu((-\infty, x]) = F_\mu(x)$ に収束する（ルベーグの収束定理（定理 A.2.6）により示される）ので，結局 $\limsup_{n \to \infty} F_{\mu_n}(x) \leq F_\mu(x)$ を得る．一方，有界連続関数 $z = g_k(y)$ を図 1.2 のように定めて（$y \leq x - 1/k$ では 1，$y \geq x$ では 0 とし，その間は直線でつなぐ）同様の議論をすると，

$$F_{\mu_n}(x) \geq \int_{\mathbf{R}} g_k(y) \mu_n(dy) \overset{n \to \infty}{\longrightarrow} \int_{\mathbf{R}} g_k(y) \mu(dy)$$

となり，右辺は $k \to \infty$ のとき $\mu((-\infty, x)) = F_\mu(x-0)$ に収束するので（ただし，$\lim_{0 < h \to 0} F_\mu(x-h)$ を $F_\mu(x-0)$ と書くことにする），$\liminf_{n \to \infty} F_{\mu_n}(x) \geq F_\mu(x-0)$ を得る．以上まとめると，任意の $x \in \mathbf{R}$ に対して

$$F_\mu(x-0) \leq \liminf_{n \to \infty} F_{\mu_n}(x) \leq \limsup_{n \to \infty} F_{\mu_n}(x) \leq F_\mu(x)$$

を得るので，$x$ で $F$ が連続である点においては $\lim_{n \to \infty} F_{\mu_n}(x) = F_\mu(x)$ が成り立つ．

次に 2) ⇒ 1) を証明する．$D_\mu = \{x : x \text{ は } F_\mu \text{ の不連続点}\} = \{x : F_\mu(x-0) < F_\mu(x)\}$ とおくと，$D_\mu$ は高々可算個の点からなる（実際，$D_n = \{x : F_\mu(x) - F_\mu(x-0) \geq 1/n\}$ とすると $D_n$ は高々 $n$ 個の点からなり，$D_\mu = \cup_{n \in \mathbf{N}} D_n$ だから）．$\epsilon > 0$ を任意にとり，$a, b \in \mathbf{R} \setminus D_\mu$ を

$$F_\mu(a) < \epsilon, \quad 1 - F_\mu(b) < \epsilon \qquad (1.4.2)$$

ととる．今

$$\lim_{n \to \infty} F_{\mu_n}(x) = F_\mu(x), \qquad x \in \mathbf{R} \setminus D_\mu \qquad (1.4.3)$$

だから，$n$ が十分大きいとき

$$F_{\mu_n}(a) < 2\epsilon, \quad 1 - F_{\mu_n}(b) < 2\epsilon \qquad (1.4.4)$$

## 1.4. 中心極限定理

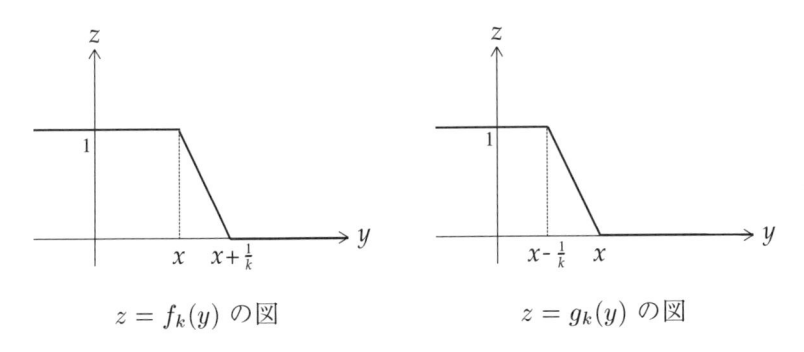

$z = f_k(y)$ の図      $z = g_k(y)$ の図

図 1.2

も成り立っている．さて $f$ を任意の有界連続関数とすると，$f$ は $[a,b]$ 上一様連続であるから，$\epsilon > 0$ に応じて分割 $a = a_0 < a_1 < \cdots < a_{m-1} < a_m = b$ がとれ，$a_i \in \mathbf{R} \setminus D_\mu$ $(0 \leq i \leq m)$，

$$\sup_{x \in [a_i, a_{i+1}]} |f(x) - f(a_i)| \leq \epsilon, \qquad 0 \leq i \leq m-1 \qquad (1.4.5)$$

とできる．このとき，

$$\left| \int_{\mathbf{R}} f(x) \mu_n(dx) - \int_{\mathbf{R}} f(x) \mu(dx) \right|$$
$$\leq \left| \int_{(-\infty, a] \cup (b, \infty)} f(x) \mu_n(dx) \right| + \left| \int_{(-\infty, a] \cup (b, \infty)} f(x) \mu(dx) \right|$$
$$+ \sum_{k=0}^{m-1} \left| \int_{(a_k, a_{k+1})} f(x) \mu_n(dx) - \int_{(a_k, a_{k+1})} f(x) \mu(dx) \right|$$

となり，右辺第 1 項と第 2 項の和を $J_1$，第 3 項の $\sum$ 全体を $J_2$ とおくと，(1.4.2), (1.4.4) から $J_1 \leq 6M\epsilon$ （$\|f\|_\infty = M$ とおいた）となる．また

$$J_2 \leq \sum_{k=0}^{m-1} \left\{ \left| \int_{(a_k, a_{k+1})} f(x) \mu_n(dx) - f(a_k) \int_{(a_k, a_{k+1})} \mu_n(dx) \right| \right.$$
$$+ |f(a_k)| |(F_{\mu_n}(a_{k+1}) - F_{\mu_n}(a_k)) - (F_\mu(a_{k+1}) - F_\mu(a_k))|$$
$$\left. + \left| \int_{(a_k, a_{k+1})} f(x) \mu(dx) - f(a_k) \int_{(a_k, a_{k+1})} \mu(dx) \right| \right\}$$

となる.  (1.4.5) より,右辺 $\sum$ 内の第 1 項は

$$\int_{(a_k,a_{k+1}]} |f(x) - f(a_k)| \mu_n(dx) \leq \epsilon(F_{\mu_n}(a_{k+1}) - F_{\mu_n}(a_k))$$

以下であり,したがって $k$ についての和は $\epsilon$ 以下である.同様の理由で,第 3 項の $k$ についての和も $\epsilon$ 以下である.また,(1.4.3) より $n$ が十分大きいと $|F_{\mu_n}(a_k) - F_\mu(a_k)| \leq \epsilon/m$, $0 \leq k \leq m$ とできるので,第 2 項は $2M\epsilon$ 以下である.以上まとめると $J_1 + J_2 \leq (8M+2)\epsilon$ であるから,1) が示された. ∎

**定義 1.4.3** $\mu_k$ $(k \geq 1)$, $\mu \in \mathcal{P}(\mathbf{R}^n)$ について,$F_k, F$ をそれぞれ $\mu_k, \mu$ の分布関数とする.ここで

$$\lim_{k \to \infty} F_k(\mathbf{x}) = F(\mathbf{x})$$

が,すべての $F$ の連続点 $\mathbf{x}$ (すなわち,$\lim_{\mathbf{x}' \to \mathbf{x}} F(\mathbf{x}') = F(\mathbf{x})$ となるすべての $\mathbf{x} \in \mathbf{R}^n$) において成り立つとき,$\{\mu_k\}$ は $\mu$ に**法則収束する** ($\{\mu_k\}$ converges to $\mu$ in distribution (in law)) という.確率変数の族 $\{Y_n\}_{n=1}^\infty$ と確率変数 $X$ について,$P^{Y_n}$ が $P^X$ に法則収束するとき,$\{Y_n\}$ は $X$ に法則収束するという.

上の定理は,確率測度の弱収束と対応する分布関数の法則収束は同値であるということを述べている.

**注意 1.4.4** 定理 1.4.2 は以下の 4 条件とも同値である.
a) 任意の開集合 $O$ に対して,$\liminf_{k \to \infty} \mu_k(O) \geq \mu(O)$ が成り立つ.
b) 任意の閉集合 $F$ に対して,$\limsup_{k \to \infty} \mu_k(F) \leq \mu(F)$ が成り立つ.
c) $\mu(\partial A) = 0$ である任意の $A \in \mathcal{B}(\mathbf{R}^n)$ に対して,$\lim_{k \to \infty} \mu_k(A) = \mu(A)$ が成り立つ.ただし,$A$ の閉包から $A$ の内点全体を除いた集合を $A$ の境界といい,$\partial A$ と書く.
d) コンパクトな台を持つ任意の連続関数 $f$ に対して以下が成り立つ.

$$\lim_{k \to \infty} \int_{\mathbf{R}^n} f(x) \mu_k(dx) = \int_{\mathbf{R}^n} f(x) \mu(dx)$$

ただし,$\{x : f(x) \neq 0\}$ の閉包を $f$ の台 (support) という.

ここでは,後で使う 1)⇒a) のみ証明する (他の証明は,[P13] 第 5 章 §4, 定理 1 などを参照のこと).今,開集合 $O$ に対して $O_m = \{x \in O : d(x, \partial O) \geq 1/m\}$

とし（$d(\cdot,\cdot)$ は $\mathbf{R}^n$ のユークリッド距離を表し，$d(x,A) = \inf_{y\in A} d(x,y)$ とする）

$$h_m(x) = \frac{d(x, O^c)}{d(x, O_m) + d(x, O^c)}, \qquad x \in \mathbf{R}^n$$

とおくと，$h_m$ は $\mathbf{R}^n$ 上の連続関数で $0 \le h_m(x) \le 1$，$x \in O_m$ のとき $h_m(x) = 1$，$x \in O^c$ のとき $h_m(x) = 0$ となる．よって $\int_{\mathbf{R}^n} h_m(x)\mu_k(dx) \le \mu_k(O)$ が成り立つ．$k \to \infty$ のとき左辺は $\int_{\mathbf{R}^n} h_m(x)\mu(dx)$ に収束し，さらに $m \to \infty$ とすることによりこれは $\mu(O)$ に収束する（$O$ が開集合だから $\lim_{m\to\infty} h_m(x) = 1_O(x)$ であり，$h_m \le 1$ から，ルベーグの収束定理（定理 A.2.6）により示される）．以上より a) を得る．

**注意 1.4.5** $\{X_m\}$, $X$ を $(\mathbf{R}^n, \mathcal{B}(\mathbf{R}^n), P)$ 上の確率変数とする．確率変数の収束について，ここで整理してみよう．

 i) $X_m$ が $X$ に概収束する
 ii) $X_m$ が $X$ に $\mathbf{L}^p$ 収束する $(p > 0)$
 iii) $X_m$ が $X$ に確率収束する
 iv) $X_m$ が $X$ に法則収束する

ただし ii) は $\lim_{m\to\infty} (E[|X_m - X|^p])^{1/p} = 0$ ということ．iv) のとき

$$X_m \xrightarrow{d} X$$

などと書く．定理 1.4.2 より，iv) は $P^{X_m}$ が $m \to \infty$ で $P^X$ に弱収束することと同値である．

これらの収束には，図 1.3 のような関係がある．さらに iv) のとき，新たな確率空間の上に，もとの $\{X_m\}, X$ と同分布で概収束するような確率変数の族を構成することができる．すなわち，次の定理が成立する（証明は，[P13] 第 5 章 §5, 定理 2 などを参照のこと）．

**定理 1.4.6**（スコロホッド (Skorokhod) の定理）$(\mathbf{R}^n, \mathcal{B}(\mathbf{R}^n))$ 上の確率測度の族 $\{P_m\}$ が $P$ に弱収束すれば，$[0,1]$ 上にルベーグ測度 $Q$ を与えた確率空間 $([0,1], \mathcal{F}, Q)$ とその上の $n$ 次元確率変数の族 $\{X_m\}$, $X$ で，

$$1)\ P_m = Q^{X_m}\ (m \in \mathbf{N}),\ P = Q^X, \qquad 2)\ X_m \to X\ \text{a.s.}$$

を満たすものが存在する．

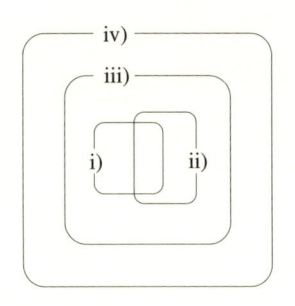

図 1.3　さまざまな収束の関係

それでは，どのような確率測度の族が弱収束する（あるいは弱収束する部分列を持つ）のであろうか？　これに答えるために次のような概念を準備する．

**定義 1.4.7** $\Lambda$ を $\mathbf{R}^n$ 上の確率測度の族とする．任意の $\epsilon > 0$ に対して，$\mathbf{R}^n$ 内のコンパクト集合 $K_\epsilon$ で $\inf_{\mu \in \Lambda} \mu(K_\epsilon) > 1 - \epsilon$ を満たすものが存在するとき，$\Lambda$ は**緊密** (tight) であるという．

**定理 1.4.8** $\Lambda$ が緊密であるための必要十分条件は，$\Lambda$ 内の任意の列 $\{\mu_m : \mu_m \in \Lambda\}$ に対して弱収束する部分列をとることができることである．

**証明：** 簡単のため $n = 1$ で証明する（一般の $n$ の場合も，証明は本質的に同様であるが煩雑となる．[P13] 第 5 章 §4, 定理 2 などを参照のこと）．
　まずは緊密であることが必要条件であることを背理法で示す．結論を否定すると，ある $\epsilon > 0$ について，任意のコンパクト集合 $K$ に対して $\mu_{\epsilon,K}(K) \leq 1 - \epsilon$ となる $\mu_{\epsilon,K} \in \Lambda$ がとれる．今 $K$ として $[-l, l]$ をとり，対応する $\mu_{\epsilon,K}$ を $\mu_l$ とすると，仮定よりある $\mu \in \mathcal{P}(\mathbf{R})$ に弱収束する部分列 $\{\mu_{l_j}\}$ がとれる．このとき $k \leq l_j$ とすると

$$\mu_{l_j}((-k, k)) \leq \mu_{l_j}([-l_j, l_j]) \leq 1 - \epsilon$$

となり，$j \to \infty$ とすると

$$\mu((-k, k)) \leq \liminf_{j \to \infty} \mu_{l_j}((-k, k)) \leq 1 - \epsilon$$

が任意の $k$ で成り立つ（初めの不等号で注意 1.4.4 の a) を用いた）．ここで $k \to \infty$ とすると $\mu(\mathbf{R}) = \lim_{k \to \infty} \mu((-k, k)) \leq 1 - \epsilon$ となり，$\mu \in \mathcal{P}(\mathbf{R})$ に反する．以上より証明ができた．

## 1.4. 中心極限定理

次に緊密であることが十分条件であることを示す（ヘリー (Helly) による方法）. $F_m(x) = \mu_m((-\infty, x])$ とし，また有理数全体に $\{r_1, r_2, \ldots, r_n, \ldots\}$ と番号をつける. まず，$0 \leq F_m(r_1) \leq 1$ だから，$F_{n_i^1}(r_1)$ が収束するような部分列 $\{n_i^1\}$ が存在する. 次に $0 \leq F_m(r_2) \leq 1$ だから，$F_{n_i^2}(r_2)$ が収束するような部分列 $\{n_i^2\} \subset \{n_i^1\}$ が存在する. これを繰り返して任意の $k$ について $F_{n_i^k}(r_k)$ が収束するような部分列 $\{n_i^k\} \subset \{n_i^{k-1}\}$ が存在するので，$n_i = n_i^i$ とすると，対角線論法により $F_{n_i}(r_k)$ は任意の $k$ について $i \to \infty$ のとき収束する. そこでその極限を $L(r) = \lim_{i \to \infty} F_{n_i}(r)$（$r$ は有理数）とおく. さらに，一般の $x \in \mathbf{R}$ に対しては $F(x) = \inf_{x < r \in \mathbf{Q}} L(r)$ とおく. $L$ が単調非減少なので，$F$ も単調非減少である. また，$F$ は右連続である［実際，$x_l \downarrow c$ のとき $\lim_{l \to \infty} F(x_l) \geq F(c)$ は作り方から明らかであり，一方 $c < r$ となる任意の有理数 $r$ に対して $l$ が十分大きければ $x_l < r$ であるから $L(r) \geq F(x_l) \geq \lim_{l \to \infty} F(x_l)$，よって両辺の $\inf_{c < r \in \mathbf{Q}}$ をとって $F(c) \geq \lim_{l \to \infty} F(x_l)$ を得る］. さらに，$\{\mu_m\}$ が緊密であることから $\lim_{x \to -\infty} F(x) = 0$, $\lim_{x \to \infty} F(x) = 1$ である［実際，$\{\mu_m\}$ が緊密だから任意の $\epsilon > 0$ に対して $A > 0$ が存在して，すべての $m$ で $F_m(-A) \leq \epsilon$ となり，したがって有理数 $r$ が $r \leq -A$ ならば $L(r) \leq \epsilon$，よって $x < -A$ ならば $F(x) = \inf_{x < r \in \mathbf{Q}} L(r) \leq \epsilon$ となる. $\lim_{x \to \infty} F(x) = 1$ も同様に示される］. 以上より，定理 1.4.2 の前に述べたことから，$\mu$ を (1.4.1) によって定めることにより，この $\mu$ を $(\mathbf{R}, \mathcal{B}(\mathbf{R}))$ 上の確率測度に拡張することができる. 最後に $\mu_{n_i} \to \mu$ を示す. 定理 1.4.2 より $x$ が $F$ の連続点であるとき $\lim_{i \to \infty} F_{n_i}(x) = F(x)$ が成り立つとよい. まず $x \leq r \in \mathbf{Q}$ なる $r$ をとると

$$\limsup_{i \to \infty} F_{n_i}(x) \leq \lim_{i \to \infty} F_{n_i}(r) = L(r) \leq F(r)$$

となる. $r \downarrow x$ とすると，$F$ の右連続性より

$$\limsup_{i \to \infty} F_{n_i}(x) \leq F(x) \tag{1.4.6}$$

を得る. 次に $x \geq r \in \mathbf{Q}$ なる $r$ をとると

$$\liminf_{i \to \infty} F_{n_i}(x) \geq \lim_{i \to \infty} F_{n_i}(r) = L(r) \geq F(r - \epsilon)$$

が任意の $\epsilon > 0$ について成り立つ. $r \uparrow x$ とした後 $\epsilon \to 0$ とすると，

$$\liminf_{i \to \infty} F_{n_i}(x) \geq F(x - 0) \tag{1.4.7}$$

を得る. (1.4.6), (1.4.7) と $F(x) = F(x-0)$（$x$ が $F$ の連続点だから）より結論を得る. ∎

上の定理の条件は，$\mathcal{P}(\mathbf{R}^n)$ に適当な位相を入れることにより $\Lambda$ の閉包が点列コンパクトである（プレコンパクトという）ということに他ならない. なお，一般に（$\mathbf{R}^n$ の

代わりに）完備可分距離空間上の確率測度の族について緊密という概念を同様に定義することができ，定理 1.4.8 が成り立つことが知られている．

緊密の条件がないと，どのような部分列を選んでも弱収束しないことがありうる．実際，例えば $\mu_m = \delta_m$（つまり $\mu_m$ は $\mu_m(\{m\}) = 1$ となる確率測度）として $\Lambda = \{\mu_m\}_{m \in \mathbf{N}} \subset \mathcal{P}(\mathbf{R})$ とすると，どのようなコンパクト集合 $K$ をとっても $\inf_{m \in \mathbf{N}} \mu_m(K) = 0$ となり $\Lambda$ は緊密でない．このとき，$\mu_m$ に対応する分布関数を $F_m$ とすると，任意の $x \in \mathbf{R}$ に対して $\lim_{m \to \infty} F_m(x) = 0$ となるから，もし $\lim_{i \to \infty} \mu_{n_i} = \mu$ とすると，任意の $x \in \mathbf{R}$ に対して $\mu((-\infty, x]) = 0$ となり，$\mu \notin \mathcal{P}(\mathbf{R})$ である．

### 1.4.2 特性関数

**定義 1.4.9** $\mu \in \mathcal{P}(\mathbf{R}^n)$ に対して，

$$\varphi_\mu(\xi) = \int_{\mathbf{R}^n} \exp(\sqrt{-1}(\xi, x))\mu(dx), \qquad \xi \in \mathbf{R}^n$$

を $\mu$ の **特性関数** (characteristic function) という．ただし $(\xi, x)$ は，$\xi$ と $x$ との内積を表す．

特性関数は，確率測度のフーリエ変換である．いくつかの典型的な確率測度に対して，その特性関数を計算してみよう．

1) 二項分布 $B(n,p)$　$\mu(\{k\}) = {}_nC_k p^k (1-p)^{n-k}, 0 \leq k \leq n$

$$\varphi_\mu(\xi) = \sum_{k=0}^n e^{\sqrt{-1}\xi k} {}_nC_k p^k (1-p)^{n-k} = (e^{\sqrt{-1}\xi} p + 1 - p)^n$$

2) 幾何分布　$\mu(\{k\}) = p(1-p)^k,\ k \in \mathbf{Z}_+$

$$\varphi_\mu(\xi) = \sum_{k=0}^\infty e^{\sqrt{-1}\xi k} p(1-p)^k = \frac{p}{1 - (1-p)e^{\sqrt{-1}\xi}}$$

3) 1 次元正規分布 $N(m,v),\ v > 0$　$\mu(dx) = \frac{1}{\sqrt{2\pi v}} \exp(-\frac{(x-m)^2}{2v}) dx$

$$\varphi_\mu(\xi) = \frac{1}{\sqrt{2\pi v}} \int_{\mathbf{R}} e^{\sqrt{-1}\xi x} e^{-\frac{(x-m)^2}{2v}} dx = \exp(\sqrt{-1}\xi m - v\xi^2/2) \qquad (1.4.8)$$

問 **1.4.2** (1.4.8) を証明せよ．

4) 多次元正規分布 $N(m,V)$　$m \in \mathbf{R}^n, V$ は $n$ 次正値対称行列（任意の ${}^t(0,\ldots,0) \neq x \in \mathbf{R}^n$ に対して ${}^t x V x > 0$ となる対称行列）$\mu(dx) = \frac{1}{(2\pi)^{n/2}(\det V)^{1/2}} \times \exp(-\frac{1}{2}(V^{-1}(x-m), x-m))dx$

$$\varphi_\mu(\xi) = \frac{1}{(2\pi)^{n/2}(\det V)^{1/2}} \int_{\mathbf{R}^n} e^{\sqrt{-1}(\xi,x)} e^{-\frac{1}{2}(V^{-1}(x-m),x-m)} dx$$
$$= \exp(\sqrt{-1}(\xi,m) - \frac{1}{2}(V\xi,\xi)) \qquad (1.4.9)$$

問 **1.4.3** (1.4.9) を証明せよ．

$\mu$ の特性関数 $\varphi_\mu$ に「逆変換」を施すことにより，$\mu$ を再生することができる．

**定理 1.4.10** （レヴィ(P. Lévy) の反転公式）$\mu(\{a\}) = \mu(\{b\}) = 0$ となる任意の実数 $a < b$ に対して以下が成り立つ．

$$\mu([a,b]) = \frac{1}{2\pi} \lim_{T \to \infty} \int_{-T}^{T} \frac{e^{-\sqrt{-1}a\xi} - e^{-\sqrt{-1}b\xi}}{\sqrt{-1}\xi} \varphi_\mu(\xi) d\xi \qquad (1.4.10)$$

証明：(1.4.10) の右辺 $\lim_{T \to \infty}$ の後の式を $F(T)$ とおくと，

$$F(T) = \int_{-T}^{T} \frac{e^{-\sqrt{-1}a\xi} - e^{-\sqrt{-1}b\xi}}{\sqrt{-1}\xi} \int_{-\infty}^{\infty} e^{\sqrt{-1}\xi x} \mu(dx) d\xi$$

ここで積分の順序交換ができるので（$|\frac{e^{-\sqrt{-1}a\xi} - e^{-\sqrt{-1}b\xi}}{\sqrt{-1}\xi} e^{\sqrt{-1}\xi x}| \leq 2|a-b|$ ゆえフビニの定理（定理 A.2.9）を適用できるから），積分を交換して $\xi$ に関する積分を計算すると，

$$\int_{-T}^{T} \frac{e^{-\sqrt{-1}a\xi} - e^{-\sqrt{-1}b\xi}}{\sqrt{-1}\xi} e^{\sqrt{-1}\xi x} d\xi$$
$$= 2 \int_{0}^{T} \frac{\sin(x-a)\xi}{\xi} d\xi - 2 \int_{0}^{T} \frac{\sin(x-b)\xi}{\xi} d\xi \qquad (1.4.11)$$

（ここで，$e^{\sqrt{-1}\alpha\xi} = \cos(\alpha\xi) + \sqrt{-1}\sin(\alpha\xi)$ であることと，$(\cos\alpha\xi)/\xi$ は奇関数，$(\sin\alpha\xi)/\xi$ は偶関数であることを用いた）となる．以下の問 1.4.4 を用い

ると，
$$\lim_{T\to\infty} [(1.4.11) \text{ の右辺}] = \begin{cases} 0, & x < a \text{ または } b < x \\ \pi, & x = a \text{ または } x = b \\ 2\pi, & a < x < b \end{cases}$$

となる．一方，$\mu$ による積分と $\lim_{T\to\infty}$ の順序交換ができる（sin が周期関数であることを用いて (1.4.11) の右辺が（$T$ によらず）有界であることが示されるので，ルベーグの収束定理（定理 A.2.6）より）．したがって
$$\lim_{T\to\infty} F(T) = \pi \int_{-\infty}^{\infty} 1_{\{a\},\{b\}}(x)\mu(dx) + 2\pi \int_{-\infty}^{\infty} 1_{(a,b)}(x)\mu(dx)$$
$$= 2\pi\mu([a,b])$$

を得る（最後の等式で $\mu(\{a\}) = \mu(\{b\}) = 0$ を用いた）．よって結論を得る．∎

**問 1.4.4** $\int_0^\infty \frac{\sin t}{t} dt = \pi/2$ を用いて以下を示せ．
$$\int_0^\infty \frac{\sin xt}{t} dt = \begin{cases} \dfrac{\pi}{2}, & x > 0 \\ 0, & x = 0 \\ -\dfrac{\pi}{2}, & x < 0 \end{cases}$$

この定理の系として，二つの測度の特性関数が一致すれば，実はその二つの測度は一致することがわかる．

**系 1.4.11** $\mu, \nu \in \mathcal{P}(\mathbf{R})$ がすべての $\xi \in \mathbf{R}$ に対して $\varphi_\mu(\xi) = \varphi_\nu(\xi)$ を満たせば，$\mu = \nu$ である．

**証明**：まず，$\mu \in \mathcal{P}(\mathbf{R})$ のとき $\mu(\{a\}) > 0$ となる $a \in \mathbf{R}$（このような $a$ 全体を $D$ とおく）の個数は高々可算個であることに注意する．実際，$\mu(\{a\}) > 1/m$ となる $a$（このような $a$ 全体を $D_m$ とおく）の個数は高々 $m$ 個であり，$D = \cup_{m \in \mathbf{N}} D_m$ であるから，$D$ は高々可算集合である．さて，$a, b \notin D_\mu \cup D_\nu$ のとき，定理 1.4.10 より
$$\mu([a,b]) = \nu([a,b]) \tag{1.4.12}$$

であることが分かる．このことから，$b \in D_\mu \cup D_\nu$ に対しても，$b < b_n \notin D_\mu \cup D_\nu$ で $\lim_{n\to\infty} b_n = b$ なるものをとるなどして，(1.4.12) が任意の $a, b \in \mathbf{R}$ で成り立つことが示される．したがって $\mu = \nu$ である． ■

**注意 1.4.12** 1) 確率変数 $X$ に対して $\mu = P^X$ とおくと，以下が成り立つ．

$$\varphi_\mu(\xi) = \int_{-\infty}^{\infty} e^{\sqrt{-1}\xi x} \mu(dx) = E[e^{\sqrt{-1}\xi X}]$$

2) 確率変数 $X_1, X_2$ が互いに独立であるとき，$X_1 + X_2$ に対応する測度の特性関数は以下のように二つの特性関数の積の形になる（章末練習問題1参照）．

$$E[e^{\sqrt{-1}\xi(X_1+X_2)}] = E[e^{\sqrt{-1}\xi X_1}]E[e^{\sqrt{-1}\xi X_2}]$$

**問 1.4.5** $\{X_i\}_{i=1}^n$ が独立で，各 $X_i$ の分布が $N(m_i, v_i)$ に等しいとき，これらの和 $S = \sum_{i=1}^n X_i$ の分布を求めよ．

最後に，特性関数の性質と特徴付けについて述べよう．$\mu \in \mathcal{P}(\mathbf{R})$ の特性関数 $\varphi_\mu(\xi)$ は以下のような性質を持つ．

(1) $\varphi_\mu(0) = 1$

(2) $\varphi_\mu$ は $\mathbf{R}$ 上一様連続である． (2') $\varphi_\mu$ は原点で連続である．

(3) $\overline{\varphi_\mu(\xi)} = \varphi_\mu(-\xi)$ が任意の $\xi \in \mathbf{R}$ で成り立つ．

(4) （非負定値性） 任意の $\xi_1, \ldots, \xi_n \in \mathbf{R}$ と任意の $c_1, \ldots, c_n \in \mathbf{C}$ に対して，以下が成立する．

$$\sum_{i,j=1}^n c_i \overline{c_j} \varphi_\mu(\xi_i - \xi_j) \geq 0$$

(1), (3) は，特性関数の定義からすぐに確認できる．(2') は (2) から出る．(2) は，以下のようにして示される．

$$\begin{aligned}|\varphi_\mu(\xi+h) - \varphi_\mu(\xi)| &= \left|\int_{-\infty}^{\infty} e^{\sqrt{-1}\xi x}(e^{\sqrt{-1}hx} - 1)\mu(dx)\right| \\ &\leq \int_{-\infty}^{\infty} |e^{\sqrt{-1}hx} - 1|\mu(dx)\end{aligned}$$

であり，$|e^{\sqrt{-1}hx} - 1| \le 2$ だからルベーグの収束定理（定理 A.2.6）より，右辺は $h \to 0$ のとき $0$ に収束する（しかも収束のスピードは $\xi$ に依存しない）．よって一様連続性が示された．最後に，(4) は以下のようにして示される．

$$\sum_{i,j=1}^{n} c_i \overline{c_j} \varphi_\mu(\xi_i - \xi_j) = \sum_{i,j=1}^{n} c_i \overline{c_j} \int_{-\infty}^{\infty} e^{\sqrt{-1}(\xi_i - \xi_j)x} \mu(dx)$$
$$= \int_{-\infty}^{\infty} \sum_{i} c_i e^{\sqrt{-1}\xi_i x} \overline{\sum_{j} c_j e^{\sqrt{-1}\xi_j x}} \mu(dx)$$
$$= \int_{-\infty}^{\infty} \left| \sum_{i} c_i e^{\sqrt{-1}\xi_i x} \right|^2 \mu(dx) \ge 0$$

逆にこれらの性質を満たす関数は，ある測度の特性関数である．

**定理 1.4.13**　（ボホナー (Bochner) の定理）**R** 上の関数 $f$ が，上の (1)，(2′)，(4) を満たすならば，$\mu \in \mathcal{P}(\mathbf{R})$ が（唯一）存在して $f(\xi) = \varphi_\mu(\xi)$ となる．

本書ではこの定理を使用しないので，証明は省略する．興味のある読者は，例えば [P13] 第 5 章 §5，定理 6 などを参照せよ．

### 1.4.3　分布関数の収束と特性関数の収束

$\mu_n$ が $\mu$ に弱収束するならば，$e^{\sqrt{-1}x\xi}$ が有界連続関数であるからすべての $\xi \in \mathbf{R}$ について $\lim_{n \to \infty} \varphi_{\mu_n}(\xi) = \varphi_\mu(\xi)$ が成り立つことが分かる．この逆にあたることが，次の定理の主張である．

**定理 1.4.14**　（レヴィ (P. Lévy) の**連続性定理**）$\{\mu_n\}_{n=1}^{\infty} \subset \mathcal{P}(\mathbf{R})$ とする．ある関数 $\varphi$ が存在して，任意の $\xi \in \mathbf{R}$ に対して $\varphi(\xi) = \lim_{n \to \infty} \varphi_{\mu_n}(\xi)$ を満たし，さらに $\varphi$ が原点で連続であれば，$\mu \in \mathcal{P}(\mathbf{R})$ が（唯一）存在して $\mu_n$ は $\mu$ に弱収束する．

$\varphi$ が原点で連続であるという条件は，外すことはできない．実際，例えば $\mu_n$ を正規分布 $N(0, n)$ とすると，$\varphi_{\mu_n}(\xi) = \exp(-n\xi^2/2)$ である．したがって $n \to \infty$ では $\varphi(\xi) = 1_{\{0\}}(\xi)$ となるが，この $\varphi$ は原点で連続でないので測度の特性関数ではない．定理 1.4.13 を認めると定理 1.4.14 は比較的簡単に証明できるが，ここでは定理 1.4.13 を直接用いない証明を与える．まず証明の準備として次の補題を準備する．

## 1.4. 中心極限定理

**補題 1.4.15** $\nu \in \mathcal{P}(\mathbf{R})$ とすると, 任意の $A > 0$ に対して以下が成立する.

$$\nu([-2A, 2A]^c) = 1 - \nu([-2A, 2A]) \leq A\int_{-1/A}^{1/A}(1 - \varphi_\nu(\xi))d\xi$$

**証明：** まず, 上式の右辺を変形して

$$\begin{aligned}A\int_{-1/A}^{1/A}(1 - \varphi_\nu(\xi))d\xi &= A\int_{-1/A}^{1/A}d\xi\int_{-\infty}^{\infty}(1 - e^{\sqrt{-1}\xi x})\nu(dx) \\ &= \int_{-\infty}^{\infty}\nu(dx)A\int_{-1/A}^{1/A}(1 - e^{\sqrt{-1}\xi x})d\xi \\ &= \int_{-\infty}^{\infty}\nu(dx)2\left(1 - \frac{\sin x/A}{x/A}\right) \quad (1.4.13)\end{aligned}$$

を得る (積分の順序交換ができる (2 番目の等式) のは, $A|1 - e^{\sqrt{-1}\xi x}| \leq 2A$ だからフビニの定理 (定理 A.2.9) による). 最後の等式は, 実際に積分の計算をすることにより示される. ここで, $1 - \frac{\sin x/A}{x/A} \geq 0$ であることから,

$$(1.4.13) \geq \int_{-\infty}^{-2A} + \int_{2A}^{\infty} 2\left(1 - \frac{\sin x/A}{x/A}\right)\nu(dx) \geq \nu([-2A, 2A]^c)$$

を得る. ただし, 最後の不等式は $x \in (-\infty, -2A) \cup (2A, \infty)$ のとき $\frac{\sin x/A}{x/A} \leq 1/2$ となることから示される. 以上で証明が完了した. ∎

**定理 1.4.14 の証明：** まず $\{\mu_n\}_{n=1}^\infty$ が緊密であることを示す. $\varphi$ が原点で連続であることから

$$\begin{aligned}\lim_{A\to\infty} A\int_{-1/A}^{1/A}(1 - \varphi(\xi))d\xi &= \lim_{h\to 0}\frac{1}{h}\int_{-h}^{h}(1 - \varphi(\xi))d\xi \\ &= 2(1 - \varphi(0)) = 0\end{aligned}$$

となる ($\varphi(0) = \lim_{n\to\infty}\varphi_{\mu_n}(0) = 1$ である). したがって, 任意の $\epsilon > 0$ に対して $A > 0$ を大きくとると

$$\epsilon > A\int_{-1/A}^{1/A}(1 - \varphi(\xi))d\xi = \lim_{n\to\infty} A\int_{-1/A}^{1/A}(1 - \varphi_{\mu_n}(\xi))d\xi \quad (1.4.14)$$

となる（等号は，$\lim_{n\to\infty}\varphi_{\mu_n}=\varphi$ と $|1-\varphi_{\mu_n}|\le 2$ よりルベーグの収束定理（定理 A.2.6）を用いて示される）．補題 1.4.15 より [(1.4.14) の右辺] $\ge \limsup_{n\to\infty}\mu_n([-2A,2A]^c)$ であることがわかり，したがってある $n_0$ が存在して $n\ge n_0$ において

$$\mu_n([-2A,2A]^c)<\epsilon \tag{1.4.15}$$

である．あとは $n_0$ 以下の有限個の $n$ について調整し，$A$ を大きく取り換えることにより (1.4.15) が任意の $n$ について成り立つことが分かる．したがって $\{\mu_n\}$ は緊密である．よって定理 1.4.8 より，部分列 $\{n_i\}$ が存在して，$\mu_{n_i}$ はある確率測度 $\mu$ に弱収束する．このとき $\lim_{i\to\infty}\varphi_{\mu_{n_i}}=\varphi_\mu$ であるから，仮定より

$$\lim_{n\to\infty}\varphi_{\mu_n}(\xi)=\varphi_\mu(\xi) \tag{1.4.16}$$

が任意の $\xi\in\mathbf{R}$ について成り立つ．これらの事実から，$\mu_n$ が $\mu$ に弱収束することが分かる．実際，もし弱収束しなければ，$\{\mu_n\}$ は緊密であるから $i\to\infty$ のとき $\mu_{m_i}\to\mu'$ $(\mu'\ne\mu)$ となる部分列 $\{\mu_{m_i}\}$ を取ることができる．このとき (1.4.16) より $\varphi_\mu=\varphi_{\mu'}$ であるが，これは系 1.4.11 と矛盾する．$\mu$ の一意性も，同様の議論によって得られる．

定理 1.4.14 から特に，以下の事実もわかる．

**系 1.4.16** （グリベンコ (Glivenko) の定理）$\mu_n,\mu\in\mathcal{P}(\mathbf{R})$ とする．任意の $\xi\in\mathbf{R}$ に対して $\lim_{n\to\infty}\varphi_{\mu_n}(\xi)=\varphi_\mu(\xi)$ が成り立てば，$\mu_n$ は $\mu$ に弱収束する．

### 1.4.4 応用

この小節では，分布の収束，特性関数の収束の応用例を取り上げる．

$a\in\mathbf{R}$ に対して，$\{a\}=a-[a]\in[0,1)$ とする．ただし $[a]$ は $a$ の整数部分を，よって $\{a\}$ は $a$ の小数部分を表す．

**定理 1.4.17** （ワイル (Weyl) の定理）$\alpha\in\mathbf{R}$ が無理数のとき，$[0,1)$ 上の確率 $\frac{1}{n}\sum_{k=1}^n \delta_{\{k\alpha\}}$ を $\mu_n$ とおくと，$\mu_n$ は $[0,1)$ 上の一様分布に弱収束する．

## 1.4. 中心極限定理

**証明：** $k \in \mathbf{Z}$ に対して $\varphi_{\mu_n}(k) = \int_{[0,1)} e^{2\pi\sqrt{-1}kx} \mu_n(dx)$ とおく．また，$[0,1)$ 上に一様分布を持つ測度（つまりルベーグ測度）を $m$ と書くことにする．このとき

$$\lim_{n\to\infty} \varphi_{\mu_n}(k) = \varphi_m(k) = \int_{[0,1)} e^{2\pi\sqrt{-1}kx} m(dx) = \begin{cases} 1, & k = 0 \\ 0, & k \neq 0 \end{cases} \quad (1.4.17)$$

が示されれば，系 1.4.16 と同様にして $n \to \infty$ のとき $\mu_n \to m$ がわかる（本書では詳細は述べないが，$[0,1)$ を円周と同一視することによりコンパクトアーベル群と見なすことができ，コンパクトゆえに特性関数の定義域は離散群（今の場合 $\mathbf{Z}$）となるのである）．そこで $\varphi_{\mu_n}$ を計算すると，

$$\varphi_{\mu_n}(k) = \frac{1}{n} \sum_{l=1}^{n} e^{2\pi\sqrt{-1}k\{\alpha l\}} = \frac{1}{n} \sum_{l=1}^{n} (e^{2\pi\sqrt{-1}k\alpha})^l$$

$$= \begin{cases} 1, & k = 0 \\ \dfrac{e^{2\pi\sqrt{-1}k\alpha}(1 - e^{2\pi\sqrt{-1}kn\alpha})}{n(1 - e^{2\pi\sqrt{-1}k\alpha})}, & k \neq 0 \end{cases}$$

となる．ここで，$e^{2\pi\sqrt{-1}} = 1$ ゆえ $e^{2\pi\sqrt{-1}k\{\alpha l\}} = e^{2\pi\sqrt{-1}k\alpha l}$ であることを，2 番目の等式で用いた．また，$\alpha$ が無理数だから $e^{2\pi\sqrt{-1}k\alpha} \neq 1$ であり，最後の式の分母は 0 にはならない．最後の式の絶対値は $\dfrac{2}{n|1 - e^{2\pi\sqrt{-1}k\alpha}|}$ 以下であり，これは $n \to \infty$ のとき 0 に収束するから，(1.4.17) が示された．∎

この定理にはさまざまな応用があるが，ここでは次のような興味深い応用例を紹介する．2 のべき乗を順に並べて，それぞれの最大けたの数を取り出してみよう．2 のべき乗は

$$2, 4, 8, 16, 32, 64, 128, 256, 512, 1024, 2048, \ldots$$

だから，最大けたの数は

$$2, 4, 8, 1, 3, 6, 1, 2, 5, 1, 2, \ldots$$

となっている．では，最大けたが $k$ $(1 \leq k \leq 9)$ である頻度はどのくらいであろうか？それに答えるのが次の命題である．

**命題 1.4.18** $A_k(N) = \{2, 4, \ldots, 2^N$ のうち，最大けたが $k$ となるものの個数 $\}$ とおくと，
$$\frac{A_k(N)}{N} \xrightarrow{N \to \infty} \log_{10} \frac{k+1}{k}, \qquad 1 \leq k \leq 9$$
となる（ただし $\log_{10} a$ は底が 10 の対数，いいかえると $\log a / \log 10$ である）．したがって，最大けたの頻度は 1 が一番高く，以下 $2, 3, \ldots, 9$ の順になっている．

**証明：** $2^n$ の最大けたの数が $k$ であるとは，ある非負整数 $m$ について $k10^m \leq 2^n < (k+1)10^m$ が成り立つことである．各辺の（底 10 の）対数をとると，$m + \log_{10} k \leq n \log_{10} 2 < m + \log_{10}(k+1)$ となり，$0 \leq \log_{10} k < 1$ であるから結局 $\log_{10} k \leq \{n \log_{10} 2\} < \log_{10}(k+1)$ ということである．ここで $\alpha = \log_{10} 2$ とおくと，$\alpha$ は正の無理数である（簡単な演習問題なので各自考えて欲しい）．よって，
$$\frac{A_k(N)}{N} = \frac{1}{N} \sharp\{n : 1 \leq n \leq N, \log_{10} k \leq \{n\alpha\} < \log_{10}(k+1)\} \qquad (1.4.18)$$
となり，定理 1.4.17 より $N \to \infty$ のとき (1.4.18) は $\log_{10}(k+1) - \log_{10} k = \log_{10}((k+1)/k)$ に収束する． ∎

### 1.4.5 中心極限定理

1.4.3 小節までの準備の下，本小節ではいよいよ中心極限定理の証明を行う．まずは，古典的な例を用いて中心極限定理の数学的定式化を行う．$\{X_i\}$ をベルヌーイ列で $P(X_i = 1) = p, P(X_i = 0) = 1 - p$ とする．$S_n = \sum_{i=1}^n X_i$ とすると，問 1.2.4 より $E[S_n] = np, \mathrm{Var}[S_n] = np(1-p)$ であるから，
$$Y_n = \frac{S_n - np}{\sqrt{np(1-p)}}$$
とおくと $E[Y_n] = 0, \mathrm{Var}[Y_n] = 1$ となる（このような変換を，$S_n$ の正規化という）．このとき，任意の実数 $a < b$ に対して
$$\lim_{n \to \infty} P(a < Y_n \leq b) = \frac{1}{\sqrt{2\pi}} \int_a^b \exp\left(-\frac{x^2}{2}\right) dx$$

となる．つまり，$Y_n$ は $n \to \infty$ のとき標準正規分布に法則収束するのである．19 世紀の初めに証明されたこの定理は，**ド・モアブル–ラプラス (de Moivre-Laplace) の定理** と呼ばれている．この定理の最初の証明は，スターリングの公式 $n! \sim n^n e^{-n} \sqrt{2\pi n}$ を用いて左辺を具体的に計算するというものであったが，その後フーリエ解析の発展とともによりシンプルで適用性の高い，特性関数を用いた証明ができ上がった（スターリングの公式を用いた証明は，[P2], [P3] などにある．特に [P3] には歴史的いきさつも書かれており，大変興味深い）．実際，特性関数を使うと，一般に分散が有限であるような独立同分布についてその和を正規化したものが標準正規分布に法則収束することが示される．

**定理 1.4.19** （**中心極限定理** (central limit theorem)）
$\{X_i\}_{i=1}^{\infty}$ を独立同分布を持つ確率変数の族で $E[(X_1)^2] < \infty$, $\mathrm{Var}[X_1] > 0$ を満たすものとする．$S_n = \sum_{i=1}^n X_i$, $E[X_1] = m$, $\mathrm{Var}[X_1] = \sigma^2$ とおくとき，以下が成立する．

$$\frac{S_n - nm}{\sigma\sqrt{n}} \xrightarrow{d} N(0,1) \qquad (n \to \infty) \tag{1.4.19}$$

**証明**： 特性関数を用いて証明する．$Y_i = (X_i - m)/\sigma$ とおくと，$\{Y_i\}_i$ は独立同分布であるから

$$\varphi_{\frac{S_n-nm}{\sigma\sqrt{n}}}(\xi) = \prod_{i=1}^n E[\exp(\sqrt{-1}\xi Y_i/\sqrt{n})] \tag{1.4.20}$$

$$= \{E[\exp(\sqrt{-1}\xi Y_1/\sqrt{n})]\}^n \tag{1.4.21}$$

となる．この特性関数が $n \to \infty$ のときどのような関数に近づくかを調べよう．そこでまず，$\exp(\sqrt{-1}\xi Y_1/\sqrt{n}) = \cos(\xi Y_1/\sqrt{n}) + \sqrt{-1}\sin(\xi Y_1/\sqrt{n})$ を $\xi$ の関数と見てそれぞれの 2 次のテーラー展開の和をとると，

$$\exp\left(\frac{\sqrt{-1}\xi Y_1}{\sqrt{n}}\right) = 1 + \frac{\sqrt{-1}\xi Y_1}{\sqrt{n}} - \frac{\xi^2 (Y_1)^2}{2n}\left\{\cos\left(\frac{\theta_\xi^1 Y_1}{\sqrt{n}}\right) + \sqrt{-1}\sin\left(\frac{\theta_\xi^2 Y_1}{\sqrt{n}}\right)\right\}$$

となる（$\theta_\xi^1, \theta_\xi^2$ は $\xi$ に依存する関数で $0 < \theta_\xi^i < \xi$, $i = 1, 2$）．よって

$$E[\exp(\sqrt{-1}\xi Y_1/\sqrt{n})]$$
$$= 1 + \frac{\sqrt{-1}\xi}{\sqrt{n}} E[Y_1] - \frac{\xi^2}{2n} E\left[(Y_1)^2 \left(\cos\left(\frac{\theta_\xi^1 Y_1}{\sqrt{n}}\right) + \sqrt{-1}\sin\left(\frac{\theta_\xi^2 Y_1}{\sqrt{n}}\right)\right)\right]$$

となる．$E[Y_1] = 0$ であり，

$$\lim_{n\to\infty} E\left[(Y_1)^2 \left(\cos\left(\frac{\theta_\xi^1 Y_1}{\sqrt{n}}\right) + \sqrt{-1}\sin\left(\frac{\theta_\xi^2 Y_1}{\sqrt{n}}\right)\right)\right] = E[(Y_1)^2] = 1 \quad (1.4.22)$$

（初めの等号は $|(Y_1)^2(\cos(\frac{\theta_\xi^1 Y_1}{\sqrt{n}}) + \sqrt{-1}\sin(\frac{\theta_\xi^2 Y_1}{\sqrt{n}}))| \le 2(Y_1)^2$ だからルベーグの収束定理（定理 A.2.6）を用いて示される）であるから，結局

$$E[\exp(\sqrt{-1}\xi Y_1/\sqrt{n})] = 1 - \frac{\xi^2}{2n}(1 + o(1))$$

が任意の $\xi \in \mathbf{R}$ について成り立つ（$o(1)$ は，$n \to \infty$ のときに $0$ に収束する量（今の場合複素数列）を表す）．これを (1.4.21) に代入して

$$\varphi_{\frac{S_n - nm}{\sigma\sqrt{n}}}(\xi) = \left\{1 - \frac{\xi^2}{2n}(1 + o(1))\right\}^n \xrightarrow{n\to\infty} \exp(-\xi^2/2)$$

を得る．$\exp(-\xi^2/2)$ は $N(0,1)$ の特性関数であるから，$(S_n - nm)/(\sigma\sqrt{n})$ の分布が標準正規分布に弱収束することが示された（系 1.4.16 より）．定理 1.4.2 より，これは法則収束 (1.4.19) と同値である． ∎

余談であるが，中心極限定理という名称は，ポーヤ (Pólya) が 1920 年の論文においてこの名称を用いたことに由来する．彼は，この定理が確率論において中心的な役割を果たす極限定理であるという理由でこのように名付けたそうで，安直ではあるが的を射た命名だといえる．

**問 1.4.6** 確率変数の族 $\{X_{i,N} : 1 \le i \le N, \ N = 1, 2, \ldots\}$ があり，各 $N$ について $\{X_{i,N}\}_{i=1}^N$ は独立同分布を持ち，各 $N$ について $\mathrm{Var}[X_{1,N}] > 0$ であるとする．さらに，$Y_{i,N} = (X_{i,N} - E[X_{i,N}])/\sqrt{\mathrm{Var}[X_{i,N}]}$ とおくとき，任意の $\epsilon > 0$ について $\lim_{N\to\infty} E[(Y_{i,N})^2 1_{\{|Y_{i,N}| > \epsilon\sqrt{N}\}}] \to 0$ が成り立つとする．このとき $\sum_{i=1}^N Y_{i,N}/\sqrt{N}$ は標準正規分布に弱収束することを示せ（ヒント：中心極限定理の証明を修正することにより示される）．

## 1.5 大偏差原理

$\{X_i\}_{i=1}^\infty$ を，独立同分布を持つ確率変数の族で，$E[X_1] = m \in \mathbf{R}$, $\mathrm{Var}[X_1] = \sigma^2 \in (0, \infty)$ なるものとしよう．$S_n := \sum_{i=1}^n X_i$ とおくとき，大数の（強）法

## 1.5. 大偏差原理

則，中心極限定理より

$$\frac{S_n}{n} \xrightarrow{n\to\infty} m \qquad P-\text{a.s.} \tag{1.5.1}$$

$$P\left(\frac{S_n}{n} - m \in \left(\frac{\sigma a}{\sqrt{n}}, \frac{\sigma b}{\sqrt{n}}\right)\right) \xrightarrow{n\to\infty} \frac{1}{\sqrt{2\pi}} \int_a^b e^{-\frac{y^2}{2}} dy \tag{1.5.2}$$

($a, b$ は $-\infty \leq a < b \leq \infty$ を満たす任意の数) が，それぞれ成り立つ．では，(1.5.2) で $a, b$ が $\sqrt{n}$ のオーダーで増大するとき，左辺の確率はどのような漸近的な振る舞いをするであろうか？ この小節で述べる**大偏差原理** (large deviation principle) は，この問題に解答を与えるものである．$[a, b]$ が 0 を含まなければ，明らかにその確率は 0 に収束するが，ここで問題にするのは 0 に収束するスピードである．平均からのずれが大きいところの確率を調べるので「大偏差」と呼ばれている．大偏差原理の問題は，歴史的には 1929 年にヒンチン (Khinchin) がベルヌーイ列の場合を取り扱い，次いで 1938 年にクラメール (Cramér) が，ある $t > 0$ に対して $E[e^{t|X_1|}] < \infty$ の条件の下で一般的な結果を得た．その後さまざまな精密化や，いろいろな確率過程への一般化が行われ，1970 年代に生まれたドンスカー–バラダン (Donsker-Varadhan) の理論を経て現在に至るまで確率論の大きな研究対象として君臨し続けている．本書では，クラメールの定理 (の簡易版) を紹介することにより，大偏差原理とはどのようなものか，その一端を垣間見ていく．

問題を再記しよう．知りたいのは，典型的には $a > m$ として $P(S_n \geq an)$ (これを $p_n$ とおく) が $n \to \infty$ のときどの位のスピードで 0 に収束するかということである．ところが，

$$p_{n+n'} \geq P(S_n \geq an, S_{n+n'} - S_n \geq an') = p_n p_{n'}$$

(最後の等号で，$S_{n+n'} - S_n$ は $S_n$ と独立で，分布が $S_{n'}$ に等しいことを用いた) となるので，$\log p_n = \gamma_n$ とおくと $\gamma_{n+n'} \geq \gamma_n + \gamma_{n'}$ であることがわかる．このような数列を**優加法的数列** (super-additive sequence) といい，一般に次のような性質を持つ．

**補題 1.5.1** 実数列 $\{\gamma_n\}_{n=1}^\infty$ が $\gamma_{m+n} \geq \gamma_n + \gamma_m$ を満たすとき，$\lim_{n\to\infty} \gamma_n/n$ が存在して $\sup_{m\geq 1} \gamma_m/m$ に等しい．また，$\{\gamma_n\}_{n=1}^\infty$ が $\gamma_{m+n} \leq \gamma_n + \gamma_m$ を満たすとき，$\lim_{n\to\infty} \gamma_n/n$ が存在して $\inf_{m\geq 1} \gamma_m/m$ に等しい．

**証明：** $\limsup_{n\to\infty} \gamma_n/n \leq \sup_{m\geq 1} \gamma_m/m$ であるから，$\liminf_{n\to\infty} \gamma_n/n \geq \gamma_m/m$ が任意の $m$ で成り立つことを示せばよい．$m$ を一つ固定して，各 $n$ について $m$ で割った結果を $n = km+l, 0 \leq l < m$ と表すと，仮定より $\gamma_n \geq k\gamma_m + \gamma_l$ が成り立つ．両辺を $n = km+l$ で割ることにより

$$\frac{\gamma_n}{n} \geq \frac{km}{km+l}\frac{\gamma_m}{m} + \frac{\gamma_l}{n}$$

を得る．ここで両辺の $\liminf_{n\to\infty}$ をとると，$\liminf_{n\to\infty} \gamma_n/n \geq \gamma_m/m$ を得る．$\gamma_{m+n} \leq \gamma_n + \gamma_m$ についても，同様の議論で証明できる． ∎

この補題から，$\lim_{n\to\infty} \frac{1}{n} \log P(S_n \geq an)$ が存在する（この値を $-I(a)$ とおく．$I(a)$ の値は当然 0 以上となり，$\infty$ となることもあり得る）ことが分かる．$I(a) > 0$ であれば，$P(S_n \geq an)$ は指数乗のオーダーで 0 に収束することが分かる．では，この $I(a)$ はどのようなものであろうか？ これに答えるのが，以下の定理である．

**定理 1.5.2** （クラメール (Cramér) の定理）$\{X_i\}_{i=1}^{\infty}$ を，独立同分布を持つ確率変数の族で，

$$\varphi(t) := E[e^{tX_1}] < \infty, \qquad t \in \mathbf{R} \tag{1.5.3}$$

を満たすものとする．このとき，$S_n = \sum_{i=1}^{n} X_i$ とおくと，任意の $a > E[X_1]$ について

$$\lim_{n\to\infty} \frac{1}{n} \log P(S_n \geq an) = -I(a)$$

が成り立つ．ただし $I(z) := \sup_{t\in\mathbf{R}}\{zt - \log\varphi(t)\}$ とする．さらに，$I$ は $\mathbf{R}$ において下半連続な凸関数であり，以下を満たす．

$$\lim_{z\to\pm\infty} I(z) = \infty, \qquad I(z) \geq 0 = I(E[X_1]), \quad z \in \mathbf{R} \tag{1.5.4}$$

**証明：** まず，$X_1$ を $X_1 + a$ に置き換えると $\varphi(t)$ は $e^{at}\varphi(t)$ となり，$I(a)$ は $I(0)$ となる．このような変換を施すことにより，以下では $a = 0, E[X_1] < 0$ であると仮定してよい．ここで $\rho := \inf_{t\in\mathbf{R}} \varphi(t)$ とおく．$I(0) = -\log\rho$（$\rho = 0$ のときは $\infty$）であるから，示すべき式は

$$\lim_{n\to\infty} \frac{1}{n} \log P(S_n \geq 0) = \log\rho \tag{1.5.5}$$

である．今，(1.5.3) の仮定から（付録 A の定理 A.2.7 を用いることにより）$\varphi$ は $C^\infty$ 級関数であることがわかり，さらに（再び付録 A の定理 A.2.7 を用いることにより）

$$\varphi'(t) = E[X_1 e^{tX_1}], \qquad \varphi''(t) = E[(X_1)^2 e^{tX_1}]$$

と表されることが分かる．したがって特に $\varphi$ は狭義凸関数であり（実際，$E[X_1] < 0$ より $P(X_1 = 0) \neq 1$ であり，したがって任意の $t$ について $\varphi''(t) > 0$ であるから），$\varphi'(0) = E[X_1] < 0$ となることが分かる．さて，$X_1$ の分布によって以下の三つの場合に分けて議論する．

場合 1：$P(X_1 < 0) = 1$ のとき．このとき $\varphi$ は単調減少であり，ルベーグの収束定理を用いると $\lim_{t \to \infty} \varphi(t) = 0$, よって $\rho = 0$ であることがわかる．一方，$P(X_1 < 0) = 1$ より $P(S_n \geq 0) = 0$ となり，したがって (1.5.5) は明らかに成り立つ．

場合 2：$P(X_1 \leq 0) = 1$ かつ $P(X_1 = 0) > 0$ のとき．同じく $\varphi$ は単調減少であり，ルベーグの収束定理を用いて $\lim_{t \to \infty} \varphi(t) = P(X_1 = 0) > 0$, よって $\rho = P(X_1 = 0)$ であることが分かる．一方，$P(X_1 \leq 0) = 1$ より $P(S_n \geq 0) = P(X_1 = \cdots = X_n = 0) = \rho^n$ となり，この場合も (1.5.5) は明らかに成り立つ．

場合 3：$P(X_1 < 0) > 0$ かつ $P(X_1 > 0) > 0$ のとき．この場合 $\lim_{t \to \pm\infty} \varphi(t) = \infty$ であり，また，$\varphi$ は狭義凸関数であり $\varphi'(0) = E[X_1] < 0$ であったから，$\varphi(\tau) = \rho$, $\varphi'(\tau) = 0$ を満たす $\tau > 0$ が唯一存在する．

$X_1$ の分布関数を $F(x) = P(X_1 \leq x)$ とおき，

$$\hat{F}(x) := \frac{1}{\rho} \int_{-\infty}^x e^{\tau y} F(dy) \tag{1.5.6}$$

とおく．$\hat{F}(\infty) = \frac{1}{\rho} \int_\mathbf{R} e^{\tau y} F(dy) = \varphi(\tau)/\rho = 1$ であることに注意すると，1.4.1 小節の初めに述べたことから，$\hat{F}$ は $\mathbf{R}$ 上のある測度の分布関数となっていることが分かる（$\hat{F}$ を $F$ の**クラメール変換** (Cramér transform) という）．$\{\hat{X}_i\}_{i=1}^\infty$ を，独立同分布を持つ確率変数の族で各々の分布関数が $\hat{F}$ となるものとし，$\hat{S}_n = \sum_{i=1}^n \hat{X}_i$ とする．$\{\hat{X}_i\}$, $\hat{S}_n$ の基本的性質として

$$E[\hat{X}_1] = 0, \quad \hat{\sigma}^2 := \mathrm{Var}[\hat{X}_1] \in (0, \infty) \tag{1.5.7}$$

$$P(S_n \geq 0) = \rho^n E[e^{-\tau \hat{S}_n} 1_{\{\hat{S}_n \geq 0\}}] \tag{1.5.8}$$

を示そう．$\hat{\varphi}(t) = E[e^{t\hat{X}_1}]$ とおくと

$$\hat{\varphi}(t) = \int_{\mathbf{R}} e^{tx} \hat{F}(dx) = \frac{1}{\rho} \int_{\mathbf{R}} e^{tx} e^{\tau x} F(dx) = \frac{1}{\rho} \varphi(t+\tau) < \infty$$

が任意の $t \in \mathbf{R}$ で成り立つから，$\hat{\varphi}$ も $C^\infty$ 級関数であることがわかり，$E[\hat{X}_1] = \hat{\varphi}'(0) = \varphi'(\tau)/\rho = 0$, $\mathrm{Var}[\hat{X}_1] = \hat{\varphi}''(0) = \varphi''(\tau)/\rho \in (0, \infty)$ から (1.5.7) を得る．また，

$$\begin{aligned}P(S_n \geq 0) &= \int_{\{x_1 + \cdots + x_n \geq 0\}} F(dx_1) \cdots F(dx_n) \\ &= \int_{\{x_1 + \cdots + x_n \geq 0\}} \rho e^{-\tau x_1} \hat{F}(dx_1) \cdots \rho e^{-\tau x_n} \hat{F}(dx_n)\end{aligned}$$

となるから，整理して (1.5.8) を得る．

ここで (1.5.8) の右辺に現れた $E[e^{-\tau \hat{S}_n} 1_{\{\hat{S}_n \geq 0\}}]$ を評価しよう．$\tau > 0$ だから，チェビシェフの不等式より

$$e^{-\tau M \hat{\sigma} \sqrt{n}} P\left(\frac{\hat{S}_n}{\hat{\sigma} \sqrt{n}} \in [0, M]\right) \leq E[e^{-\tau \hat{S}_n} 1_{\{\hat{S}_n \geq 0\}}] \leq 1 \tag{1.5.9}$$

が任意の $M > 0$ で成り立つ．一方，(1.5.7) から $\hat{S}_n$ について中心極限定理が成り立つことが分かるので，$\frac{1}{\sqrt{2\pi}} \int_0^M e^{-x^2/2} dx > 0$ に注意すると，(1.5.9) から

$$\lim_{n \to \infty} \frac{1}{n} \log E[e^{\tau \hat{S}_n} 1_{\{\hat{S}_n \geq 0\}}] = 0$$

を得る．これを (1.5.8) と合わせると，

$$\lim_{n \to \infty} \frac{1}{n} \log P(S_n \geq 0) = \log \rho \tag{1.5.10}$$

を得る．よって，場合 3 についても (1.5.5) が証明された．

最後に，$I$ の性質についてであるが，$z \mapsto zt - \log \varphi(t)$ は線型かつ連続であり，一般に連続関数の族の上限は下半連続関数，また線型関数の族の上限は凸関数になるので，$I$ は下半連続な凸関数である．(1.5.4) の最初の式については，命題を否定すると $I(z_n) \leq c$, $z_n \to \infty$（あるいは $z_n \to -\infty$）なる $\{z_n\}$ と

$0 < c < \infty$ が存在する．議論は同様なので $z_n \to \infty$ の場合を考える．このとき，$I$ の定義から $z_n t - \log \varphi(t) \leq c$ が任意の $t \in \mathbf{R}$ と任意の $n$ について成り立つ．$t = 2c/z_n$ とすると，$2c - \log \varphi(2c/z_n) \leq c$ となるが，$\varphi$ の連続性より $n \to \infty$ のとき $\varphi(2c/z_n) \to \varphi(0) = 1$ となるので矛盾が生じる．(1.5.4) の 2 つ目の式については，任意の $z \in \mathbf{R}$ に対して $I(z) \geq -\log \varphi(0) = 0$ であり，一方，以下の問 1.5.1 より $\log \varphi(t) \geq tE[X_1]$ が任意の $t \in \mathbf{R}$ で成り立ち，したがって $I(E[X_1]) = 0$ となることから結論を得る． ∎

**問 1.5.1**（イェンセン (Jensen) の不等式）
$(\Omega, \mathcal{F}, P)$ を確率空間，$-\infty \leq a < b \leq \infty$ とする．$f \in \mathbf{L}^1(\Omega, P)$ が任意の $x \in \Omega$ について $a < f(x) < b$ を満たし，さらに $\Phi$ が $(a, b)$ 上の凸関数であるとき，次の不等式が成り立つことを示せ．

$$\Phi\left(\int_\Omega f(x)\mu(dx)\right) \leq \int_\Omega (\Phi \circ f(x))\mu(dx) \tag{1.5.11}$$

**注意 1.5.3** 1) この証明の一番の鍵は，「偏差の大きい事象」$\{S_n \geq 0\}$ からクラメール変換によって「より平均に近い事象」を作り出す（(1.5.7) より，この変換によって平均は $a (= 0)$ になった）という所である．このような手法は，大偏差原理を証明する際に必ずと言ってよいほど用いられるものである．

2) (1.5.4) から，関数 $I$ は定数関数ではないことがわかる．さらに，$I$ は $\{z \in \mathbf{R} : I(z) < \infty\}$ の内点において $C^\infty$ 級かつ狭義凸な関数であり，したがって $I(z) = 0$ となる $z$ は $E[X_1]$ に限ることなども示すことができる．詳しくは，例えば [LD4] Chapter I, Lemma I.14 を参照のこと．

3) 定理 1.5.2 は，$P(S_n \leq an)$, $a < E[X_1]$ についても同様に成立する．実際，$-X_1$ を新たに $X_1$ と置き直すことにより，定理 1.5.2 を用いることができるからである．

4) 初めにも少し触れたように，条件 (1.5.3) は緩めることができる．例えば $\mathcal{D}_\varphi = \{t \in \mathbf{R} : \varphi(t) < \infty\}$ とおくとき，$0$ が $\mathcal{D}_\varphi$ の内点に含まれていれば同じ結果を得ることができる（[LD1] を参照のこと）．実際には，さらにこの条件が成り立たないときにも定理 1.5.2 を拡張することは可能であるが，その場合はこの定理の「ありがたみ」は半減する．実際，例えば $\mathcal{D}_\varphi = \{0\}$ のとき $I$ は恒等

的に 0 に等しいことが知られているが，このような場合，定理 1.5.2 から分かることは $P(S_n \geq na)$ が指数乗より遅いオーダーで 0 に収束するという事実だけで，実際にどのくらいのオーダーで 0 に収束するのかは分からない．

5) $\varphi(t) = E[e^{tX_1}]$ を $X_1$ の**積率母関数** (moment generating function), $\log \varphi(t)$ を $X_1$ の**キュムラント母関数** (cumulant generating function) という．また一般に $\sup_{t \in \mathbf{R}} \{zt - f(t)\}$ を $f$ の**ルジャンドル変換** (Legendre transform) という．$I(z)$ は，$X_1$ のキュムラント母関数のルジャンドル変換である．$I$ のことを特に**レート関数** (rate function) と呼ぶ．

**問 1.5.2** $X_1$ が次の四つの分布の場合に，定理 1.5.2 の $I$ を計算せよ．
1) $P(X_1 = 0) = P(X_1 = 1) = 1/2$  2) 正規分布 $N(m, v)$
3) パラメータ $\lambda$ のポアソン分布  4) パラメータ $\lambda$ の指数分布
（ポアソン分布，指数分布の定義は小節 2.1.1 を参照のこと．指数分布については，注意 1.5.3 4) の事実を認めて計算せよ．）

注意 1.5.3 4) の条件の下，$I(z) \geq 0 = I(m)$ である（$m := E[X_1]$ とおく）ことが (1.5.4) の証明と全く同様にして示される．$I$ は凸関数であったから，$m < a \leq z$ のとき $I(a) \leq I(z)$ となり，定理 1.5.2 は以下のように書き換えられる．

$$\lim_{n \to \infty} \frac{1}{n} \log P\left(\frac{1}{n} S_n \in A\right) = -\inf_{z \in A} I(z)$$

ただし $A = [a, \infty)$ とする．この式から，「$\{S_n/n \in A\}$ は，主に $S_n/n$ が（$A$ 内で $I(z)$ の下限を与える）$a$ の近くの値をとるような事象において実現されている」ということが分かる（$I(z)$ の値が小さいということは確率は大きいということに注意）．つまり，大偏差原理で偏差の大きいものの確率を調べる際，0 に収束するスピードの係数に表れる量は「起こりにくい事象の中で最も起こりやすい事象」によってコントロールされているということである．なお，さらに一般の可測集合 $\Gamma \subset \mathbf{R}$ については次の不等式が成り立つ．

$$\begin{aligned} -\inf_{x \in \mathrm{Int}\,\Gamma} I(x) &\leq \liminf_{n \to \infty} \frac{1}{n} \log P\left(\frac{S_n}{n} \in \Gamma\right) \\ &\leq \limsup_{n \to \infty} \frac{1}{n} \log P\left(\frac{S_n}{n} \in \Gamma\right) \leq -\inf_{x \in \bar{\Gamma}} I(x) \end{aligned} \quad (1.5.12)$$

ただし，$\mathrm{Int}\,\Gamma$ は $\Gamma$ の内点全体の集合，$\bar{\Gamma}$ は $\Gamma$ の閉包を表すものとする．一般には，$\lim_{n \to \infty} \frac{1}{n} \log P(S_n/n \in \Gamma)$ が存在するとは限らず，したがって，定理 1.5.2 より多少

弱い形になる．(1.5.12) のような評価が得られるとき，$\{P_n := P^{S_n}\}_{n=1}^{\infty}$ は大偏差原理を満たすという．

次に，確率過程の大偏差原理（汎関数型の大偏差原理）について簡単に触れる．少し先走って第 2 章の結果をいくつか用いるので，第 2 章を読んだ後に読み返してもらうとよい．$\Omega_0 := C_{(0)}([0,T] \to \mathbf{R})$ を，$[0,T]$ 上の連続関数 $f$ で $f(0) = 0$ となるもの全体とする．$P$ を $\Omega_0$ 上のウィーナー測度（ブラウン運動 $B$ の法則）とし，$\epsilon > 0$ について $P_\epsilon$ を $\epsilon^{1/2} B$ の法則とする（つまり $P_\epsilon(A) = P(\epsilon^{1/2} B \in A)$）．1966 年にシルダー (Schilder) は，次のような大偏差原理を証明した．任意の $A \subset \Omega_0$ について，

$$- \inf_{\phi \in \mathrm{Int} A} I(\phi) \leq \liminf_{\epsilon \to 0} \epsilon \log P_\epsilon(A)$$
$$\leq \limsup_{\epsilon \to 0} \epsilon \log P_\epsilon(A) \leq - \inf_{\phi \in \bar{A}} I(\phi)$$

ただし，$\phi \in H$ のとき $I(\phi) = \frac{1}{2} \int_0^T |\phi'(t)|^2 dt$，$\phi \notin H$ のとき $I(\phi) = \infty$ とする（$H$ は (2.2.2) で定義される空間）．小節 2.2.1 の Tea Break で述べる発見的考察を用いて，（数学的な厳密性はないが）この定理の意味することを考察しよう．ウィーナー測度はファインマン測度 $\mathcal{D}(d\phi)$ を用いて (2.2.1) のように表される（Tea Break でも述べているように，この式は数学的には正当化されていない式であるが，何をやっているかを直感的に理解するにはとても便利である）．$\|\phi\|_H^2 = \int_0^T |\phi'(t)|^2 dt$ とおいて式を再記すると，

$$P(d\phi) = Z^{-1} \exp\left[-\frac{1}{2}\|\phi\|_H^2\right] \mathcal{D}(d\phi)$$

である．したがって，変数変換により $P_\epsilon$ については

$$P_\epsilon(d\phi) = Z_\epsilon^{-1} \exp\left[-\frac{1}{2\epsilon}\|\phi\|_H^2\right] \mathcal{D}(d\phi)$$

となる（$Z, Z_\epsilon$ は，空間全体での積分が 1 になるように正規化する定数）．これにより，$\epsilon \log P_\epsilon(A)$ で $\epsilon \to 0$ としたときに $A$ における $\|\phi\|_H^2$ の最小値に確率が集中してくることが予想でき，そのことを厳密に述べたものが上述したシルダーの定理なのである．上述した通り，「起こりにくい事象の中で最も起こりやすい事象」が現れているのである．$\|\phi\|_H^2$（したがって $I(\phi)$）は，連続関数 $\phi$ の持つエネルギーと考えても良い．すると，「最も起こりやすい事象」とは「エネルギーが最小になる事象」であり，大偏差原理においてこのような事象が観察されるのは物理現象としても極めて自然なことである．大偏差原理は統計力学を始めとした数理物理学とも密接に関連した原理であるが，その理由も納得がいくであろう．

## 章末練習問題

1. 確率変数の族 $\{X_i\}_{i=1}^n$ が独立であることは，任意の $\{\xi_i\}_{i=1}^n \in \mathbf{R}^d$ に対して

$$E\left[\exp\left(\sqrt{-1}\sum_{i=1}^n \xi_i X_i\right)\right] = \prod_{i=1}^n E[\exp(\sqrt{-1}\xi_i X_i)] \qquad (1.5.13)$$

が成り立つことと同値であることを証明せよ．

2. 集合 $\Omega$ の部分集合の族 $\mathcal{M}$ が以下の2条件をみたすとき，$\mathcal{M}$ は**単調族**であるという．

  1) $\{A_n\} \subset \mathcal{M}$ が $A_1 \subset \cdots \subset A_n \subset \cdots$ ならば，$\lim_{n\to\infty} A_n \in \mathcal{M}$
  2) $\{A_n\} \subset \mathcal{M}$ が $A_1 \supset \cdots \supset A_n \supset \cdots$ ならば，$\lim_{n\to\infty} A_n \in \mathcal{M}$

1) $\mathcal{A}$ を集合 $\Omega$ 上の部分集合の族とするとき，$\mathcal{A}$ を含む最小の単調族が存在することを示せ（これを $\mathcal{M}(\mathcal{A})$ と書く）．
2) 単調族定理 (monotone class theorem)
$\mathcal{A}$ を集合 $\Omega$ 上の有限加法族（付録 A の定義 A.1.4 参照）とする．このとき，$\mathcal{M}(\mathcal{A}) = \sigma(\mathcal{A})$ であることを以下の流れに沿って証明せよ．
a) $\mathcal{M}(\mathcal{A}) \subset \sigma(\mathcal{A})$ を示せ．
b) $\mathcal{M}_1 = \{B : B^c \in \mathcal{M}(\mathcal{A})\}$ とおくと，$\mathcal{M}_1$ は $\mathcal{A}$ を含む単調族であることを示せ．これを用いて，$A \in \mathcal{M}(\mathcal{A})$ ならば $A^c \in \mathcal{M}(\mathcal{A})$ であることを確認せよ．
c) b) と同様の論法を用いて，$A, B \in \mathcal{M}(\mathcal{A})$ ならば $A \cup B \in \mathcal{M}(\mathcal{A})$ であることを示せ．
d) b), c) を用いて $\mathcal{M}(\mathcal{A})$ は有限加法族であることを確認せよ．
e) $\mathcal{M}(\mathcal{A})$ は $\sigma$ 加法族であることを示せ（これによって $\mathcal{M}(\mathcal{A}) \supset \sigma(\mathcal{A})$ が得られる）．

以下の2問では，図 1.3 の包含関係の一部を証明する．

3. $X_n$ が $X$ に確率収束するとき，うまく部分列 $\{n_j\}$ をとることにより $X_n$ が $X$ に概収束するようにできることを，以下の方法で示せ．
1) $M_n^j = \{\omega \in X : |X_n(\omega) - X(\omega)| > 1/j\}$ とおくと，各 $j$ について $n_j$ を大きくとって $P(M_{n_j}^j) < 1/j^2$ とできることを示せ．
2) 1) の $M_{n_j}^j$ を $A_j$ とおき，$E = \limsup_{j\to\infty} A_j$ とおくとき，$P(E) = 0$ を示せ．さらに，$\omega \in \Omega \setminus E$ では $j \to \infty$ のとき $X_{n_j}(\omega) \to X(\omega)$ となることを示せ．

4. 1) $X_n$ が $X$ に概収束するならば，$X_n$ は $X$ に確率収束することを示せ．また，逆は一般に成り立たないことを反例を挙げて示せ．
2) $X_n, X \in \mathbf{L}^1(\Omega, P)$ のとき，$\lim_{n\to\infty} E[|X_n - X|] = 0$ ならば $X_n$ が $X$ に確率収束することを示せ．

5. $\{X_i\}_{i=1}^\infty$ は同分布確率変数で，ペアごとに独立 (pairwise independent)，つまり，任意の $i \neq j$ と任意の $A, B \in \mathcal{F}$ について $P(X_i \in A, X_j \in B) = P(X_i \in A)P(X_j \in B)$ であるとする．

1) $E[(X_1)^2] < \infty$ のとき，大数の弱法則が成り立つことを示せ（実はこのとき大数の強法則も成り立つ）．

2) このとき一般に中心極限定理は成り立たないことを，以下の例に沿って示せ．

[反例] $\{\xi_i\}_{i=1}^\infty$ を，独立同分布で各々の分布が $P(\xi_i = 1) = P(\xi_i = -1) = 1/2$ であるものとする．このとき $\{X_i\}_{i=1}^\infty$ を $X_1 = \xi_1$, $X_2 = \xi_1\xi_2$, $X_3 = X_1\xi_3$ とし，一般に $m = 2^{n-1} + j\ (0 < j \leq 2^{n-1}, n \geq 2)$ に対して $X_m = X_j\xi_{n+1}$ とする．

a) $\{X_i\}_{i=1}^\infty$ は同分布で，ペアごとに独立であることを示せ．

b) $S_m = \sum_{i=1}^m X_i$ とおくとき，$S_{2^n}$ の分散は $2^n$ であることを示し，$n \to \infty$ のとき $S_{2^n}/\sqrt{2^n} \to 0$ a.s. となることを示せ．

6. <u>クーポン・コレクターの問題</u>
$\{X_i\}_{i=1}^\infty$ を，独立同分布で各々の分布が $P(X_i = k) = 1/n\ (k = 1, 2, \ldots, n)$ であるものとする．

$$T_n := \inf\{m : \{X_1, \ldots, X_m\} = \{1, 2, \ldots, n\}\}$$

とおく．

1) $\tau_k^n := \inf\{m : \{X_1, \ldots, X_m\}$ のうち相異なる種類のものが $k$ 個$\}$ とする（$1 \leq k \leq n$, なお，明らかに $\tau_1^n = 1$ である）．このとき，$\{\tau_k^n - \tau_{k-1}^n\}$ は独立で，パラメータ $1-(k-1)/n$ の幾何分布に 1 を加えたものとなることを示せ．

2) パラメータ $p\ (0 < p \leq 1)$ の幾何分布 $Y$ の平均は $(1-p)/p$，分散は $(1-p)/p^2$ であることを示せ．

3) $T_n$ の平均は $\sum_{m=1}^n n/m$，分散は $\sum_{m=1}^n n(n-m)/m^2$ であることを示せ．(したがって，$n$ が大きいとき $T_n$ の平均は $n(\log n + \gamma)$ に近い．ただし，$\gamma := \lim_{n \to \infty} (\sum_{m=1}^n 1/m - \log n) \approx 0.5772$ は，オイラー (Euler) の定数と呼ばれる数である．)

4) $T_n/(n \log n)$ は $n \to \infty$ のとき 1 に確率収束することを示せ．

昨今は，「チョコエッグ」を始めとして，凝ったおまけを目当てにお菓子を買うという現象が大人の世界にも広がっている．お菓子の箱には，各々の種類のおまけ（クーポン）が同じ確率で入っているとすると，$T_n$ は，$n$ 種類のおまけ（クーポン）を全種類集めるために要する購入回数を表している．この問の結果から，$n$ が大きいとき，$n$ 種類のおまけ（クーポン）を集めるには $n \log n$ のオーダーほど購入する必要があるということが分かる．ただし，実際にはおまけの中には希少価値の高い特別なものがある場合が多く，そうなると話は変わってくる．たくさん購入する前に，どのくらい買わないと全種

類集められないかきちんと計算してみてはどうだろうか？

**7. 何回続けて勝てるか？**
$\{X_i\}_{i=1}^{\infty}$ を，独立同分布で各々の分布が $P(\xi_i = 1) = p, P(\xi_i = 0) = 1-p\ (0 < p < 1)$ であるものとする．

$$l_n := \max\{m : X_{n-m+1} = \cdots = X_n = 1\}, \quad L_n := \max_{1 \leq m \leq n} l_m$$

とおくとき，以下の問に答えよ．

1) $P(l_n = k) = p^k(1-p)$ となることを用いて

$$P(l_n > (1+\epsilon)\log_{1/p} n) \leq n^{-(1+\epsilon)}$$

を示せ（ただし $\log_{1/p} n = \log n / \log(1/p)$ とする）．さらに，ボレル–カンテリの補題を用いて $\limsup_{n\to\infty} l_n/(\log_{1/p} n) \leq 1$ a.s. を示せ．

2) $n$ を，長さ $[(1-\epsilon)\log_{1/p} n]\ (\epsilon < 1/2)$ の互いに交わらない区間に分けることにより以下を示せ．

$$P(L_n < [(1-\epsilon)\log_{1/p} n]) \leq (1 - n^{-(1-\epsilon)})^{n/(\log_{1/p} n)} \leq e^{-n^\epsilon/(\log_{1/p} n)}$$

さらに，ボレル–カンテリの補題を用いて $\liminf_{n\to\infty} L_n/(\log_{1/p} n) \geq 1$ a.s. を示せ．

3) $\lim_{n\to\infty} L_n/(\log_{1/p} n) \to 1$ a.s. を示せ．

これにより，勝つ確率が $p$ である独立な試行を $n$ 回繰り返すとき，$n$ が大きければ $\log_{1/p} n$ のオーダーの連勝が連勝記録になることが分かる．

# 第2章 いろいろな確率過程

　時間とともにランダムに変化する関数を確率過程と呼ぶ．これは1パラメータの確率変数の族でパラメータを時間と考えたものに他ならない．本章では，典型的な連続時間確率過程としてポアソン過程とブラウン運動についてその基本的な性質を取り扱う．これらの確率過程は熱方程式を始めとする数理物理学の現象を取り扱う上でも非常に重要な役割を果たす．次に，離散時間確率過程についてマルチンゲールという重要な概念を用意し，その応用として最適戦術の問題と簡単なオプションの価格付けの問題を扱う．最適戦術の問題は，ランダムに決まる量の期待値を最大にするためにはどのような戦術をとるのがベストであるかという問題である．また，オプションの価格付けは，満期に（までに）ある会社の株をあらかじめ決められた価格で買う（あるいは売る）という権利に（この権利をオプションという）いくらの価格を付けるのが妥当であるかという問題であり，近年脚光を浴びている数理ファイナンスにおける主要な問題の一つである．確率論の入門からは多少逸脱した内容も含まれるが，初学者の方はあまり詳細な部分には捕われず確率論の醍醐味の片鱗に触れてもらえればありがたい．

## 2.1　ポアソン分布とポアソン過程

　工場の生産ラインで時間 $T$ の間に生じる不良品の数はどのようなランダム性を持っているだろうか？ ただし，生産ラインは優秀で1個1個の製品が不良品である確率は極めて低く，また，不良品が出るか否かは製品ごとに独立であるとする．このとき，膨大な量の製品をつくり出す生産ラインの不良品の数を表すのがポアソン分布と呼ばれる分布である．ポアソン分布はこの他，銀行の窓口にやってくるお客さんの数，電話回線の混み具合など日常生活に表れるさまざまなランダム現象を記述する重要な分布である．本節ではこのポアソン分布とポアソン過程の基本性質を学んでいく．

## 2.1.1 ポアソン分布と指数分布

$T/N$ 秒に一個の製品を作る工場の生産ラインがあるとする．それぞれの製品が不良品である確率は $\lambda T/N$ であり $(\lambda > 0)$，それぞれの製品が不良品かどうかは他の製品のでき具合に影響を与えないとする．このとき，$T$ 秒間の間に生じる不良品の数を $X$ とすると，$X$ は

$$P(X = k) = {}_N C_k \left(\frac{\lambda T}{N}\right)^k \left(1 - \frac{\lambda T}{N}\right)^{N-k}$$
$$= \frac{(\lambda T)^k}{k!} \left\{\left(1 - \frac{1}{N}\right) \cdots \left(1 - \frac{k-1}{N}\right) \left(1 - \frac{\lambda T}{N}\right)^{-k}\right\} \left(1 - \frac{\lambda T}{N}\right)^N$$

という二項分布である．$N \to \infty$ のとき（生産スピードが極めて速く，一個の製品を作る時間 $T/N$ が十分小さい場合の近似である）これは $\frac{(\lambda T)^k}{k!} e^{-\lambda T}$ に収束する．では，不良品の出る間隔はどうなるであろうか？$W$ を不良品が出てから次の不良品が出るまでの時間とすると，$W = kT/N$ となるのは，$(k-1)$ 個はちゃんとした製品であり $k$ 番目に不良品が出るケースであるから，

$$P\left(W = \frac{kT}{N}\right) = \left(1 - \frac{\lambda T}{N}\right)^{k-1} \left(\frac{\lambda T}{N}\right)$$

という幾何分布である．$a = kT/N, b = (k+k_1)T/N$ とすると $k = aN/T$, $k_1 = (b-a)N/T$ であるから，

$$P(a \leq W \leq b)$$
$$= \sum_{j=k}^{k+k_1} \left(1 - \frac{\lambda T}{N}\right)^{j-1} \left(\frac{\lambda T}{N}\right) = \left(1 - \frac{\lambda T}{N}\right)^{k-1} \left\{1 - \left(1 - \frac{\lambda T}{N}\right)^{k_1+1}\right\}$$
$$= \left(1 - \frac{\lambda a}{k}\right)^{k-1} \left\{1 - \left(1 - \frac{\lambda(b-a)}{k_1}\right)^{k_1+1}\right\}$$

となる．先程と同じように $N \to \infty$ とすると，今度は $e^{-\lambda a}(1 - e^{-\lambda(b-a)}) = \int_a^b \lambda e^{-\lambda s} ds$ に収束する．ここで二項分布，幾何分布の極限として表れた分布が，本節で中心的な話題となる分布である．

**定義 2.1.1** 1) $\mathbf{Z}_+ := \mathbf{N} \cup \{0\}$ に値を取る確率変数 $N_\lambda$ が以下を満たすとき，$N_\lambda$ はパラメータ $\lambda > 0$ の**ポアソン分布** (Poisson distribution) にしたがうと

## 2.1. ポアソン分布とポアソン過程

いう.

$$P(N_\lambda = k) = e^{-\lambda}\frac{\lambda^k}{k!}, \qquad k \in \mathbf{Z}_+$$

2) $[0, \infty)$ に値を取る確率変数 $X_\lambda$ が以下を満たすとき, $X_\lambda$ はパラメータ $\lambda > 0$ の**指数分布** (exponential distribution) にしたがうという.

$$P(a \le X_\lambda \le b) = \int_a^b \lambda e^{-\lambda s} ds = e^{-\lambda a} - e^{-\lambda b}, \qquad 0 \le a \le b$$

**問 2.1.1** ポアソン分布 $N_\lambda$, 指数分布 $X_\lambda$ の特性関数 $E[e^{\sqrt{-1}\xi N_\lambda}]$, $E[e^{\sqrt{-1}\xi X_\lambda}]$ は, それぞれ $\exp(\lambda(e^{\sqrt{-1}\xi} - 1))$, $\lambda/(\lambda - \sqrt{-1}\xi)$ となることを示せ.

前述したようにポアソン分布は二項分布の極限として表れたのだが, これをより一般的に定式化したのが次の定理である. 工場の生産ラインでいうと, $n$ をとめたとき, 定理の主張に出てくる $m(n)$ は作られる製品の個数, $p_{nk}$ は各々の製品が不良品になる確率 (この定理では, 1個1個の製品が不良品である確率が異なってもよい) である. この定理で $n = N, p_{nk} = \lambda T/N$ としたものが, 上述の例になっている.

**定理 2.1.2** (**ポアソンの少数の法則** (Poisson's theorem)) 各 $n \in \mathbf{N}$ について $\{X_{ni}\}_{i=1}^{m(n)}$ は独立であり

$$P(X_{nk} = 1) = p_{nk}, \quad P(X_{nk} = 0) = 1 - p_{nk}$$

が, 任意の $1 \le k \le m(n)$ で成り立つとする. 今 $n \to \infty$ のとき

$$\max\{p_{nk} : k = 1, 2, \ldots, m(n)\} \to 0, \quad p_n := \sum_{k=1}^{m(n)} p_{nk} \to \lambda$$

であるとすると,

$$\sum_{k=1}^{m(n)} X_{nk} \xrightarrow{d} X_\lambda$$

が成り立つ. ただし $X_\lambda$ はパラメータ $\lambda$ のポアソン分布を表す.

定理の証明の前に, 証明の際用いる補題を準備しておく.

**補題 2.1.3** 1) $z_1, \ldots, z_n, w_1, \ldots, w_n \in \{z \in \mathbf{C} : |z| \leq 1\}$ のとき,
$|\Pi_{i=1}^n z_i - \Pi_{i=1}^n w_i| \leq \sum_{i=1}^n |z_i - w_i|$ である.
2) $|b| \leq 1$ のとき, $|e^{-b} - (1-b)| \leq |b|^2$ である.

**証明:** 1) 帰納法で示す. $n=1$ の場合は明らか. $n-1$ まで定理の主張が成り立つとすると,

$$\begin{aligned}|\Pi_{i=1}^n z_i - \Pi_{i=1}^n w_i| &\leq |z_1 \Pi_{i=2}^n z_i - z_1 \Pi_{i=2}^n w_i| + |z_1 \Pi_{i=2}^n w_i - w_1 \Pi_{i=2}^n w_i| \\ &\leq |\Pi_{i=2}^n z_i - \Pi_{i=2}^n w_i| + |z_1 - w_1|\end{aligned}$$

となる. ただし初めの不等式は三角不等式であり, 2番目の不等式で $|z_1| \leq 1$, $|\Pi_{i=2}^n w_i| \leq 1$ を用いた. よって帰納法により証明が完了した.
2) $e^{-b}$ をテーラー展開することにより, $e^{-b} - (1-b) = b^2/2 - b^3/3! + \cdots$ を得る. よって

$$|e^{-b} - (1-b)| \leq \frac{|b|^2}{2}\left(1 + \frac{1}{2} + \frac{1}{2^2} + \cdots\right) = |b|^2$$

となり, 示された. ∎

**定理 2.1.2 の証明:** まずは $N_n := \sum_{k=1}^{m(n)} X_{nk}$ の特性関数を計算する.
$E[e^{\sqrt{-1}tX_{nk}}] = p_{nk}e^{\sqrt{-1}t} + 1 - p_{nk}$ であるから

$$E[e^{\sqrt{-1}tN_n}] = \prod_{k=1}^{m(n)} E[e^{\sqrt{-1}tX_{nk}}] = \prod_{k=1}^{m(n)}(1 + p_{nk}(e^{\sqrt{-1}t} - 1))$$

ただし初めの変形で $\{X_{ni}\}_{i=1}^{m(n)}$ が独立であることを使った. したがって

$$\left|\exp\left(\sum_{k=1}^{m(n)} p_{nk}(e^{\sqrt{-1}t} - 1)\right) - E[e^{\sqrt{-1}tN_n}]\right|$$
$$= \left|\exp\left(\sum_{k=1}^{m(n)} p_{nk}(e^{\sqrt{-1}t} - 1)\right) - \prod_{k=1}^{m(n)}(1 + p_{nk}(e^{\sqrt{-1}t} - 1))\right|$$

## 2.1. ポアソン分布とポアソン過程

$$\leq \sum_{k=1}^{m(n)} |e^{p_{nk}(e^{\sqrt{-1}t}-1)} - (1+p_{nk}(e^{\sqrt{-1}t}-1))|$$

$$\leq \sum_{k=1}^{m(n)} p_{nk}^2 |e^{\sqrt{-1}t}-1|^2$$

$$\leq 4\left(\sum_{k=1}^{m(n)} p_{nk}\right)(\max\{p_{nk}: k=1,2,\ldots,m(n)\}) \xrightarrow{n\to\infty} 0$$

ただし 3 段目の不等式で補題 2.1.3 1) を，4 段目の不等式で補題 2.1.3 2) を用い，最後の不等式で $|e^{\sqrt{-1}t}-1| \leq 2$ を用いた（$p_{nk}$ が小さいとき, $(1+p_{nk}(e^{\sqrt{-1}t}-1))$, $e^{p_{nk}(e^{\sqrt{-1}t}-1)}$, $-p_{nk}(e^{\sqrt{-1}t}-1)$ の絶対値はいずれも 1 以下であることに注意）．一方 $\sum_{k=1}^{m(n)} p_{nk} \to \lambda$ なので, $n\to\infty$ のとき $\exp(\sum_{k=1}^{m(n)} p_{nk}(e^{\sqrt{-1}t}-1)) \to \exp(\lambda(e^{\sqrt{-1}t}-1))$ （問 2.1.1 より $X_\lambda$ の特性関数）となるから，特性関数のポアソン分布の特性関数への収束が示された．したがって定理 1.4.2 と 系 1.4.11 より，定理の主張が示された． ∎

ここで，各々の分布が二項分布の場合を考えよう．定理 2.1.2 で，$m(n)$ 以下の任意の $k$ について $p_{nk} = p(n)$ であるとき，この節の初めに書いた事実を分布の収束の言葉で述べた次の系を得る．

**系 2.1.4** $0 \leq p(n) \leq 1$ を, $n \to \infty$ のとき $p(n)n = \lambda + o(1)$ を満たすものとする．このとき，以下が成り立つ．

$$B(n, p(n)) \xrightarrow{d} X_\lambda \qquad (n\to\infty)$$

このように，一つ一つの事象が起こる確率は低いような現象が独立に数多く起きるとき，そのような事象の起こる総数の分布はポアソン分布に近づくのである．例えば，$n$ 人からなる集団においてある特定の日（例えば 1 月 1 日）に生まれた人の数は，$n$ が大きいときパラメータ $n/365$ のポアソン分布に近い（この場合 $1/365$ が十分小さい数だと考えている）．もっと具体的な例として，ある大学のある学部の学生数が 365 人であるとすると，その中に 1 月 1 日生まれの人がいない確率はおよそ $e^{-1} \approx 0.368$ なのである．この他，銀行などの窓口にある時間帯にやってくる客の総数，ある時間帯における電話回線の混み具合などもポアソン分布を用いて近似することができる．

## 2.1.2 ポアソン過程

この小節では，典型的な確率過程の1つであるポアソン過程を取り扱う．独立同分布を持つ確率変数の族を用いて，具体的にポアソン過程を構成し，実際にそれがポアソン過程の定義を満たすことを検証していく．

$\{\xi_i\}_{i=1}^{\infty}$ を，独立同分布でそれぞれがパラメータ $\lambda$ の指数分布にしたがうものとする．つまり $P(\xi_i \leq t) = \int_0^t \lambda e^{-\lambda s} ds = 1 - e^{-\lambda t}$．このとき，$T_n = \xi_1 + \cdots + \xi_n$ とし $N(t) = \sup\{n : T_n \leq t\}$ とすると，この $N(t)$ はどのような分布にしたがうであろうか？前節の生産ラインの話に対応させると，$\xi_i$ は $(i-1)$ 個目の不良品が生じてから $i$ 個目の不良品が生じるまでにかかる時間に対応し，$N(t)$ は時刻 $t$ までに生じた不良品の総数を表すから，この分布はポアソン分布になると予想される．まずはこれを確認してみよう．$T_n$ は独立同分布の和であるから，命題 1.2.14 より

$$P(T_n \in [a,b]) = \int_0^\infty \cdots \int_0^\infty 1_{[a,b]}(x_1 + \cdots + x_n) \lambda e^{-\lambda x_1} \cdots \lambda e^{-\lambda x_n} dx_1 \cdots dx_n$$

となるので，$s = x_1 + x_2 + \cdots + x_n$ として変数変換すると

$$P(T_n \in [a,b]) = \int_a^b ds \int \cdots \int_{\{x_1 + \cdots + x_{n-1} \leq s\}} \lambda^n e^{-\lambda s} dx_1 \cdots dx_{n-1}$$

$$= \int_a^b \lambda^n e^{-\lambda s} ds \int_0^s dx_{n-1} \int_0^{s-x_{n-1}} dx_{n-2} \cdots \int_0^{s-(x_2 + \cdots + x_{n-1})} dx_1 \quad (2.1.1)$$

$$= \int_a^b \frac{\lambda^n s^{n-1}}{(n-1)!} e^{-\lambda s} ds \quad (2.1.2)$$

となる．ただし，(2.1.1) において重積分を累次積分に変形している．

**問 2.1.2** (2.1.2) を示せ．((2.1.1) を帰納的に計算するとよい．)

これを用いて $N(t)$ を計算すると，

$$P(N(t) = 0) = P(T_1 > t) = e^{-\lambda t}$$

$$P(N(t) = n) = P(T_n \leq t < T_{n+1}) = \int_0^t P(T_n \in ds) P(\xi_{n+1} > t - s)$$

$$= \int_0^t \frac{\lambda^n s^{n-1}}{(n-1)!} e^{-\lambda s} e^{-\lambda(t-s)} ds = e^{-\lambda t} \frac{(\lambda t)^n}{n!}$$

(2 段目で形式的に $P(T_n \in ds)$ と書いている量は，$\{\lambda^n s^{n-1} e^{-\lambda s}/(n-1)!\} ds$ のことである). つまり $N(t)$ は確かにパラメータ $\lambda t$ のポアソン分布になることが示された.

今示したことを標語的に書くと,「指数分布で生じる独立な事象の $t$ までの総数はポアソン分布にしたがう」ということである. このような現象は, やはり日常生活でよく起こることである. 生産ラインの例以外にも, 例えば台所で使う蛍光灯の数などが挙げられる. 台所の蛍光灯は寿命が来て切れたら新しいものに切り替えるが, この場合各 $\xi_i$ は $i-1$ 番目の蛍光灯が切れたため新しい蛍光灯に切り替えてから, その蛍光灯が切れるまでの年月 (つまり $i$ 番目の蛍光灯の寿命) に対応し, $N(t)$ は時刻 $t$ まで ($t$ 年間) に購入した蛍光灯の総数を表すのである.

ポアソン分布は $\mathbf{Z}_+$ に値を持つ確率変数 $N_\lambda$ で表せるが, ここで構成した $N(t)$ は, さらに時間 $t$ というパラメータを含んでいる. そこで $t$ を動かしてみると, $N(t)$ は以下の性質を持つことが示される.

$0 = t_0 < t_1 < \cdots < t_n$ に対して,
$\{N(t_k) - N(t_{k-1})\}_{1 \leq k \leq n}$ は独立. (2.1.3)
$s < t$ に対して, $N(t) - N(s)$ は
パラメータ $\lambda(t-s)$ のポアソン分布にしたがう. (2.1.4)

**定義 2.1.5** 確率変数の族 $\{N(t)\}_{t \geq 0}$ が, 上の (2.1.3), (2.1.4) を満たすとき, $\{N(t)\}_{t \geq 0}$ をパラメータ $\lambda$ の**ポアソン過程** と呼ぶ.

以下では, $N(t)$ が上の (2.1.3), (2.1.4) を満たすことを証明していく. 多少手間がかかるので, 初学者はこの部分を飛ばしてもらっても構わない. まず,

$$T'_1 = T'_1(t) := T_{N(t)+1} - t, \ T'_k = T'_k(t) := T_{N(t)+k} - T_{N(t)+k-1} = \xi_{N(t)+k} \ (k \geq 2)$$

とおく.

**補題 2.1.6** $T'_1, T'_2, \ldots$ は独立同分布であり, それぞれの分布は $\xi_1$ に等しい. さらにこれらの分布は $N(t)$ とも独立である.

証明： まず次の条件付き確率を計算する．

$$P(T_1' \geq s | N(t) = n) = P(T_{n+1} \geq t + s | N(t) = n)$$
$$= \frac{P(T_{n+1} \geq t+s, T_n \leq t)}{P(N(t) = n)}$$

最後の式の分母は $e^{-\lambda t}(\lambda t)^n/(n!)$ であり，分子は

$$\int_0^t P(\xi_{n+1} \geq t+s-l) P(T_n \in dl) = \int_0^t \frac{\lambda^n l^{n-1}}{(n-1)!} e^{-\lambda l} e^{-\lambda(t+s-l)} dl$$
$$= e^{-\lambda(t+s)} \frac{(\lambda t)^n}{n!}$$

となるから，結局 $P(T_1' \geq s | N(t) = n) = e^{-\lambda s}$ となり，右辺は $n$ によらず $P(\xi_1 \geq s)$ に等しい．したがって $T_1'$ は $N(t)$ と独立で，その分布は $\xi_1$ のそれと等しいことがわかる．また $k \geq 2$ に対して，

$$P(T_k' \geq v_k | N(t) = n) = P(\xi_{n+k} \geq v_k) = P(\xi_1 \geq v_k).$$

ここで $N(t) = n$ のとき，$N(t)$ は $\xi_{n+1}$ までの情報で決まり $T_k' = \xi_{n+k}$ であるから，これらは独立となり第2式を得る．最後の式は $n$ によらないから，$T_k'$ は $N(t)$ と独立でその分布は $\xi_1$ の分布と等しいことがわかる．最後に $\{T_k'\}$ の独立性を証明するため，以下の確率を計算する．

$$P(N(t) = n, T_1' \geq s, T_k' \geq v_k, 2 \leq k \leq K)$$
$$= P(T_n \leq t, T_{n+1} \geq t+s, T_{n+k} - T_{n+k-1} = \xi_{n+k} \geq v_k, \ 2 \leq k \leq K)$$
$$= P(T_n \leq t, T_{n+1} \geq t+s) \prod_{k=2}^K P(\xi_{n+k} \geq v_k)$$
$$= P(N(t) = n, T_1' \geq s) \prod_{k=2}^K P(\xi_1 \geq v_k)$$
$$= P(N(t) = n) P(\xi_1 \geq s) \prod_{k=2}^K P(\xi_1 \geq v_k)$$

ただし2番目の等式は，$\{T_n \leq t, T_{n+1} \geq t+s\}$ が $\xi_{n+1}$ までの情報で決まることから $\{\xi_i\}$ の独立性を用いて得られる．また最後の等式は，$T_1'$ が $N(t)$ と独立で，分布が $\xi_1$ の分布と等しいという，先程示した事実を用いている．両辺の $n$ についての和をとることにより，

$$P(T_1' \geq s, T_k' \geq v_k, 2 \leq k \leq K) = P(\xi_1 \geq s) \prod_{k=2}^K P(\xi_1 \geq v_k)$$

## 2.1. ポアソン分布とポアソン過程

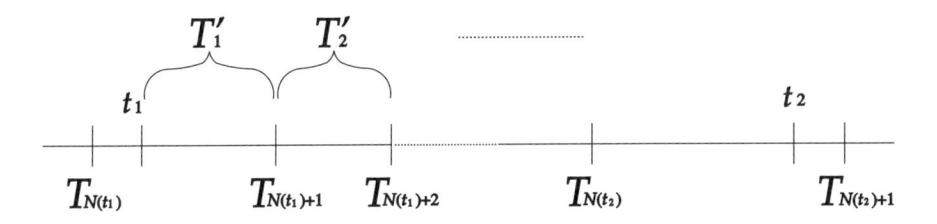

[図: 数直線上に $T_{N(t_1)}$, $t_1$, $T_{N(t_1)+1}$, $T_{N(t_1)+2}$, $T_{N(t_2)}$, $t_2$, $T_{N(t_2)+1}$ が並び、$T'_1$, $T'_2$ が示されている]

図 2.1 $\{T_i\}$ と $\{T'_i\}$

を得るので，$\{T'_k\}$ の独立性が示された． ∎

これを用いて，まず (2.1.4) を示そう．$t = t_1$ として $T'_1 = T'_1(t_1), T'_2 = T'_2(t_1), \ldots$ を先のように定め，$\hat{T}_n = T'_1 + \cdots + T'_n$ とすると，$N(t_2) - N(t_1) = \sup\{n : \hat{T}_n \leq t_2 - t_1\}$ となることが分かる（図 2.1 参照）．補題 2.1.6 より $T'_i$ が $\xi_i$ の役割を演じることができることが分かるから，本節の初めに $N(t)$ がポアソン分布にしたがうことを示したのと全く同様にして $N(t_2) - N(t_1)$ がパラメータ $(t_2 - t_1)\lambda$ のポアソン分布にしたがうことが分かり，(2.1.4) が示された．

次に (2.1.3) を示す．$i \geq 1$ について，先程と同じく $t = t_i$ として $T'_1 = T'_1(t_i)$，$T'_2 = T'_2(t_i), \ldots$ を定めると，

$$(N(t_{i+1}) - N(t_i), \ldots, N(t_n) - N(t_{n-1})) \in \sigma(T'_k(t_j) : k \geq 1, j \geq i)$$

となることが分かる（$i = 1$ の場合，図 2.1 参照）．補題 2.1.6 より右辺は $N(t_i)$ と独立（当然，$N(t_1), \ldots, N(t_{i-1})$ とも独立）であるから，結局 $(N(t_{i+1}) - N(t_i), \ldots, N(t_n) - N(t_{n-1}))$ は $(N(t_1), N(t_2) - N(t_1), \ldots, N(t_i) - N(t_{i-1}))$ と独立である（$N(t_0) = N(0) = 0$ に注意）．この議論を $i = 1$ から $n - 1$ まで繰り返すことにより，

$$\begin{aligned} &P(N(t_j) - N(t_{j-1}) = k_j, 1 \leq j \leq n) \\ &= P(N(t_j) - N(t_{j-1}) = k_j, 2 \leq j \leq n)P(N(t_1) = k_1) \\ &= \cdots = \prod_{j=1}^{n} P(N(t_j) - N(t_{j-1}) = k_j) \end{aligned}$$

（ただし $k_j \in \mathbf{Z}_+$）となり，(2.1.3) が示された．

**定義 2.1.7** 確率空間 $(\Omega, \mathcal{F}, P)$ と実数の集合 $T$ が与えられ，各 $t \in T$ に対して $(\Omega, \mathcal{F}, P)$ 上の確率変数 $X_t(\omega)$ が対応しているとき，確率変数の族 $\{X_t\}_{t \in T}$ を

$(\Omega, \mathcal{F}, P)$ 上の**確率過程** (stochastic process) という.

通常 $t$ は時間と考えるので，確率過程とは，時間とともに変化する確率変数の族だといえる．この小節で構成したポアソン過程 $\{N(t)\}_{t \geq 0}$ は，重要な確率過程の一つである．確率空間 $(\Omega, \mathcal{F}, P)$ から $\omega \in \Omega$ を取り出して，$t$ が動くときの $X_t(\omega)$ の変化を調べることを，確率過程の**標本路** (sample path) の挙動を調べるという．

## 2.2　ブラウン運動とその性質

読者の中には，中学の理科の時間に顕微鏡で花粉の粒子の動きを観察したという記憶をお持ちの人もいるだろう．顕微鏡で見た花粉の粒子はとてもいびつな動きをしており，そのようなランダムな動きを最初に発見した植物学者の名を取ってブラウン運動と呼ばれている．このような動きを数学的に記述したモデルが，この節で取り扱うブラウン運動である（図 2.2 参照；厳密にいうと，コンピュータで描いたこの図は，ランダムウォークの図であるが…）．ブラウン運動は確率論にとどまらず，数理物理学，数理ファイナンスなどの諸分野に幅広く用いられ，現代確率論において最も典型的で重要な確率過程であると言ってよいものである．

図 2.2　2 次元ブラウン運動のパスの例

## 2.2.1 ブラウン運動の定義とその構成方法

**定義 2.2.1** ある確率空間 $(\Omega, \mathcal{F}, P)$ の上に定義された確率変数の族 $\{B(t)\}_{t \in [0,\infty)}$ が以下の条件を満たすとき，$\{B(t)\}_{t \in [0,\infty)}$ を（原点から出発する）1次元**ブラウン運動** (Brownian motion) あるいは**ウィーナー過程** (Wiener process) と呼ぶ．

(1) 確率1で，以下が成り立つ．
$$B(0) = 0, \quad t \mapsto B(t) \text{ は連続関数}$$

(2) 任意の $0 = t_0 < t_1 < \cdots < t_n$（$n$は任意の自然数）に対して，$\{B(t_i) - B(t_{i-1})\}_{i=1}^{n}$ は互いに独立であり，それぞれ $N(0, t_i - t_{i-1})$ にしたがう．

$B(t)$ はランダムな関数で，正確には $B(t, \omega)$, $\omega \in \Omega$ と書くべきものである．$B(t, \omega)$ は $t$ を時間パラメータとする粒子の動きを表しており，各 $\omega$ がそれぞれの粒子を表しているのである．

$$C_{(0)}([0, \infty) \to \mathbf{R}) = \{f : [0, \infty) \to \mathbf{R} | f \text{ は連続関数, } f(0) = 0\}$$

とおくと，$\omega \mapsto B(\cdot, \omega)$ は $\Omega$ から $C_{(0)}([0, \infty) \to \mathbf{R})$ への写像となり，これにより 1.2 節で述べたように $C_{(0)}([0, \infty) \to \mathbf{R})$ 上に測度を誘導することができる．これを**ウィーナー測度** (Wiener measure) と呼ぶ．確率論の立場では，ランダムな粒子の動きを確率過程としてとらえたものがブラウン運動であるわけだが，関数解析的な見方をすればそれはパス空間 $C_{(0)}([0, \infty) \to \mathbf{R})$（これは，バナッハ (Banach) 空間と呼ばれる関数空間の典型例である）の上の測度なのである．

**定義 2.2.2** $d$ 次元確率過程 $\mathbf{B}(t) = (B^1(t), \ldots, B^d(t))$ は，$B^1(t), \ldots, B^d(t)$ が互いに独立なブラウン運動であるとき，$d$ 次元ブラウン運動という．

$\mathbf{B}(t)$ が $d$ 次元ブラウン運動のとき，$\mathbf{B}(t+h) - \mathbf{B}(t)$ の分布は $N(\mathbf{0}, hI)$（$I$ は，$d$ 次元単位行列）つまり，平均ベクトルが $\mathbf{0}$，分散行列が $hI$ の正規分布である．

ポアソン過程やブラウン運動のように，任意の $0 = t_0 < t_1 < \cdots < t_n$ に対して，$\{X(t_i) - X(t_{i-1})\}_{i=1}^{n}$ が互いに独立であり，$X(t+s) - X(s)$ の分布が $s$

によらないとき，確率過程 $\{X(t)\}_{t\geq 0}$ は**加法過程** (additive process) であるという．加法過程は重要な確率過程のクラスであり，現在までに多くのことが研究されている．加法過程に興味のある読者は，[LP1], [LP2], [LP3] などを参照してもらいたい．

---

### *Tea Break* ウィーナー測度の発見的考察

ここでは，多少粗っぽい議論を許してウィーナー測度がどのようなものであるかを見てみよう．$\mathbf{R}^n$ 上にはガウス測度（正規分布）という自然な測度が入っているが，無限次元空間である $C_{(0)}([0,\infty) \to \mathbf{R})$ に，ガウス測度に対応する測度を作りたいのである．ガウス測度に対応する測度なので，$X \in C_{(0)}([0,\infty) \to \mathbf{R})$ の，時刻 $t_1 < t_2 < \cdots < t_n$ における分布は，$A \subset \mathbf{R}^n$ に対して

$$P((X(t_1), X(t_2), \ldots, X(t_n)) \in A)$$
$$= \int \cdots \int_A \frac{\exp\{-\frac{1}{2}\sum_{i=1}^n \frac{(x_i - x_{i-1})^2}{t_i - t_{i-1}}\}}{\sqrt{(2\pi)^n t_1(t_2 - t_1)\cdots(t_n - t_{n-1})}} dx_1 \cdots dx_n$$

となるのが自然である．ここで $n \to \infty$ とすると，大ざっぱに言って $\sum_{i=1}^n \frac{(x_i - x_{i-1})^2}{t_i - t_{i-1}}$ の部分は $\int_0^\infty \frac{(dX(t))^2}{dt} = \int_0^\infty (\frac{dX(t)}{dt})^2 dt$ に置き換えてよいであろう．さらに，$\mathbf{R}^{[0,\infty)}$ 上にルベーグ測度にあたる一様な測度 $\mathcal{D}(dX)$（物理ではファインマン (Feynman) 測度と呼ばれる）が存在するとすれば，$dx_1 \cdots dx_n$ の部分はこれで置き換えてよいだろう．したがって求める測度は

$$P(dX) = Z^{-1} \exp\left[-\frac{1}{2} \int_0^\infty \left|\frac{dX(t)}{dt}\right|^2 dt\right] \mathcal{D}(dX) \qquad (2.2.1)$$

（$Z$ は，空間全体での積分が 1 になるように正規化する定数）という形をしていると考えられる．しかし残念ながらこの式は数学的には現在の範ちゅうでは正当化できない．実際，後に見るようにブラウン運動のパスは確率 1 で $t$ について微分不可能であることが証明でき，また $\mathcal{D}(dX)$ に当たる $\mathbf{R}^{[0,\infty)}$ 上の平行移動で不変な測度は存在しないことも知られている．このように (2.2.1) の右辺は数学的に正当化できていない部分が 2 ヶ所あるにもかかわらず，左辺のウィーナー測度は数学的にきちんと定式化できるのである．

## 2.2. ブラウン運動とその性質

それでは，ブラウン運動はどのようにして構成することができるのであろうか？現在ではたくさんの構成方法が知られているが，ここではそのうちでも典型的な三つの方法を紹介する．なお，構成方法 I は厳密な証明も行い，II, III についてはその考え方を中心に説明し，構成の際に鍵となる定理について，定理の主張と文献を記すにとどめる．

**構成方法 I**: まずは $C_{(0)}([0,1] \to \mathbf{R})$ 上にブラウン運動を構成する．証明の中で関数解析のヒルベルト空間論の定理を数ヶ所で用いる．これらの定理について詳しく知りたい読者は，関数解析の本を参照してもらいたい．$\{\xi_i\}_{i=0}^{\infty}$ を，独立同分布をもつ確率変数の族でその分布が平均 0，分散 1 の正規分布 $N(0,1)$ にしたがうものとする．$\{\varphi_i\}_{i=0}^{\infty}$ を $\mathbf{L}^2([0,1], dx) := \{f : \int_0^1 |f(x)|^2 dx < \infty\}$（$dx$ はルベーグ測度）上の完全正規直交系とする．

$$X_n(t, \omega) = \sum_{i=0}^{n} \xi_i(\omega) \int_0^t \varphi_i(x) dx, \qquad 0 \leq t \leq 1$$

とするとき，$X_n$ が $X$ に（確率 1 で，$t$ について）一様収束することを示し，この $X$ が求めるブラウン運動であることを示すという方針である．まずは，$X_n$ が $X$ に一様収束することを認めて，このとき $X$ がブラウン運動であることを示そう．$X$ は連続関数の一様収束極限であるから，定義 2.2.1 の (1) が成り立つのは明らかである．(2) を示すためにいくつかの準備をしよう．

$$H := \left\{ w(t) = \int_0^t h(x) dx : h \in \mathbf{L}^2([0,1], dx) \right\} \tag{2.2.2}$$

とおき，$f_1, f_2 \in H$ に対して内積を $(f_1, f_2)_H = \int_0^1 h_1(x) h_2(x) dx$ で定義する（ただし $f_i(t) = \int_0^t h_i(x) dx$, $i = 1, 2$ とする．$H$ はこの内積でヒルベルト空間になることが分かる）．このとき $X_n \in H$ である．さて，$0 \leq t_0 \leq \cdots \leq t_m$ に対して $h \in H$ を $h(t) = \int_0^t h'(x) dx$, $h'(x) = \sum_{k=0}^{m-1} 1_{(t_k, t_{k+1})}(x) a_k$ とすると，$(X_n, h)_H$ は次のように 2 通りに表される．

$$(X_n, h)_H = \sum_{i=0}^{n} \xi_i \int_0^1 \sum_{k=0}^{m-1} a_k 1_{(t_k, t_{k+1})}(x) \varphi_i(x) dx$$

$$= \sum_{i=0}^{n} \xi_i \left( \sum_{k=0}^{m-1} a_k \int_{t_k}^{t_{k+1}} \varphi_i(x) dx \right). \qquad (2.2.3)$$

$$(X_n, h)_H = \int_0^1 X_n'(x) h'(x) dx = \sum_{k=0}^{m-1} a_k \int_{t_k}^{t_{k+1}} X_n'(x) dx$$

$$= \sum_{k=0}^{m-1} a_k (X_n(t_{k+1}) - X_n(t_k)). \qquad (2.2.4)$$

(2.2.3) を用いると,

$$E[e^{\sqrt{-1}z(X_n,h)_H}]$$

$$= \prod_{i=0}^{n} \exp\left( -\frac{z^2}{2} \left( \sum_{k=0}^{m-1} a_k \int_0^1 1_{(t_k, t_{k+1}]}(x) \varphi_i(x) dx \right)^2 \right) \qquad (2.2.5)$$

$$= \exp\left( -\frac{z^2}{2} \sum_{i=0}^{n} \left( \sum_{k=0}^{m-1} a_k \int_0^1 1_{(t_k, t_{k+1}]}(x) \varphi_i(x) dx \right)^2 \right) \qquad (2.2.6)$$

となり (初めの等号で (2.2.3) と $E[\exp(\sqrt{-1}\xi_i z)] = \exp(-\frac{z^2}{2})$ および $\{\xi_i\}$ の独立性を用いた), (2.2.4) を用いると

$$E[e^{\sqrt{-1}z(X_n,h)_H}] = E\left[ \exp\left( \sqrt{-1}z \sum_{k=0}^{m-1} a_k (X_n(t_{k+1}) - X_n(t_k)) \right) \right] \qquad (2.2.7)$$

を得る. 準備が長くなったが, ブラウン運動の性質 (2) の証明に入ろう. $X_n$ が $X$ に一様収束することを用いると, $(2.2.6), (2.2.7)$ より $n \to \infty$ として

$$E\left[ \exp\left( \sqrt{-1}z \sum_{k=0}^{m-1} a_k (X(t_{k+1}) - X(t_k)) \right) \right]$$

$$= \exp\left( -\frac{z^2}{2} \sum_{i=0}^{\infty} \left( \sum_{k=0}^{m-1} a_k \int_0^1 1_{(t_k, t_{k+1}]}(x) \varphi_i(x) dx \right)^2 \right) \qquad (2.2.8)$$

となる (lim と $E$ の順序交換はルベーグの収束定理 (定理 A.2.6)) により保証される). ところで, $\mathbf{L}^2([0,1], dx)$ は $(f, g)_{\mathbf{L}^2} = \int_0^1 f(x) g(x) dx, (f, g \in \mathbf{L}^2)$ を内積としたヒルベルト (Hilbert) 空間であり $\{\varphi_i\}_{i=0}^{\infty}$ はその上の完全正規直交

系であるから，パーセバル (Parseval) の等式より $\sum_{i=0}^{\infty}(h,\varphi_i)_{\mathbf{L}^2}^2 = (h,h)_{\mathbf{L}^2}$ が任意の $h \in \mathbf{L}^2$ について成立し，$h(x) = \sum_{k=0}^{m-1} a_k 1_{(t_k,t_{k+1}]}(x)$ としてこれを適用すると

$$(2.2.8) = \exp\left(-\frac{z^2}{2}\int_0^1 \left(\sum_{k=0}^{m-1} a_k 1_{(t_k,t_{k+1}]}(x)\right)^2 dx\right)$$

$$= \exp\left(-\frac{z^2}{2}\sum_{k=0}^{m-1} a_k^2(t_{k+1}-t_k)\right)$$

を得る．ここで $z=1$ として

$$E\left[\exp\left(\sqrt{-1}\sum_{k=0}^{m-1} a_k(X(t_{k+1})-X(t_k))\right)\right] = \exp\left(-\frac{1}{2}\sum_{k=0}^{m-1} a_k^2(t_{k+1}-t_k)\right)$$

$$= \prod_{k=0}^{m-1} \exp\left(-\frac{1}{2}a_k^2(t_{k+1}-t_k)\right) \tag{2.2.9}$$

となるので，$\{a_k\}$ として一つを除いてすべて 0 ととると

$$E[\exp(\sqrt{-1}a_k(X(t_{k+1})-X(t_k)))] = \exp\left(-\frac{1}{2}a_k^2(t_{k+1}-t_k)\right)$$

となり，これが任意の $a_k$ で成り立つので $X(t_{k+1})-X(t_k)$ の分布は $N(0,t_{k+1}-t_k)$ であることが分かる．これを (2.2.9) に代入して

$$E\left[\exp\left(\sqrt{-1}\sum_{k=0}^{m-1} a_k(X(t_{k+1})-X(t_k))\right)\right]$$
$$= \prod_{k=0}^{m-1} E[\exp(\sqrt{-1}a_k(X(t_{k+1})-X(t_k)))]$$

を得る．第 1 章章末練習問題 1 より $\{X(t_{k+1})-X(t_k)\}_{k=1}^{m-1}$ が独立であることもわかり，ブラウン運動の性質 (2) が示された．以上より $\{X(t)\}_{t\in[0,1]}$ はブラウン運動である．

<u>$X_n$ が $X$ に一様収束することの証明</u>

このことは $\{\varphi_i\}$ が $\mathbf{L}^2([0,1],dx)$ 上の完全正規直交系であれば常に成り立つ

$f_0$　　　　$f_{1/2}$　　　　$f_{k/2^n}$

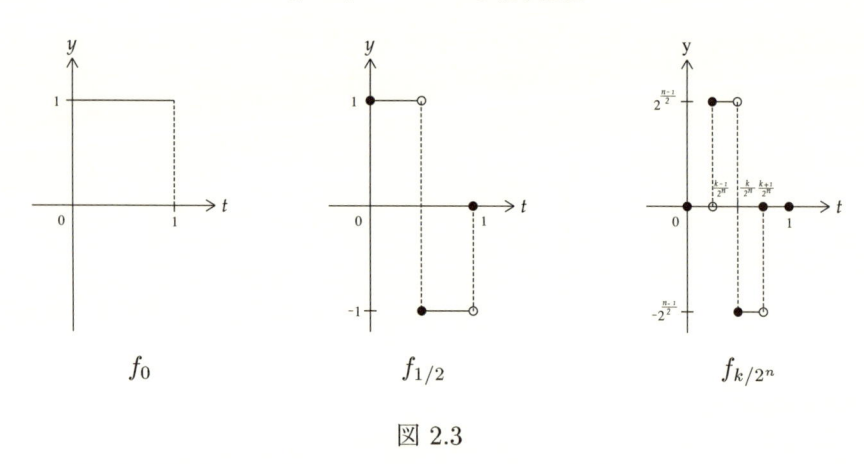

図 2.3

事実 (伊藤–西尾による結果) であるが，ここでは簡単のため次の特別な完全正規直交系の場合に証明する (レヴィによる証明).

$\{\varphi_i\}$ として次のような $\{f_{k/2^n}\}_{\substack{k=0,1,3,\ldots,2^n-1 \\ n \in \mathbf{N}}}$ をとる. $f_0 := 1$ とし，$k > 0$ に対しては

$$f_{\frac{k}{2^n}}(t) = \begin{cases} 2^{\frac{n-1}{2}}, & \frac{k-1}{2^n} \leq t < \frac{k}{2^n} \\ -2^{\frac{n-1}{2}}, & \frac{k}{2^n} \leq t < \frac{k+1}{2^n} \\ 0, & その他 \end{cases}$$

これは $\mathbf{L}^2([0,1], dx)$ 上の完全正規直交系である．実際，正規直交系であることは簡単に分かるので完全性を調べる．そのためには，$g \in \mathbf{L}^2$ が任意の $k = 0, 1, 3, \ldots, 2^n - 1;\ n \in \mathbf{N}$ に対して $(g, f_{k/2^n})_{\mathbf{L}^2} = 0$ を満たすならば，$g = 0$ a.s. が成り立つことを示すとよい．今，この仮定を満たす $g$ は，帰納法により任意の $i = 0, 1, \ldots, 2^n - 1;\ n \in \mathbf{N}$ に対して $\int_{i/2^n}^{(i+1)/2^n} g(x)dx = 0$ を満たすことが分かり，したがって任意の $0 \leq i \leq j \leq 2^n$ と任意の $n \in \mathbf{N}$ について $\int_{i/2^n}^{j/2^n} g(x)dx = 0$ を満たす. $\{k/2^n\}$ という点は $[0,1]$ 上稠密に存在するから，任意の $0 \leq s \leq t \leq 1$ について $\int_s^t g(x)dx = 0$ となり，よって $g = 0$ a.s. を得る．

さて，$\{f_{k/2^n}\}$ に対して

$$X(t, \omega) = \xi_0 t + \sum_{n=1}^{\infty} \sum_{k=1,3,\ldots,2^n-1} \xi_{k/2^n}(\omega) \int_0^t f_{k/2^n}(x) dx \qquad (2.2.10)$$

## 2.2. ブラウン運動とその性質

とおくとき, (2.2.10) の右辺が確率 1 で一様収束していることが示されれば $X_n$ が $X$ に一様収束することになるので, (2.2.10) の右辺を評価する. $\int_0^t f_{k/2^n}(x)dx \leq 2^{-(n+1)/2}$ であり, $n$ をとめて $k$ を動かすときこれらの関数の値が 0 でない部分は交わりを持たないから

$$\max_{0 \leq t \leq 1} \left| \sum_{k=1,3,\ldots,2^n-1} \xi_{k/2^n}(\omega) \int_0^t f_{k/2^n}(x)dx \right| \leq 2^{-(n+1)/2} \max_k |\xi_{k/2^n}(\omega)|$$

と評価できる. 右辺の値を $C_n(\omega)$ とおくと,

$$P\left(\left\{\omega : \sum_{n=1}^\infty C_n(\omega) < \infty\right\}\right) = 1 \qquad (2.2.11)$$

が示されれば, (2.2.10) の右辺の優級数が確率 1 で収束することになるから, 確率 1 で $t$ についての一様収束性が証明されたことになる. (2.2.11) を示すために, 多少天下り的だが $\theta > 1$ について $A_n = \{\omega : C_n(\omega) > \theta\sqrt{2^{-n}\log 2^n}\}$ とおいて, $P(A_n)$ を評価していく.

$$\begin{aligned}
P(A_n) &= P(\max_{k=1,3,\ldots,2^n-1} |\xi_{k/2^n}| > \sqrt{2}\theta\sqrt{n\log 2}) \\
&= P\left(\bigcup_{k=1,3,\ldots,2^n-1} \{|\xi_{k/2^n}| > \sqrt{2}\theta\sqrt{n\log 2}\}\right) \\
&\leq \sum_{k=1,3,\ldots,2^n-1} P(|\xi_{k/2^n}| > \sqrt{2}\theta\sqrt{n\log 2})
\end{aligned}$$

最後の式の和は $2^{n-1}$ 個あり, $\xi_{k/2^n}$ は $N(0,1)$ にしたがうから, 最後の式は $2^{n-1} \times \frac{2}{\sqrt{2\pi}} \int_{\theta\sqrt{2n\log 2}}^\infty \exp(-\frac{x^2}{2})dx$ と等しい. ここで, 簡単な不等式

$$\frac{1}{\sqrt{2\pi}} \int_a^\infty e^{-\frac{x^2}{2}} dx \leq \frac{1}{\sqrt{2\pi}} \int_a^\infty \frac{x}{a} e^{-\frac{x^2}{2}} dx = \frac{1}{a\sqrt{2\pi}} e^{-\frac{a^2}{2}}$$

(ただし $a > 0$; $a \leq x$ のとき $1 \leq x/a$ であるから, 上式の不等号が成り立つ) を $a = \theta\sqrt{2n\log 2}$ として用いると,

$$2^{n-1} \times \frac{2}{\sqrt{2\pi}} \int_{\theta\sqrt{2n\log 2}}^\infty \exp\left(-\frac{x^2}{2}\right) dx \leq \frac{2^n}{2\theta\sqrt{\pi n \log 2}} e^{-\theta^2 n \log 2}$$

を得る．よって，$b = \dfrac{1}{2\theta\sqrt{\pi \log 2}}$ とおくと

$$P(A_n) \leq \frac{b2^n}{\sqrt{n}} e^{-\theta^2 n \log 2} = \frac{b}{\sqrt{n}} 2^{-(\theta^2-1)n} \leq b2^{-(\theta^2-1)n}$$

を得る．$\theta > 1$ だから

$$\sum_{n=1}^{\infty} P(A_n) \leq b \sum_{n=1}^{\infty} 2^{-(\theta^2-1)n} < \infty$$

を得るので，ボレル–カンテリの補題（補題1.3.4）より $P(\limsup_{n\to\infty} A_n) = 0$. したがって

$$P(\liminf_{n\to\infty} A_n^c) = P(\{C_n \leq \theta(2^{-n} n \log n)^{1/2}\} \text{ e.f.}) = 1$$

となる．ところが，

$$\sum_{n=1}^{\infty} \theta(2^{-n} n \log n)^{1/2} \leq \theta \sum_{n=1}^{\infty} (2^{-n/2} n) < \infty$$

であるから，

$$\{\{C_n \leq \theta(2^{-n} n \log n)^{1/2}\} \text{ e.f.}\} \subset \left\{ \sum_{n=1}^{\infty} C_n < \infty \right\}$$

である．よって (2.2.11) が示されたので，証明が終わる．∎

この証明の考え方を簡単に振り返ろう．まず $H$ 上の完全正規直交系 $\{e_i\}$ を使って，$X_n(t,\omega) = \sum_{i=1}^n \xi_i(\omega) e_i(t)$ という各 $e_i$ 方向に正規分布を持つ確率変数を作った（なお，$\{e_i\}$ が $H$ 上で完全正規直交系であることと，それらのラドン–ニコディム導関数 $\{\varphi_i\}$ が $\mathbf{L}^2([0,1], dx)$ 上の完全正規直交系であることは同値である）．ここで $n \to \infty$ とすると，$H$ では空間が小さすぎて $H$ 内で $X_n \to X$ とはならない（実際，もし $H$ 内で $X_n \to X$ となれば $\xi_i = (X_n, e_i)_H$（$(\cdot,\cdot)_H$ は $H$ 内の内積）なので $\sum_{i=1}^{\infty} \xi_i^2 = \|X\|_H^2 < \infty$ となるが，一方 $\{\xi_i^2\}$ は独立同分布をもつ平均1の確率変数の族であるから大数の強法則より $\frac{1}{N}\sum_{i=1}^N \xi_i^2 \to 1$ となり，これらは矛盾する）．一方，より大きい空間 $C_{(0)}([0,1] \to \mathbf{R})$ では収束して，その収束先がブラウン運動となるということである．$H$ のことを $C_{(0)}([0,1] \to \mathbf{R})$ の**骨格** (skelton) と呼ぶ．$H$ は，確率解析においてカメロン–マーティン (Cameron-Martin) 部分空間と呼ばれ，重要な役割を果たす空間である．

## 2.2. ブラウン運動とその性質

最後に $C_{(0)}([0,\infty) \to \mathbf{R})$ 上のブラウン運動を構成しよう．上の議論で，ある確率空間 $(\Omega, \mathcal{F}, P)$ 上にブラウン運動 $X(t, \omega)$, $t \in [0,1]$, $\omega \in \Omega$ は構成できたから（像測度を作ったと考えて $\Omega = C_{(0)}([0,1] \to \mathbf{R})$ と思ってよい），これらのコピー $(\Omega^{(i)}, \mathcal{F}^{(i)}, P^{(i)})$, $X^{(i)}(t, \omega)$, $i \in \mathbf{N}$ をとり，

$$\bar{\Omega} = \bigotimes_{i=1}^{\infty} \Omega^{(i)},\ \bar{\mathcal{F}} = \bigotimes_{i=1}^{\infty} \mathcal{F}^{(i)},\ \bar{P} = \bigotimes_{i=1}^{\infty} P^{(i)}$$

とし（このような確率空間の存在は，定理 1.2.12 の $\Omega$ が完備可分距離空間の場合への一般化を用いて証明できる），$t$ が $n \leq t \leq n+1$ ($n \in \mathbf{Z}_+$) の範囲のとき

$$\bar{X}(t, \bar{\omega}) = \sum_{i=1}^{n} X^{(i)}(1, \omega_i) + X^{(n+1)}(t-n, \omega_{n+1}) \qquad \bar{\omega} = (\omega_1, \omega_2, \ldots)$$

とおくとよい（$n=0$ のときは $\bar{X}(t, \bar{\omega}) = X^{(1)}(t, \omega_1)$ とする）．この $\bar{X}(t, \bar{\omega})$ が $C_{(0)}([0,\infty) \to \mathbf{R})$ 上のブラウン運動の定義の条件を満たしていることは，容易に確認できる．

**構成方法 II**: 次に，先程の Tea Break のような，有限次元の正規分布の拡張という考え方が明確になる構成方法を紹介しよう．$(\Omega, \mathcal{F}) = (\mathbf{R}^{[0,\infty)}, \mathcal{B}(\mathbf{R}^{[0,\infty)}))$ とおき，まずはこの上に測度を構成しよう．$\omega \in \mathbf{R}^{[0,\infty)}$ と $t \in [0, \infty)$ に対して，$X_t(\omega) = \omega(t)$ と定義する．$X_t$ の分布を定めることにより測度を構成するのだが，そのためにまず $X_t$ の有限次元分布を以下のように定める．

$$\mathbf{T} = \{\mathbf{t} = (t_1, \ldots, t_n) : 0 = t_0 < t_1 < \cdots < t_n, n \text{ は任意の自然数}\}$$

とし，$X_0(\omega) = 0$ と定め，$\mathbf{t} \in \mathbf{T}$ に対して $X_t$ の $\mathbf{t} = (t_1, \ldots, t_n)$ における分布関数 $F$ を

$$F_{\mathbf{t}}(x_1, \ldots, x_n) = \int_{-\infty}^{x_1} \int_{-\infty}^{x_2} \cdots \int_{-\infty}^{x_n} p_{t_1}(0, y_1) p_{t_2 - t_1}(y_1, y_2) \cdots p_{t_n - t_{n-1}}(y_{n-1}, y_n) dy_n \cdots dy_1$$

で定める．ただし

$$p_t(x, y) = \frac{1}{\sqrt{2\pi t}} \exp\left(-\frac{(x-y)^2}{2t}\right), \qquad x, y \in \mathbf{R},\ t > 0 \qquad (2.2.12)$$

とし，$(x_1,\ldots,x_n) \in \mathbf{R}^n$ とする．

**問 2.2.1** この $p_t(x,y)$ は，$t,s>0$, $x,y \in \mathbf{R}$ に対して

$$p_{t+s}(x,y) = \int_{-\infty}^{\infty} p_t(x,z)p_s(z,y)dz$$

を満たすことを示せ（**チャップマン–コルモゴロフ** (Chapman-Kolmogorov) の**等式**という）．

このように $X_t$ の有限次元分布を定めると，$0 = s_0 < s_1 < \cdots < s_n$ に対して $\{X_{s_j} - X_{s_{j-1}}\}_{j=1}^n$ は独立で，それぞれ平均 $0$，分散 $s_j - s_{j-1}$ の正規分布となる．簡単のため $n=2$ でこれを示そう．任意の可積分関数 $f_1, f_2$ に対して，

$$\begin{aligned}
E[f_2(X_{s_2} - X_{s_1})f_1(X_{s_1} - X_{s_0})] &= E[f_2(X_{s_2} - X_{s_1})f_1(X_{s_1})] \\
&= \iint_{\mathbf{R}^2} f_1(x_1)p_{s_1}(0,x_1)f_2(x_2-x_1)p_{s_2-s_1}(x_1,x_2)dx_1 dx_2 \\
&= \iint_{\mathbf{R}^2} f_1(x_1)p_{s_1}(0,x_1)f_2(x_2')p_{s_2-s_1}(0,x_2')dx_1 dx_2' \\
&= E[f_2(X_{s_2} - X_{s_1})]E[f_1(X_{s_1} - X_{s_0})]
\end{aligned}$$

となる．ただし 3 式目から 4 式目の変形は，$x_2' = x_2 - x_1$ とおいて，$p_{s_2-s_1}(x_1, x_2'+x_1) = p_{s_2-s_1}(0, x_2')$ となることを用いた．このことから $X_{s_2} - X_{s_1}$ と $X_{s_1} - X_{s_0}$ が独立であることが分かり，例えば $f_1 = 1, f_2 = 1_{[a,b]}$ として計算することにより $X_{s_2} - X_{s_1}$ が正規分布であることが分かる．

これによって，$\mathbf{T}$ 上に有限次元分布の族 $\{Q_\mathbf{t}\}_{\mathbf{t} \in \mathbf{T}}$ が，$A \in \mathcal{B}(\mathbf{R}^n)$，$\mathbf{t} = (t_1, \ldots, t_n)$ に対して

$$\begin{aligned}
Q_\mathbf{t}(A) &= P[(X_{t_1}, \ldots, X_{t_n}) \in A] \\
&= \int \cdots \int_A p_{t_1}(0,x_1) \cdots p_{t_n - t_{n-1}}(x_{n-1}, x_n)dx_1 \cdots dx_n
\end{aligned}$$

によって定まる．問 2.2.1 よりこの $\{Q_\mathbf{t}\}$ は（$n,k$ の動く範囲が $[0,\infty)$ として）一致条件 (1.2.6) を満たすことが分かるから，定理 1.2.12（を一般化して，$\{P_n\}_n$ の $n$ の動く範囲を $\mathbf{N}$ から $[0,\infty)$ にしたもの）より，$(\Omega, \mathcal{F})$ 上の確率測度で $\{Q_\mathbf{t}\}$ の拡張になるものが存在することが分かる．上に見たことから，$\{X_{s_j} - $

$X_{s_j-1}\}_{j=1}^n$ が独立でそれぞれ正規分布を持つことも分かるので，問題は $X_t$ の連続性である．実は $\mathcal{B}(\mathbf{R}^{[0,\infty)})$-可測集合で $C_{(0)}([0,\infty) \to \mathbf{R})$ に含まれるものは空集合に限られる（実際，$\mathcal{B}(\mathbf{R}^{[0,\infty)})$-可測集合は $\{X \in \mathbf{R}^{[0,\infty)} : (X_{t_1}, X_{t_2}, \ldots) \in A\}$，$A \in \mathcal{B}(\mathbf{R} \times \mathbf{R} \times \cdots)$ という形である，つまり空集合でなければ可算個の座標の情報のみで決まるから，連続関数の空間に含まれることはない）から，このままでは到底 $X_t$ が連続とはいえない．しかし，各 $0 \leq t \leq T$ で $P(X_t = \bar{X}_t) = 1$ となる $\{\bar{X}_t\}$ で，確率 1 で連続なもの（このような $\{\bar{X}_t\}$ を，$\{X_t\}$ の**連続変形** (continuous modification) という）が存在する．

**定理 2.2.3** （コルモゴロフの連続変形定理）
$(\Omega, \mathcal{F}, P)$ 上の確率過程 $\{X_t\}_{t \in [0,T]}$ について，ある $\alpha, \beta, C > 0$ が存在して

$$E[|X_t - X_s|^\alpha] \leq C|t-s|^{1+\beta}, \qquad 0 \leq s, t \leq T$$

となるならば，次の条件を満たす $\{X_t\}_{t \in [0,T]}$ の連続変形 $\{\bar{X}_t\}_{t \in [0,T]}$ が存在する：

任意の $\gamma \in (0, \beta/\alpha)$ に対して，正の値を取る確率変数 $h$ と $\delta > 0$ が存在して以下を満たす．

$$P\left(\left\{\omega : \sup_{\substack{0 < t-s < h(\omega) \\ s,t \in [0,T]}} \frac{|\bar{X}_t(\omega) - \bar{X}_s(\omega)|}{|t-s|^\gamma} \leq \delta\right\}\right) = 1$$

証明は，本書では割愛する．興味のある読者は，[SA4] の定理 1.3.2 や [SA3] 2 章 定理 2.8 などを参照して欲しい．今，章末練習問題 3（$X_t - X_s$ が正規分布のとき，この問題の場合と同じ計算ができる）より

$$E[|X_t - X_s|^{2n}] = (2n-1)(2n-3)\cdots 1 \cdot (t-s)^n$$

であることが分かるから，$\alpha = 2n, \beta = n-1$ として上の定理が適用できる．したがって，任意の $T > 0$ に対して $\{X_t\}_{t \in [0,T]}$ の連続変形 $\{\bar{X}_t\}_{t \in [0,T]}$ が存在する（しかも $\gamma$ は 1/2 未満の任意の正数にとれる）ことがわかる．あとは構成方法 I で紹介した方法と同様にして $t \in [0,\infty)$ まで延ばすことができるので，ブラウン運動が構成できた．

**構成方法 III**: 最後に,ランダムウォークをスケーリングすることによってブラウン運動を構成する方法について,その概要を述べよう. $\{\xi_i\}_{i=1}^{\infty}$ を平均 $0$, 分散 $\sigma^2, 0 < \sigma < \infty$ の独立同分布をもつ確率変数の族とし,$S_0 = 0, S_k = \sum_{j=1}^{k} \xi_j$ とする.典型的な例は $\xi_i$ が $P(\xi_i = 1) = P(\xi_i = -1) = 1/2$ なるベルヌーイ列の場合で,このとき $S_n$ は,1 秒ごとにコインを投げて表がでたら数直線上を右に 1,裏が出たら左に 1 ほど進むことにしたとき,原点を出発した粒子の時刻 $n$ における位置を表す(この場合 $\sigma = 1$ となる).このようなランダムな動きを 1 次元ランダムウォーク (random walk) といい,特に $\{\xi_i\}_{i=1}^{\infty}$ が上に述べたベルヌーイ列の場合,1 次元シンプルランダムウォーク (simple random walk) という(ランダムウォーク,シンプルランダムウォークについては,第 3 章でより一般の場合について定義を与える).さて,$t \geq 0$ に対して $Y_t \in C_{(0)}([0,\infty) \to \mathbf{R})$ を,

$$Y_t = S_{[t]} + (t - [t])\xi_{[t]+1}$$

と定義する([·] はガウス記号).$Y_t$ は,図 2.4 のように $S_n$ の点を線分で結んだものである.

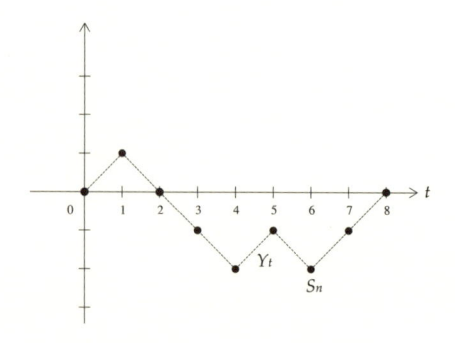

図 2.4 $S_n$ と $Y_t$

$X_t^{(n)} = \frac{Y_{nt}}{\sigma\sqrt{n}}$ とおくと,中心極限定理から各 $t \geq 0$ に対して $n \to \infty$ のとき $X_t^{(n)} \xrightarrow{d} \sqrt{t}N(0,1) = N(0,t)$ となる(中心極限定理では $\frac{S_{[tn]}}{\sigma\sqrt{n}}$ の法則収束しか分からないので,正確には $|X_t^{(n)} - \frac{S_{[tn]}}{\sigma\sqrt{n}}| \to 0$ の証明も必要であるが,ここでは

省略する）．同様の議論により，有限次元分布の収束も示すことができる．すなわち，$0 \leq t_1 \leq \cdots \leq t_m$ に対して

$$(X^{(n)}_{t_1}, \ldots, X^{(n)}_{t_m}) \xrightarrow{d} (B_{t_1}, \ldots, B_{t_m}) \qquad (2.2.13)$$

が成り立つ．実はさらに，次の定理に述べるように $\{X^{(n)}_t\}_{t \geq 0}$ によるパス空間への像測度が，ウィーナー測度に弱収束することがわかる．

**定理 2.2.4**（ドンスカーの不変性定理 (Donsker's invariance principle)）
$X^{(n)} = \{X^{(n)}_t\}_{t \in [0, \infty)}$ を上述のように定め，$P_n$ を $X^{(n)}$ による $C_{(0)}([0, \infty) \to \mathbf{R})$ への像測度とすると，$P_n$ は $C_{(0)}([0, \infty) \to \mathbf{R})$ 上ウィーナー測度に弱収束する．

本書ではこの定理の証明は割愛し，代わりに簡単に証明の方針を述べることにする．$C_{(0)}([0, \infty) \to \mathbf{R})$ は無限次元の空間であるから，(2.2.13) だけでは弱収束は言えない．しかし，さらに $\{P_n\}_{n=1}^{\infty}$ が緊密であることを示せれば，定理 1.4.8 の完備可分距離空間版を用いることにより欲しい弱収束が得られるのである（標語的に言えば，「有限次元分布の収束と緊密であることから，パス空間上での弱収束が得られる」ということである．詳しくは [SA3] 2 章定理 4.15 などを参照せよ）．また，アスコリ–アルツェラ (Ascoli-Arzelà) の定理を用いることにより，$\{P_n\}$ が連続関数の空間内で緊密であるための条件は，以下の二つが成り立つことであることが分かる．

$$\lim_{M \to \infty} \sup_{n \geq 1} P_n(\{\omega : |\omega(0)| > M\}) = 0$$

$$\lim_{\delta \to 0} \sup_{n \geq 1} P_n(\{\omega : \max_{\substack{|s-t| \leq \delta \\ 0 \leq s, t \leq T}} |\omega(s) - \omega(t)| > \epsilon\}) = 0, \quad T > 0,\ \epsilon > 0$$

今の場合，この 2 つの条件は比較的容易に確認できる．詳しくは [SA3] 2 章定理 4.10, 定理 4.20 などを参照して欲しい．

### 2.2.2　ブラウン運動の性質と偏微分方程式への応用

コンピュータでシュミレーションをしてみると分かるが，ブラウン運動のパスはとてもいびつな形をしている．これを初めて数学的に言い表したのが，ブ

ラウン運動のパスは確率1で微分不可能であるというペーリー–ウィーナー–ジグムント (Paley-Wiener-Zygmond) による定理である．

**定理 2.2.5** $\{B(t)\}_{t\in[0,1]}$ を1次元ブラウン運動とする．このとき，確率1の $\omega$ に対して $t \mapsto B(t,\omega)$ はすべての $t \in [0,1]$ で有限な微分係数を持たない．

**証明：**（ドヴォレツキー–エルデス–角谷 (Dvoretzky-Erdös-Kakutani) による方法）

まずは，天下り的ではあるが

$$A_{l,m} = \bigcap_{n=m}^{\infty} \bigcup_{i=1}^{n+1} \bigcap_{i+1 \leq j \leq i+3} \left\{ \omega : \left| B\left(\frac{j}{n},\omega\right) - B\left(\frac{j-1}{n},\omega\right) \right| \leq \frac{8l}{n} \right\}$$

とおくとき

$$P(\{\omega : B(t,\omega) \text{ が，ある } s \in [0,1] \text{ で微分可能 }\}) \leq P\left( \bigcup_{l=1}^{\infty} \bigcup_{m=1}^{\infty} A_{l,m} \right) \quad (2.2.14)$$

となることを証明する．$t \mapsto B(t)$ が $s \in [0,1]$ で微分可能ならば，ある $l \geq 1$ と $t_0 > s$ が存在して

$$|B(t) - B(s)| \leq l(t-s), \qquad t \in [s, t_0] \quad (2.2.15)$$

が成り立つ．このとき，$i = 1, 2, 3, 4$ について $t_i = ([ns]+i)/n$ とおくと，ある $m$ が存在して，任意の $n \geq m$ について $t_i \in [s, t_0]$ となる．さらに，(2.2.15) より $i = 1, 2, 3$ について

$$\begin{aligned} |B(t_{i+1}) - B(t_i)| &\leq |B(t_{i+1}) - B(s)| + |B(t_i) - B(s)| \\ &\leq 2l(t_4 - s) \leq \frac{8l}{n} \end{aligned}$$

が成り立つ．したがってこのとき，以下が成り立つ：ある $l, m \in \mathbf{N}$ が存在して，任意の $n \geq m$ について $1 \leq i \leq n+1$ なる $i$ が存在して

$$\left| B\left(\frac{j}{n}\right) - B\left(\frac{j-1}{n}\right) \right| \leq \frac{8l}{n}, \qquad j \in \{i+1, i+2, i+3\}$$

## 2.2. ブラウン運動とその性質

を満たす．実際，$i$ として $[ns]+1$ をとると条件を満たしている．これにより (2.2.14) が証明できた．よって，任意の $l, m \in \mathbf{N}$ について $P(A_{l,m}) = 0$ が示されると，(2.2.14) の右辺が 0 になり定理の主張が証明できたことになる．ところが，

$$P\left(\left\{\omega : \left|B\left(\frac{j}{n},\omega\right) - B\left(\frac{j-1}{n},\omega\right)\right| \leq \frac{8l}{n}\right\}\right)$$
$$= \frac{2}{\sqrt{2\pi/n}} \int_0^{8l/n} \exp\left(-\frac{x^2}{2/n}\right) dx$$
$$= \frac{2}{\sqrt{2\pi}} \int_0^{8l/\sqrt{n}} \exp\left(-\frac{x^2}{2}\right) dx = O\left(\frac{1}{\sqrt{n}}\right) \quad (2.2.16)$$

であるから，

$$P(A_{l,m}) \leq \liminf_{n\to\infty} P\left(\bigcup_{i=1}^{n+1} \bigcap_{i+1\leq j\leq i+3}\left\{\omega : \left|B\left(\frac{j}{n},\omega\right) - B\left(\frac{j-1}{n},\omega\right)\right| \leq \frac{8l}{n}\right\}\right)$$
$$\leq \liminf_{n\to\infty} \sum_{i=1}^{n+1} \prod_{i+1\leq j\leq i+3} P(\{\omega : \cdots\}) \leq \lim_{n\to\infty}(n+1)\left[O\left(\frac{1}{\sqrt{n}}\right)\right]^3$$
$$= \lim_{n\to\infty} O\left(\frac{1}{\sqrt{n}}\right) = 0$$

より，結論を得る．ここで，2 段目の最初の式を出す際に $\{\omega : |B(\frac{j}{n},\omega) - B(\frac{j-1}{n},\omega)| \leq \frac{8l}{n}\}$ が $i+1 \leq j \leq i+3$ において互いに独立であることを用い，次の変形で (2.2.16) を用いた． ∎

$B_t$ は確率 1 で有界変動とならないことも知られており，したがって，確率変数 $\Phi$ に対して

$$\int_0^T \Phi(t,\omega) dB_t \quad (2.2.17)$$

をスティルチェス積分の意味で定義することはできない．しかし $\Phi$ が単関数の場合の $\mathbf{L}^2$ 極限として (2.2.17) を意味のある量として定義することができる．これを確率積分という．また，$f$ が $C^2$ 級関数であるとき，微分の連鎖律にあたる次の公式

$$df(B_t) = f'(B_t) dB_t + \frac{1}{2} f''(B_t) dt \quad (2.2.18)$$

が知られており（これを**伊藤の公式**という），今日では数理ファイナンスを始めさまざまな分野で広く用いられている．微分の連鎖律では (2.2.18) の右辺の第2項は現われてこないわけで，その意味でも伊藤の公式は通常の微分積分学の範ちゅうの外にある．このように確率過程の微積分を作り，その上で解析学を展開する研究は確率解析と呼ばれている．確率解析は広く美しい世界であるが，これについて詳しく述べることは本書の範囲を超えてしまうので，興味のある読者は，巻末の参考文献に挙げる書物を参照して欲しい．

偏微分方程式への応用 I ：熱方程式

$\mathbf{R}^d$ 上の2階の微分作用素 $\Delta = \sum_{i=1}^d \frac{\partial^2}{\partial x_i^2}$ を**ラプラス作用素（ラプラシアン）**(Laplacian) という．ここでは簡単のため1次元で話をする．$f$ を実数上の有界連続関数とするとき，

$$\begin{cases} \dfrac{\partial u}{\partial t} = \dfrac{1}{2}\dfrac{\partial^2 u}{\partial x^2}, & x \in \mathbf{R}, t > 0 \\ \lim_{t \downarrow 0} u(t,x) = f(x), & x \in \mathbf{R} \end{cases} \quad (2.2.19)$$

を満たす $u(t,x)$ は，(2.2.12) で定めた $p_t(x,y)$ を用いて

$$u(t,x) = E[f(x + B_t)] = \int_{-\infty}^{\infty} f(y) p_t(x,y) dy \quad (2.2.20)$$

と表される．(2.2.19) を満たす $u(t,x)$ は，$\mathbf{R}$ 上に時刻 0 で初期分布 $f$ を与えたときの時刻 $t$ での点 $x$ の温度を表すもので，(2.2.19) を**熱方程式** (heat equation)，$u$ を熱方程式の解という．ブラウン運動を $f$ に代入して平均をとったものが熱方程式の解になるのである．

**問 2.2.2** $f$ が実数上の有界連続関数のとき，(2.2.20) が熱方程式 (2.2.19) を満たすことを示せ．また，$f$ が実数上の連続関数で，ある $a > 0$ に対して

$$\int_{-\infty}^{\infty} e^{-ax^2} |f(x)| dx < \infty \quad (2.2.21)$$

を満たすものとするとき，(2.2.20) は $x \in \mathbf{R}, 0 < t < 1/(2a)$ で定義でき，この範囲で (2.2.19) を満たすことを示せ．

## 2.2. ブラウン運動とその性質

ブラウン運動とラプラス作用素がなぜこのように関係してくるのであろうか？これについて大ざっぱに述べよう．まずは，構成方法 III の小節で用いたシンプルランダムウォーク $S_n$ について $u(m,x) = E[f(x+S_m)]$ $(m \in \mathbf{Z}_+, x \in \mathbf{Z})$ とおくと，

$$\begin{aligned}
u(m+1,x) &= E[f(x+S_{m+1})] \\
&= E\left[f\left(x-1+\sum_{k=2}^{m+1}\xi_k\right):\xi_1=-1\right] + E\left[f\left(x+1+\sum_{k=2}^{m+1}\xi_k\right):\xi_1=1\right] \\
&= \frac{1}{2}u(m,x-1) + \frac{1}{2}u(m,x+1) \quad (2.2.22)
\end{aligned}$$

となり，これを変形すると

$$u(m+1,x) - u(m,x) = \frac{1}{2}\{u(m,x+1) + u(m,x-1) - 2u(m,x)\} \quad (2.2.23)$$

となる．次に構成方法 III の小節で登場した $X_t^{(n)}$ ($t \in \frac{1}{n}\mathbf{Z}_+$ のときは $\frac{S_{nt}}{\sqrt{n}}$ と表せるもの）を考えて，$u_n(t,x) = E[f(x+X_t^{(n)})]$ とおくと，$t \in \frac{1}{n}\mathbf{Z}_+, x \in \frac{1}{\sqrt{n}}\mathbf{Z}_+$ のとき (2.2.22) は $u_n(t+\Delta t, x) = \{u_n(t,x-\Delta x) + u_n(t,x+\Delta x)\}/2$ （ただし $\Delta t = 1/n, \Delta x = \sqrt{\Delta t}$）となることが同様に示され，したがって (2.2.23) と同様の変形と $\Delta t = (\Delta x)^2$ により，

$$\frac{u_n(t+\Delta t, x) - u_n(t,x)}{\Delta t} = \frac{1}{2}\left\{\frac{u_n(t,x+\Delta x) + u_n(t,x-\Delta x) - 2u_n(t,x)}{(\Delta x)^2}\right\} \quad (2.2.24)$$

を得る．(2.2.24) の左辺は $u_n$ の $t$ についての偏微分，右辺は $x$ についての 2 階偏微分を近似しているので，大ざっぱに言って，$u(t,x) = \lim_{n\to\infty} u_n(t,x)$ とおき $\Delta t \to 0$ とすることにより (2.2.19) の第 1 式を得るのである（最後の部分の議論は厳密ではないが，結論は正当化できる）．また構成方法 III でも述べたように，本質的に中心極限定理から $X_t^{(n)} \xrightarrow{d} N(0,t)$ がわかり，したがって $u(t,x)$ は (2.2.20) のように表せるのである．

ブラウン運動とラプラス作用素の関係を関数解析的に述べておこう．$P_t f(x) = E[f(x+B_t)]$ とおくことにより $\{P_t\}_{t\geq 0}$ は $C_\infty(\mathbf{R})$（無限遠方で 0 になる，連続関数の全体）上でヒレ–吉田 (Hille-Yosida) の意味の強連続半群になり，$\{P_t\}_{t\geq 0}$

のヒレ–吉田の意味での生成作用素 $\lim_{t\to 0}(P_t - I)/t$（$I$ は恒等作用素）が $\Delta/2$ なのである．

**偏微分方程式への応用 II：ディリクレ (Dirichlet) 問題**

簡単のため $D$ を 2 次元の滑らかな有界領域とする．$\partial D$ 上の連続関数 $f$ に対して，

$$\begin{cases} \Delta u(x) = 0, & x \in D \\ u(y) = f(y), & y \in \partial D \end{cases} \quad (2.2.25)$$

（$\partial D$ は $D$ の境界を表す）を満たす $D \cup \partial D$ 上の連続関数 $u(x)$ は，

$$u(x) = E[f(x + B_{\tau_D})] \quad (2.2.26)$$

と表される．ただし，$\tau_D = \inf\{t \geq 0 : x + B_t \in \partial D\}$ とする（ブラウン運動の粒子が初めて $D$ の境界に達する時刻を表す）．(2.2.25) をディリクレ問題といい，(2.2.26) をディリクレ問題の解という．(2.2.26) が (2.2.25) を満たすことの証明には，ブラウン運動の強マルコフ性と呼ばれる性質などが必要となるのでここでは省略するが（例えば [SA3] 4 章 定理 2.7 参照），離散の場合，ディリクレ問題の意味とその解について第 3 章の 3.1.1, 3.1.3 小節で詳しく述べる．

---

*Tea Break* **Δ/2 になるわけ**

(2.2.19) では，熱方程式の右辺が $\Delta/2$ となっているが，一方で偏微分方程式論で普通熱方程式というと，右辺を $\Delta/2$ ではなく $\Delta$ としたものである．この 1/2 がつくのは，(2.2.24) で係数 1/2 がつくことに起因しており，それはランダムウォークが左右に動く確率 1/2 の影響によるものである．偏微分方程式論では，熱方程式に合わせて普通熱核を

$$p_t(x, y) = \frac{1}{\sqrt{4\pi t}} \exp\left(-\frac{|x-y|^2}{4t}\right)$$

とするが，一方確率論では，定理 2.2.4 より熱核を (2.2.12) として熱方程式の方に 1/2 がつく．確率過程を優先するか方程式を優先するかで係数が変わってくるのである．

## 2.3 離散マルチンゲールとその応用

本節では，公平なゲームを表すマルチンゲールの離散版について述べ，その応用としてゲームの最適戦術，オプションの価格付けについて述べる．

### 2.3.1 離散マルチンゲール

$(\Omega, \mathcal{F}, P)$ を確率空間とし，$\{\mathcal{F}_n\}_{n=0}^{\infty}$ を $\mathcal{F}_0 \subset \mathcal{F}_1 \subset \cdots \subset \mathcal{F}_n \subset \cdots \subset \mathcal{F}$ を満たす $\sigma$ 加法族の列とする（このように単調増大する $\sigma$ 加法族の列を**フィルトレーション** (filtration) と呼ぶ）．$\mathbf{X} = \{X_n(\omega)\}_{n=0}^{\infty}$ を，確率変数の族とする．以下では $n$ が時間を表すパラメータとみなし，$\mathbf{X}$ を確率過程と考える（パラメータが離散なので，離散時間確率過程と呼ぶ）．まずは，マルチンゲールを定義するための準備をしよう．

**定義 2.3.1** すべての $n \in \mathbf{Z}_+$ に対して $X_n$ が $\mathcal{F}_n$-可測である（つまり任意の $B \in \mathcal{B}(\mathbf{R})$ に対して $X_n^{-1}(B) \in \mathcal{F}_n$ が成り立つ）とき，$\mathbf{X}$ は $\{\mathcal{F}_n\}$ に**適合している** (adapted) という．

次に停止時刻を定義する．

**定義 2.3.2** $\mathbf{N} \cup \{0, \infty\}$ に値を持つ確率変数 $\sigma$ が，任意の $n \in \mathbf{Z}_+$ に対して $\{\omega : \sigma(\omega) \leq n\} \in \mathcal{F}_n$ を満たすとき，$\sigma$ は**停止時刻** (stopping time) であるという．

**問 2.3.1** 上の条件は，任意の $n \in \mathbf{Z}_+$ に対して $\{\omega : \sigma(\omega) = n\} \in \mathcal{F}_n$ を満たすことと同値であることを示せ．

**例 2.3.3** $\mathbf{X} = \{X_n\}$ が $\{\mathcal{F}_n\}$ に適合しているとき，$B \in \mathcal{B}(\mathbf{R})$ に対して

$$\sigma_B(\omega) = \min\{n : X_n(\omega) \in B\}$$

（ただし $\min \emptyset = \infty$ とする）とおくと，$\sigma_B$ は停止時刻となる．実際，$\{\sigma_B \leq n\} = \cup_{i=1}^n \{X_i \in B\} \in \mathcal{F}_n$ であるから，停止時刻の定義を満たす．$\sigma_B$ を $B$ への**到達時刻** (hitting time) という．

それでは，マルチンゲールの定義をしよう．

**定義 2.3.4** $\{\mathcal{F}_n\}$ に適合した $\mathbf{X} = \{X_n\}$ が，任意の $n \in \mathbf{Z}_+$ について $E[|X_n|] < \infty$ を満たし，さらに任意の $n \in \mathbf{Z}_+$ と $A \in \mathcal{F}_n$ に対して

$$E[X_{n+1} : A] = E[X_n : A] \tag{2.3.1}$$

を満たすとき，$\mathbf{X}$ は $\{\mathcal{F}_n\}$-マルチンゲール (martingale) であるという．

定義の中の記号 $E[X_n : A]$ は，$X_n$ の $A$ 上の積分 $\int_A X_n(\omega)P(d\omega)$ を表すものである．(2.3.1) の代わりに $E[X_{n+1} : A] \leq E[X_n : A]$ が成り立つとき，$\mathbf{X}$ は $\{\mathcal{F}_n\}$-優マルチンゲール (super-martingale) といい，$E[X_{n+1} : A] \geq E[X_n : A]$ が成り立つとき，劣マルチンゲール (sub-martingale) という．

**問 2.3.2** (2.3.1) は，次の条件と同値であることを示せ．

任意の $n \in \mathbf{Z}_+$ と任意の $\mathcal{F}_n$-可測関数 $g \in \mathbf{L}^\infty(\Omega, P) := \{g : \text{ess sup}_{\omega \in \Omega} |g(\omega)| < \infty\}$ に対して，$E[X_{n+1}g] = E[X_n g]$ が成り立つ．

ただし，可測関数 $g$ に対して $\{\omega : |g(\omega)| > a\}$ の測度が $0$ となるような $a$ の下限（そのような $a > 0$ が存在しない場合 $\infty$ とする）を $g$ の本質的上限といい，ess $\sup_{\omega \in \Omega} |g(\omega)|$ と表す．

マルチンゲールは，公平な賭けのモデルといえる．その理由を説明しよう．(2.3.1) を変形すると，$E[X_{n+1} - X_n : A] = 0$ であるが，これは，時刻 $n$ における状態が $A$ である場合に $1$ 秒後に期待できるもうけの平均といえる．これが，$A$ によらず $0$ になるということは，まさに公平なゲームということになる．ちなみに優マルチンゲールは不利な (subfair) ゲーム，劣マルチンゲールは有利な (superfair) ゲームということになる．優，劣が逆になってしまっているのは，これらの言葉が優調和関数，劣調和関数との類似性から来ていることに原因がある．$\mathbf{R}^d$ 上の関数 $f$ は，2 階連続的微分可能で $\Delta f(x) \leq 0$ がすべての $x \in \mathbf{R}^d$ で成り立つとき（$\mathbf{R}^d$ 上の）優調和関数であるという．任意の $x \in \mathbf{R}^d$ と $r > 0$ に対して $B(x, r)$ を $x$ 中心，半径 $r$ の球の内部とするとき，優調和関数 $f$ は，

$$f(x) \geq \frac{1}{m(B(x,r))} \int_{B(x,r)} f(y) dy$$

($m$ は $\mathbf{R}^d$ 上のルベーグ測度)という性質を持つことが知られているが，この式と本小節の最後で述べる優マルチンゲールの条件付き平均を用いた表現 $X_n \geq E[X_{n+1}|\mathcal{F}_n]$ の類似性から，不等号がこの向きの場合に優マルチンゲールと呼ぶのである(不等号の向きをすべて入れ替えたものが「劣」の場合である).

**例 2.3.5** $\{X_i\}$ を，$P(X_i = 1) = p, P(X_i = -1) = 1 - p$ を満たすベルヌーイ列とする．$\mathcal{F}_n = \sigma(X_1, \ldots, X_n)$ とし，$S_n = \sum_{i=1}^n X_i$ とすると，$p = 1/2$ のとき $\{S_n\}$ は $\{\mathcal{F}_n\}$-マルチンゲールである(コイントスで表が出たら 1 円もらえ，裏が出たら 1 円払うというゲームと思うとよい)．$p < 1/2$ ならば優マルチンゲール，$p > 1/2$ ならば劣マルチンゲールである．

以下本章では，次の仮定をおく(完備の定義は付録 A を参照のこと)．

**仮定 2.3.6** $(\Omega, \mathcal{F}, P)$ は完備確率空間であり，$\mathcal{F}_0$ は測度 0 の集合をすべて含む．

$\sigma$ が停止時刻のとき，

$$\mathcal{F}_\sigma = \{A \in \mathcal{F} : \text{任意の } n \in \mathbf{Z}_+ \text{ に対して，} \{\sigma \leq n\} \cap A \in \mathcal{F}_n\}$$

と定義する．このとき，$\sigma \leq \tau$ が確率 1 で成り立てば，$\mathcal{F}_\sigma \subset \mathcal{F}_\tau$ である．実際 $A \in \mathcal{F}_\sigma$ とすると，定義より $A \cap \{\sigma \leq n\} \in \mathcal{F}_n$，よって $A \cap \{\sigma \leq n\} \cap \{\tau \leq n\} \in \mathcal{F}_n$ となり，したがってこの集合と測度 0 の違いしかない(確率 1 で $\sigma \leq \tau$ だから)$A \cap \{\tau \leq n\}$ も $\mathcal{F}_n$ の元である．

さて，マルチンゲールを停止時刻で止めるとどうなるであろうか？公平なゲームなのであるから停止時刻で止めても公平さは変わらないと考えられるが，後で見るようにそれは無条件には成り立たない．いくつかの条件のもと公平さは変わらないことを数学的にきちんと述べたものが，次の任意抽出定理である．

**定理 2.3.7** (ドゥーブの任意抽出定理 (Doob's optional sampling theorem)) $\sigma, \tau$ を有界な停止時刻(つまり，ある $N > 0$ が存在して，$\sigma \leq N, \tau \leq N$ が確率 1 で成り立つような停止時刻)であり，確率 1 で $\sigma \leq \tau$ とする．$\mathbf{X} = \{X_n\}$ がマルチンゲールであれば，任意の $A \in \mathcal{F}_\sigma$ に対して

$$E[X_\sigma : A] = E[X_\tau : A] \tag{2.3.2}$$

が成り立つ．$\mathbf{X}$ が優マルチンゲールのときは，(2.3.2) において $\geq$ が成り立ち，劣マルチンゲールのときは，$\leq$ が成り立つ．

$\mathbf{X}$ がマルチンゲールのとき，$m \leq n, A \in \mathcal{F}_m$ に対して $E[X_n : A] = E[X_m : A]$ が成り立つわけであるが，任意抽出定理の主張は，$m, n$ を停止時刻 $\sigma \leq \tau$ に変更してもこれらが有界であるかぎり同様の等式が成り立つということである．ここで，$\sigma, \tau$ が有界という条件ははずせない．実際，例 2.3.5 で $\tau = \inf\{i : S_i \geq n\}, \sigma = 0$ とおくと，これらは $\sigma \leq \tau$ を満たす停止時刻であるが $\tau$ は有界ではない．このとき $E[S_\tau] = n \neq E[S_\sigma] = ES_0 = 0$ であるので，$A = \Omega$ としたときに (2.3.2) が成立していない．

この定理を証明するために，いくつかの準備をする．

**定義 2.3.8** 確率変数の族 $\mathbf{X} = \{X_n\}$ が $\{\mathcal{F}_n\}$-可予測 (predictable) であるとは，各 $n \in \mathbf{N}$ に対して $X_n$ が $\mathcal{F}_{n-1}$-可測であることを言う．

**補題 2.3.9** $\mathbf{X} = \{X_n\}$ がマルチンゲール，$\{p_n\}$ が $\{\mathcal{F}_n\}$-可予測であり，各 $n$ に対して $p_n \in \mathbf{L}^\infty(\Omega, P)$ であるとき，

$$Y_n = Y_0 + \sum_{i=1}^{n} p_i (X_i - X_{i-1}) \tag{2.3.3}$$

($Y_0$ は任意の $\mathcal{F}_0$-可測な可積分関数) とおくと，$\{Y_n\}$ もマルチンゲールである．$\mathbf{X}$ が優 (あるいは劣) マルチンゲールのときは，上の条件に加えて各 $n$ について $p_n \geq 0$ という条件があれば $\{Y_n\}$ も優 (あるいは劣) マルチンゲールである．

**証明:** $Y_n$ が $\mathcal{F}_n$-可測であり，$E[|Y_n|] < \infty$ であることは簡単にチェックできる．$Y_n - Y_{n-1} = p_n(X_n - X_{n-1})$ であるから，任意の $A \in \mathcal{F}_{n-1}$ に対して

$$E[1_A(Y_n - Y_{n-1})] = E[1_A p_n(X_n - X_{n-1})] = 0$$

となるので，$\{Y_n\}$ がマルチンゲールであることが示された．ただし 2 番目の等号で，$1_A p_n$ が $\mathcal{F}_{n-1}$-可測であり $\mathbf{L}^\infty$ に属すことと問 2.3.2 を用いた．$\{X_n\}$ が優 (劣) マルチンゲールの場合も，同様に証明できる．■

(2.3.3) は形式的に $Y_n = Y_0 + \int pdX$ と表せる. これは確率積分の離散版である. 確率積分については本書では触れないので, 興味のある読者は巻末の参考文献に挙げる書物を参照して欲しい.

**問 2.3.3** 定理 2.3.7 の仮定の下, $X_\sigma$ が $\mathcal{F}_\sigma$-可測かつ可積分であることを示せ.

**定理 2.3.7 の証明**: 問 2.3.3 より $X_\sigma$ の可測性, 可積分性は保証されている. 今 $p_n(\omega) = 1_{\{\sigma < n \leq \tau\}}(\omega)$ とすると, $p_n$ は $\mathcal{F}_{n-1}$-可測である ($\{\sigma < n \leq \tau\} = \cup_{i=0}^{n-1}\{\sigma = i\} \setminus \cup_{i=0}^{n-1}\{\tau = i\} \in \mathcal{F}_{n-1}$ だから). そこで $Y_0 = 0, Y_n = \sum_{i=1}^n p_i(X_i - X_{i-1})$ とおくと, 補題 2.3.9 より $\{Y_n\}$ はマルチンゲールであるから

$$E[Y_{N+1}] = E[Y_0] = 0 \tag{2.3.4}$$

となる ($N$ は $\sigma \leq N, \tau \leq N$ なる自然数とする). 一方 $\{\sigma < \tau\}$ 上で

$$Y_{N+1} = \sum_{i=1}^\sigma p_i(X_i - X_{i-1}) + \sum_{i=\sigma+1}^\tau p_i(X_i - X_{i-1}) + \sum_{i=\tau+1}^{N+1} p_i(X_i - X_{i-1})$$

と分けると, 初めと最後の $\sum$ で $p_i = 0$, 真ん中の $\sum$ で $p_i = 1$ だから結局 $Y_{N+1} = X_\tau - X_\sigma$ となり, また $\{\sigma = \tau\}$ 上では $Y_{N+1} = 0 = X_\tau - X_\sigma$ となるから, (2.3.4) と合わせて

$$E[X_\tau] = E[X_\sigma] \tag{2.3.5}$$

を得る. さて, $A \in \mathcal{F}_\sigma$ に対して $\sigma_A(\omega)$ を, $\omega \in A$ のとき $\sigma(\omega), \omega \notin A$ のとき $N+1$ と定め, $\tau_A$ も同様に定める. このとき $\sigma_A, \tau_A$ は停止時刻である (実際, $\{\sigma_A \leq n\}$ は $n \geq N+1$ においては全区間, $n < N+1$ においては $A \cap \{\sigma \leq n\}$ となり, したがって $\mathcal{F}_n$ の元である. また, $A \in \mathcal{F}_\sigma \subset \mathcal{F}_\tau$ だから, 同様の議論により $\{\tau_A \leq n\} \in \mathcal{F}_n$ である). さらに, 確率 1 で $\sigma_A \leq \tau_A \leq N+1$ が成り立つ. つまり $\sigma_A, \tau_A$ も定理の仮定を満たしているので, $\sigma, \tau$ の代わりに $\sigma_A, \tau_A$ としても (2.3.5) は成り立つ. よって $E[X_{\sigma_A}] = E[X_{\tau_A}]$ となり, 一方, 定義から $E[X_{\sigma_A}] = E[X_\sigma : A] + E[X_{N+1} : A^c]$ ($\tau_A$ も同様) であるから (2.3.2) を得る. 優マルチンゲール, あるいは劣マルチンゲールの場合も, 議論は同様である.

$a, b \in \mathbf{R}$ に対して,$a \wedge b$ は $a$ と $b$ の小さい方を,$a \vee b$ は $a$ と $b$ の大きい方を表すものとする.

**系 2.3.10** (任意停止定理 (Optional stopping theorem))

$\sigma$ を停止時刻とし,$\mathbf{X} = \{X_n\}$ をマルチンゲールとする.このとき $\mathbf{X}^\sigma = \{X_{n \wedge \sigma}\}$ とおくと,$\mathbf{X}^\sigma$ もマルチンゲールである.$\mathbf{X} = \{X_n\}$ が優(あるいは劣)マルチンゲールのときは,$\mathbf{X}^\sigma$ も優(あるいは劣)マルチンゲールである.

**証明:** $p_n = 1_{\{\sigma \geq n\}}$ とおくと,$p_n \geq 0$, $E[|p_n|] \leq 1 < \infty$ であり,$\{\sigma \geq n\} = \Omega \setminus \{\sigma < n\} \in \mathcal{F}_{n-1}$ であるから $p_n$ は可予測である.$Y_0 = X_0$ として (2.3.3) によって $\{Y_n\}$ を定めると,$n \leq \sigma$ のとき $Y_n = X_n$, $n > \sigma$ のとき $Y_n = X_\sigma$ となることが分かる.つまり $Y_n = X_{n \wedge \sigma}$ であるから,補題 2.3.9 より $\mathbf{X}^\sigma = \{Y_n\}$ はマルチンゲールである.$\mathbf{X} = \{X_n\}$ が優(あるいは劣)マルチンゲールのときも,全く同様にして示される. ∎

最後に条件付き平均について述べる.

**定義 2.3.11** $\mathcal{G} \subset \mathcal{F}$ を $\sigma$ 加法族,$X$ を $E[|X|] < \infty$ なる可測関数とする.$\mathcal{G}$-可測な関数 $Y$ が任意の $A \in \mathcal{G}$ に対して $E[X : A] = E[Y : A]$ を満たすとき,$Y$ を $X$ の**条件付き平均** (conditional expectation) と呼び,$Y = E[X|\mathcal{G}]$ と書く.

条件付き平均は常に存在するのであろうか? ここでは,ラドン–ニコディムの定理を用いて,条件付き平均の存在と一意性を示す.$\mathcal{G}$ 上の加法的集合関数(付録 A 参照)$\mu$ を,各 $A \in \mathcal{G}$ に対して $\mu(A) = E[X : A]$ で定義する.すると $\mu$ は $P$ を $\mathcal{G}$ 上に制限した測度に対して絶対連続である(つまり,$A \in \mathcal{G}$ が $P(A) = 0$ を満たすならば $\mu(A) = 0$ となる).したがってラドン–ニコディムの定理(定理 A.2.11)より,任意の $A \in \mathcal{G}$ に対して $\mu(A) = \int_A Y(\omega) P(d\omega)$ を満たす $\mathcal{G}$-可測関数 $Y$ が唯一存在する.この $Y$ が条件付き平均の定義を満たすことはすぐに確認できるので,これで条件付き平均の存在と一意性が示された.

条件付き平均を用いると,(2.3.1) は $E[X_{n+1}|\mathcal{F}_n](\omega) = X_n(\omega)$ が(優マルチンゲールの場合は $\leq$ が,劣マルチンゲールの場合は $\geq$ が)$\omega$-a.s. で成り立つことであると言える.

**例 2.3.12** $\Omega$ 上に $\Omega = \cup_{i=1}^N B_i$ となる互いに素(すなわち $i \neq j$ のとき $B_i \cap B_j = \emptyset$)な $\{B_i\}_{i=1}^N$ が与えられ,さらに $\mathcal{F} = \sigma(B_1, B_2, \ldots, B_N)$ として $(\Omega, \mathcal{F})$ 上

## 2.3. 離散マルチンゲールとその応用

の確率測度 $P$ で各 $1 \leq i \leq N$ に対して $P(B_i) \neq 0$ となるものが与えられているとする．このとき，確率変数 $X$ に対して

$$E[X|\mathcal{F}](\omega) = \sum_{i=1}^{N} E[X|B_i] 1_{B_i}(\omega) \tag{2.3.6}$$

が成り立つ（ただし $E[X|B_i] = E[X : B_i]/P(B_i)$）．実際，確率変数 $Y$ が $\mathcal{F}$-可測であることと各 $B_i$ 上 $Y$ が定数であることは同値だから，$Y = E[X|\mathcal{F}]$ として $E[X|\mathcal{F}] = \sum_{i=1}^{N} a_i 1_{B_i}$ と表せる．この両辺を $B_i$ 上積分すると $E[X : B_i] = a_i P(B_i)$ となり，よって $a_i = E[X|B_i]$ を得る．特に $X = 1_A$ のとき $E[1_A|\mathcal{F}](\omega) = \sum_{i=1}^{N} P[A|B_i] 1_{B_i}(\omega)$，つまり $E[1_A|\mathcal{F}]$ は，各 $B_i$ 上での値が $B_i$ の下での $A$ の条件付き確率となる関数である．

**問 2.3.4** $(\Omega, \mathcal{F}, P)$ を確率空間，$\mathcal{F}_1 \subset \mathcal{F}_2 \subset \mathcal{F}$ を $\sigma$ 加法族とする．また，$X$ を $E[|X|] < \infty$ なる $\mathcal{F}$-可測確率変数とする．
1) $X$ が $\mathcal{F}_1$-可測ならば $E[X|\mathcal{F}_1] = X$ となることを示せ．
2) $X$ が $\mathcal{F}_1$ と独立のとき，$E[X|\mathcal{F}_1] = E[X]$ となることを示せ．ただし，$X$ と $\mathcal{F}_1$ が独立とは，任意の $A \in \mathcal{F}_1$ について $X$ と $1_A$ が独立であることである．
3) $E[E[X|\mathcal{F}_2]|\mathcal{F}_1] = E[X|\mathcal{F}_1]$ となることを示せ．

**問 2.3.5** （補題 2.3.9 の一般化） $\mathbf{X} = \{X_n\}$ が $\{\mathcal{F}_n\}$-適合かつ各 $n \in \mathbf{Z}_+$ に対して $E[|X_n|] < \infty$ を満たし，$\{p_n\}$ が $\{\mathcal{F}_n\}$-可予測であり各 $n$ に対して $p_n \in \mathbf{L}^\infty(\Omega, P)$ であるとき，

$$Y_n = Y_0 + \sum_{i=1}^{n} p_i (X_i - E[X_i|\mathcal{F}_{i-1}]) \tag{2.3.7}$$

（$Y_0$ は，任意の $\mathcal{F}_0$-可測関数）とおくと，$\{Y_n\}$ はマルチンゲールとなることを示せ．

**問 2.3.6** 確率空間 $(\Omega, \mathcal{F}, P)$ と，$\mathcal{G} \subset \mathcal{F}$ となる $\sigma$ 加法族があるとする．$(\Omega, \mathcal{F})$ 上の確率変数 $X, Y$ を，$X$ は $\mathcal{G}$-可測確率変数，$Y$ は $\mathcal{G}$ と独立であるとする．こ

のとき，任意の非負値（または有界）可測関数 $\Phi : \mathbf{R}^2 \mapsto \mathbf{R}$ に対して $\varphi(x) = E[\Phi(x,Y)]$ $(x \in \mathbf{R})$ で定まる関数 $\varphi$ は可測関数であり，

$$E[\Phi(X,Y)|\mathcal{G}] = \varphi(X) \quad \text{a.s.}$$

となることを示せ．

## 2.3.2　応用 A：最適戦術 I

この小節では，任意抽出定理の応用として最適戦術 (optimal strategy)，特に最適停止 (optimal stopping) の問題を考える．最適停止の問題とは，あるゲームを続けて行っているとき，どの時点でゲームをやめるとプレーヤーにとって一番「もうけ」が多いかを求める問題である．まずは数学的な設定をしよう．仮定 2.3.6 を満たす $(\Omega, \mathcal{F}, P)$ 上に，フィルトレーション $\mathcal{F}_1 \subset \cdots \subset \mathcal{F}_N$ ($\mathcal{F}_1$ は測度 0 の集合をすべて含むとする) と可積分な確率過程 $\{X_n\}_{n=1}^N$ が与えられているとする（したがって，時間にあたるパラメータは $1, \ldots, N$ である）．このとき $\mathcal{G}$ を停止時刻の全体（つまり $\sigma \in \mathcal{G}$ のとき，$\{\omega : \sigma(\omega) \leq n\} \in \mathcal{F}_n$ が任意の $n \in \{1, \ldots, N\}$ で成り立つもの）とすると，

$$\max_{\sigma \in \mathcal{G}} E[X_\sigma] \tag{2.3.8}$$

を満たす $\sigma_0 \in \mathcal{G}$ を求める問題が最適停止の問題である．この $\sigma_0$ を**最適停止時刻** (optimal stopping time) という．

ここで $\{X_n\}_{n=1}^N$ は $\{\mathcal{F}_n\}$-適合とは限らないが，$n \in \{1, \ldots, N\}$ について $Y_n = E[X_n|\mathcal{F}_n]$ とすると $\{Y_n\}$ は $\{\mathcal{F}_n\}$-適合となり，任意の $\sigma \in \mathcal{G}$ について

$$\begin{aligned} E[X_\sigma] &= \sum_{i=1}^N E[X_\sigma : \sigma = i] = \sum_{i=1}^N E[X_i : \sigma = i] \\ &= \sum_{i=1}^N E[Y_i : \sigma = i] = \sum_{i=1}^N E[Y_\sigma : \sigma = i] = E[Y_\sigma] \end{aligned}$$

（ここで $\{\sigma = i\} \in \mathcal{F}_i$ であるから，条件付き平均の定義より 2 段目の初めの等式を得た）であるから，$\{Y_n\}$ の最適停止時刻を求めることは，$\{X_n\}$ のそれを求めることと同じ問題になる．よって，以下では $\{X_n\}$ 自身が $\{\mathcal{F}_n\}$-適合であるとして話を進めていく．

以下では，$\mathcal{N}$ を測度 0 の集合全体から生成された $\sigma$ 加法族とし，二つの $\sigma$ 加法族 $\mathcal{F}, \mathcal{G}$ に対して $\mathcal{F} \vee \mathcal{G}$ で $\mathcal{F} \cup \mathcal{G}$ から生成された $\sigma$ 加法族を表すとする．

## 2.3. 離散マルチンゲールとその応用

**例 2.3.13** $\{X_n\}_{n=1}^N$ が独立同分布を持つ確率変数の族で，$P(X_n = i) = 1/6, i = 1, 2, \ldots, 6$ であり，$\mathcal{F}_n = \sigma(X_1, \ldots, X_n) \vee \mathcal{N}$ のとき．

このとき上の最適停止問題は，「サイコロを最大 $N$ 回振ることが許されているとき，最後に出た目の期待値を大きくするには，いつサイコロを振るのを止めればよいか？」という問題である．

この例の解答を与える前に，最適停止問題の一般的な解を求めよう．天下り的であるが，$\{Z_n\}_{n=1}^N$ を，

1) $Z_N = X_N$
2) $Z_N, \ldots, Z_n$ が求まったとき，$Z_{n-1}$ を $Z_{n-1} = E[Z_n | \mathcal{F}_{n-1}] \vee X_{n-1}$

で定める．このとき，以下が成り立つ．

a) $\{Z_n\}$ は優マルチンゲール
b) $X_n \leq Z_n, \quad 1 \leq n \leq N$
c) $\{Z_n\}$ は，a), b) を満たす中で最小である．すなわち $\{Z'_n\}$ も a), b) を満たせば，$Z_n \leq Z'_n, 1 \leq n \leq N$ が成り立つ．

実際，a) は 2) から，b) は 1), 2) から明らかである．c) も帰納法を使うと 1), 2) から簡単に示される．つまりこの $\{Z_n\}$ は，$\{X_n\}$ より値が大きい（等しくてもよい）ような優マルチンゲールの中で，最小のものなのである（これは数理ファイナンスにおいて $\{X_n\}$ の**スネル包** (Snell envelope) と呼ばれるもので，アメリカ型オプションの価格決定などに大変有用である）．

さて，$\sigma_0$ を $X_n = Z_n$ となる最小の $n$ とする．すなわち

$$\sigma_0(\omega) = \min\{n : X_n(\omega) = Z_n(\omega)\}$$

とする．このとき $\{\sigma_0 \leq i\} = \cup_{j=1}^i \{X_j = Z_j\} \in \mathcal{F}_i$ であるから，$\sigma_0 \in \mathcal{G}$ である．また，作り方から明らかに $\sigma_0 \leq N$ である．実はこの $\sigma_0$ が最適停止時刻であるというのが，次の定理である．

**定理 2.3.14** 任意の $\sigma \in \mathcal{G}$ に対して，$E[X_{\sigma_0}] \geq E[X_\sigma]$ が成り立つ．さらに $E[X_{\sigma_0}] = E[Z_{\sigma_0}] = E[Z_1]$ が成り立つ．

**証明:** まず $\{Z_{n\wedge\sigma_0}\}$ が $\{\mathcal{F}_n\}$-マルチンゲールであることを示そう.

$$Z_{n\wedge\sigma_0} = Z_1 + \sum_{k=2}^{n} 1_{\{k\leq\sigma_0\}}(Z_k - Z_{k-1})$$

$$= Z_1 + \sum_{k=2}^{n} 1_{\{k\leq\sigma_0\}}(Z_k - E[Z_k|\mathcal{F}_{k-1}])$$

であるから (2番目の等号は, $\{k \leq \sigma_0\}$ 上では $Z_{k-1} > X_{k-1}$ であり, したがって $\{Z_n\}$ の定義より $Z_{k-1} = E[Z_k|\mathcal{F}_{k-1}]$ だから), 問 2.3.5 より結論を得る. したがって,

$$E[Z_1] = E[Z_{1\wedge\sigma_0}] = E[Z_{N\wedge\sigma_0}] = E[Z_{\sigma_0}]$$

となり, これにより $E[Z_1] = E[Z_{\sigma_0}] = E[X_{\sigma_0}]$ を得る. これを用いると, $\sigma \in \mathcal{G}$ に対して

$$E[X_\sigma] \leq E[Z_\sigma] \leq E[Z_1] = E[Z_{\sigma_0}] = E[X_{\sigma_0}]$$

となり (2番目の不等式は, $\{Z_n\}$ が優マルチンゲールだから定理 2.3.7 より得られる), $E[X_\sigma] \leq E[X_{\sigma_0}]$ を得る. ∎

**例 2.3.13 の解答:** まずは $\{Z_n\}$ を計算しよう. 定義から $Z_N = X_N$ であり,

$$Z_{N-1} = X_{N-1} \vee E[X_N|\mathcal{F}_{N-1}] = X_{N-1} \vee E[X_N] = X_{N-1} \vee 3.5$$

となる. ここで, $\{X_n\}$ が独立同分布だから $E[X_N|\mathcal{F}_{N-1}] = E[X_N] = (1+2+\cdots+6)/6$ であることを使った. 同様に $\{X_n\}$ の独立同分布性を用いると,

$$Z_{N-2} = X_{N-2} \vee E[Z_{N-1}|\mathcal{F}_{N-2}] = X_{N-2} \vee E[X_{N-1} \vee 3.5]$$
$$= X_{N-2} \vee 4.25$$
$$Z_{N-3} = X_{N-3} \vee E[Z_{N-2}|\mathcal{F}_{N-3}] = X_{N-3} \vee E[X_{N-2} \vee 4.25]$$
$$= X_{N-3} \vee \frac{14}{3}$$

となる. ここで $E[X_{N-1} \vee 3.5] = 3.5/2 + (4+5+6)/6 = 4.25$ であり, $E[X_{N-2} \vee 4.25] = 4.25 \times 2/3 + (5+6)/6 = 14/3 = 4.6\cdots$ であることを用いた. 同様に計算すると $Z_{N-4} = X_{N-4} \vee (89/18) = X_{N-4} \vee (4.9\cdots)$, $Z_{N-5} = X_{N-5} \vee (277/54) = X_{N-5} \vee (5.1\cdots)$ を得る. 以上から最適戦術は,

$N = 2$ のとき：次に出た目が 3 以下なら続け，4 以上なら止める
$N = 3, 4, 5$ のとき：次に出た目が 4 以下なら続け，5 以上なら止める
$N \geq 6$ のとき：次に出た目が 5 以下なら続け，6 なら止める

である．ただし $N$ はサイコロを投げられる残り回数である．

**問 2.3.7** 1 から 13 までの数が書いたカード（トランプ）を最大 $N$ 回引くことができ，最後に引いたカードの 1 万倍の賞金がもらえるというゲームを行うとする．ただし，カードは毎回 1 枚引き，引いたカードは元に戻しシャッフルされるものとする．$N$ に応じてこのゲームの最適戦術を求めよ．

### 2.3.3 最適戦術 II

この節では，最適戦術の応用例として「最良選択 (best choice) の問題」と呼ばれる問題を考えよう．これは，「モーテル問題」，「お見合いの問題」，「秘書問題」とも呼ばれる問題で，次のようなものである．あなたは一方通行の道を車で走っている．そこには $N$ 軒のモーテルが建っており，あなたはその中で一番よいモーテルに泊まりたい．道路沿いにあるモーテルに順に入っていくとき，今までに見たモーテルの順位付けはできるが前に見たモーテルの方がよいからといって後戻りはできない．このとき，いちばんよいモーテルに泊まる確率を最大にするにはどのような戦術で臨めばよいであろうか？ただし，$N$ 軒のモーテルの何番目が一番よいかは同確率で分布しているものとする（お見合いや秘書の問題としても同様の設定で，「モーテル」が今度は「お見合い相手」や「秘書候補者」となる）．

この問題は次のように確率モデルにすることができる．

$$\Omega = \{\omega = (\omega_1, \omega_2, \ldots, \omega_N) : \omega \in \mathcal{S}_N\}$$

ただし $\mathcal{S}_N$ は $N$ 次対称群（$\{1, 2, \ldots, N\}$ の順列全体からなる群）とする．$\sharp\Omega = N!$ である．$\mathcal{F} = 2^\Omega$（$\omega$ の部分集合全体）とし，$(\Omega, \mathcal{F})$ 上の確率 $P$ を，任意の $\omega \in \Omega$ に対して $P(\{\omega\}) = 1/(N!)$ で定め，フィルトレーションを帰納的に

$$\mathcal{F}_1 = \{\Omega, \emptyset\}, \ \mathcal{F}_2 = \{\Omega, \{\omega : \omega_1 < \omega_2\}, \{\omega : \omega_2 < \omega_1\}, \emptyset\}, \ldots,$$
$$\mathcal{F}_i = \sigma(A_\sigma = \{\omega : \omega_{\sigma_1} < \omega_{\sigma_2} < \cdots < \omega_{\sigma_i}\}, \ \sigma \in \mathcal{S}_i), \ldots, \mathcal{F}_N = \mathcal{F}$$

で定める.$\Omega$ の元 $\omega$ は,$N$ 軒のモーテルのランク付け($\omega_i$ が,道に並んでいる順で $i$ 番目のモーテルが $N$ 軒中下から数えて何位であるかを表す)の表であり,$\mathcal{F}_i$ は,道に並んでいる順に 1 番目から $i$ 番目までのモーテルの相対評価の全体からなる $\sigma$ 加法族である.ドライバーが $i$ 番目までのモーテルに入ったとき,彼(または彼女)はその $i$ 軒のモーテルの相対評価しか下せないから,$\mathcal{F}_i$ はそのときにドライバーに与えられる情報と言ってよい.$\sharp \mathcal{F}_i = 2^{i!}$ である(実際,$A_\sigma$ という形の集合は全部で $i!$ 個あり,求める部分集合はそれぞれを含むか含まないかで決まるからその総数は $2^{i!}$ 個).$1 \leq k \leq N$ に対して,$k$ を選んだときに受け取る報酬を $f(k)$ と定める($k$ は,モーテルのランク付けでの下から数えた順位を表す).$f(N) = 1$ で $k \neq N$ のとき $f(k) = 0$ とすれば最良選択に当たり,他にも例えば $k = N, N-1$ のとき $f(k) = 1$,$k \neq N-1, N$ のとき $f(k) = 0$(上位 2 番目まで許す),$f(k) = k$(選んだモーテルのランクに応じたポイントがつく)などいろいろな例がある.$\omega = (\omega_1, \ldots, \omega_N)$ に対して,$X_n(\omega) = \omega_n$ を $n$ 番目の成分への射影(道沿いの $n$ 番目のモーテルの,下から数えた順位を表す)とおくとき,問題は

$$\max_{T \in \mathcal{G}} E[f(X_{T(\omega)}(\omega))]$$

を満たす $T \in \mathcal{G}$ を求めよということである.$f(X_n)$ が前小節の $X_n$ に対応すると考えると,これはまさに前小節の (2.3.8) に他ならない.前小節でも注意したように,$\{f(X_n(\omega))\}$ は $\{\mathcal{F}_n\}$-適合とは限らないが $Y_n = E[f(X_n)|\mathcal{F}_n]$ とおくとこれは $\{\mathcal{F}_n\}$-適合であり,$Y_n$ について考えると良い.定理 2.3.14 より,$T_0 = \min\{n : Y_n = Z_n\}$($Z_n$ は前小節で定めたもの)とするとこれが求める $T$ であり,$E[Y_{T_0}] = E[Z_{T_0}] = E[Z_1]$ である.以下では,この $T_0$ をより具体的に表していく.

まず,定義から

$$Y_n = E[f(X_n)|\mathcal{F}_n] = \sum_{k=1}^{N} f(k) E[1_{\{\omega_n = k\}}|\mathcal{F}_n] \qquad (2.3.9)$$

と表される. $A_{n,i} = \{\omega : \omega_n \text{ が } \omega_1, \ldots, \omega_n \text{ のうち下から数えて } i \text{ 番目}\}$ とおく. 明らかに $A_{n,i} \in \mathcal{F}_n$, $i \neq j$ ならば $A_{n,i} \cap A_{n,j} = \emptyset$ であり, $\Omega = \cup_{i=1}^n A_{n,i}$ である.

**補題 2.3.15** $\alpha_{k;n,i}$ を, $i \leq k \leq N-n+i \leq N$ のとき ${}_{k-1}C_{i-1}\,{}_{N-k}C_{n-i}/{}_N C_n$ とし, その他のとき $0$ と定める. このとき以下が成り立つ.

$$E[1_{\{\omega_n = k\}}|\mathcal{F}_n](\omega) = \sum_{i=1}^n \alpha_{k;n,i} 1_{A_{n,i}}(\omega)$$

**証明:** 前々小節の (2.3.6) より

$$E[1_{\{\omega_n = k\}}|\mathcal{F}_n](\omega) = \sum_{\sigma \in \mathcal{S}_n} P(\{\omega_n = k\}|A_\sigma) 1_{A_\sigma}(\omega)$$

となる. ここで, $\sigma_i = n$ となる (すなわち $A_\sigma \subset A_{n,i}$ となる) $\sigma \in \mathcal{S}_n$ について $P(\{\omega_n = k\}|A_\sigma)$ は, 「$\omega_1, \ldots, \omega_n$ の順位付けが与えられ, 特に $\omega_n$ が $(\omega_1, \ldots, \omega_n)$ の中で $i$ 番目である」という条件の下 $\omega_n = k$ となる確率であるから, 簡単な組合せの計算により $\alpha_{k;n,i}$ に等しいことが分かる. つまり $A_\sigma \subset A_{n,i}$ のとき $1_{A_{\sigma}(\omega)}$ の係数は常に $\alpha_{k;n,i}$ であるから, 求める式が得られる. ∎

(2.3.9) と補題 2.3.15 より, $a_{n,i} = \sum_{k=1}^N f(k)\alpha_{k;n,i}$ とおくと以下が成り立つ.

$$Y_n(\omega) = \sum_{i=1}^n \sum_{k=1}^N f(k)\alpha_{k;n,i} 1_{A_{n,i}}(\omega) = \sum_{i=1}^n a_{n,i} 1_{A_{n,i}}(\omega) \qquad (2.3.10)$$

**補題 2.3.16** 任意の $\omega \in \Omega$ と任意の $1 \leq i \leq n$ に対して, $E[1_{A_{n,i}}|\mathcal{F}_{n-1}](\omega) = 1/n$ が成り立つ.

**証明:** $\omega_1, \ldots, \omega_{n-1}$ の相対評価が与えられたとき, $\omega_n$ がこれらの何番目に入るかは対称性より順位によらず同確率である. 一方, 前々小節の (2.3.6) より

$$E[1_{A_{n,i}}|\mathcal{F}_{n-1}](\omega) = \sum_{\sigma \in \mathcal{S}_{n-1}} a_\sigma 1_{\{\omega_{\sigma_1} < \cdots < \omega_{\sigma_{n-1}}\}}(\omega) \qquad (2.3.11)$$

と表せるが, 上に注意したことから $a_\sigma = 1/n$ であるから結局 (2.3.11) の右辺は $1/n$ となる. ∎

**命題 2.3.17** $\{c_n\}_{n=0}^N$ を, $c_N = 0$ とし帰納的に $c_{n-1} = \frac{1}{n}\sum_{i=1}^n (a_{n,i} \vee c_n)$, $(1 \leq n \leq N)$ で定める. このとき以下が成り立つ.
$$Z_n(\omega) = \sum_{i=1}^n (a_{n,i} \vee c_n) 1_{A_{n,i}}(\omega)$$

**証明:** 帰納法で示す. $n = N$ のときは $Z_N = Y_N = \sum_{i=1}^N a_{N,i} 1_{A_{N,i}}$ となり明らかに成り立つ. $n$ で成り立つとすると,

$$E[Z_n|\mathcal{F}_{n-1}] \vee Y_{n-1} = \left\{\sum_{i=1}^n (a_{n,i} \vee c_n) E[1_{A_{n,i}}|\mathcal{F}_{n-1}]\right\} \vee Y_{n-1}$$
$$= \left\{\frac{1}{n}\sum_{i=1}^n (a_{n,i} \vee c_n)\right\} \vee Y_{n-1} = c_{n-1} \vee \left(\sum_{i=1}^{n-1} a_{n-1,i} 1_{A_{n-1,i}}\right)$$
$$= \sum_{i=1}^{n-1} (c_{n-1} \vee a_{n-1,i}) 1_{A_{n-1,i}}$$

(2 番目の等号で補題 2.3.16 を, 3 番目の等号で $c_{n-1}$ の定義を用いた. また, 最後の等式で, $\{A_{n-1,i}\}_{i=1}^{n-1}$ が排反で $\Omega = \cup_{i=1}^{n-1} A_{n-1,i}$ であることを用いた.) となり, 前小節の $\{Z_n\}$ の定義より $n-1$ でも示すべき関係が成立することが分かった. ∎

$T_0 = \min\{n : Y_n = Z_n\}$ であり, $Y_n = \sum_{i=1}^n a_{n,i} 1_{A_{n,i}}$, $Z_n = \sum_{i=1}^n (a_{n,i} \vee c_n) 1_{A_{n,i}}$ であると分かった. したがって, 各 $\omega \in \Omega$ と $n \leq N$ に対して $\omega \in A_{n,i}$ となる $i$ を $i(n,\omega)$ と書くことにすると
$$T_0(\omega) = \min\{n : a_{n,i(n,\omega)} \geq c_n\}$$
となることが分かる. 以下では, 最良選択の場合にさらに具体的にこの $T_0$ の意味する戦術を調べる ($f$ がより一般の場合について詳しい計算を知りたい読者は, 例えば [SP1] の第 3 章を参照して欲しい).

最良選択の場合 $f(N) = 1$, $k \neq N$ では $f(k) = 0$ であるから, $a_{n,i}$ の定義 ((2.3.10) の前の行) より $a_{n,i} = \alpha_{N;n,i}$ となり, さらに $\alpha_{N;n,i}$ の定義 (補題 2.3.15) よりこの値は $n = i$ のとき ${}_{N-1}C_{n-1}{}_{N-N}C_{n-n}/{}_NC_n = n/N$, その他のとき 0 であることが分かる. これを用いて $c_n$ を計算すると以下のようになる.

**補題 2.3.18** $\frac{1}{n+1} + \cdots + \frac{1}{N-1} \leq 1$ のとき, $c_n = \frac{n}{N}(\frac{1}{n} + \frac{1}{n+1} + \cdots + \frac{1}{N-1})$ が成り立つ. さらに $\frac{1}{n} + \cdots + \frac{1}{N-1} > 1$ のとき, $c_n > \frac{n}{N}$ となり, $c_1 = c_2 = \cdots = c_n$ が成り立つ.

## 2.3. 離散マルチンゲールとその応用

**証明：** まず前半を帰納法で示す．定義にしたがって計算すると $c_N = 0$, $c_{N-1} = \frac{1}{N}(0 + \cdots + 0 + \frac{N}{N}) = \frac{1}{N}$, $c_{N-2} = \frac{1}{N-1}(\frac{N-2}{N} + \frac{N-1}{N}) = \frac{N-2}{N}(\frac{1}{N-2} + \frac{1}{N-1})$ であるから，$n = N - 2$ のときには結論は成り立つ．$c_{n+1}$ で成り立つとし，$\frac{1}{n+1} + \cdots + \frac{1}{N-1} \leq 1$ と仮定すると，

$$c_n = \frac{1}{n+1}\sum_{i=1}^{n+1}(a_{n+1,i} \vee c_{n+1}) = \frac{1}{n+1}\left\{c_{n+1} \times n + \left(\frac{n+1}{N} \vee c_{n+1}\right)\right\}$$

$$= \frac{1}{n+1}\left\{\frac{n+1}{N}\left(\frac{1}{n+1} + \cdots + \frac{1}{N-1}\right) \times n + \frac{n+1}{N}\right\}$$

$$= \frac{n}{N}\left(\frac{1}{n} + \cdots + \frac{1}{N-1}\right)$$

を得る（2番目の等号は $a_{n+1,n+1} = (n+1)/N$, $i \neq n+1$ のとき $a_{n+1,i} = 0$ より，3番目の等号は帰納法の仮定より得られる）．よって $c_n$ でも結論が成立するので，前半は示された．「さらに」以降は，前半の事実と $a_{n,n} = n/N$, $i \neq n$ のとき $a_{n,i} = 0$ であることを用いると簡単に導き出すことができる． ∎

自然数 $N$ に対して，$k_N$ を $\frac{1}{k_N+1} + \cdots + \frac{1}{N-1} \leq 1$, $\frac{1}{k_N} + \cdots + \frac{1}{N-1} > 1$ となる自然数とすると，上の補題より

$$c_N = 0, \quad c_n = \frac{n}{N}\left(\frac{1}{n} + \cdots + \frac{1}{N-1}\right) \quad (k_N \leq n \leq N-1)$$

$$c_{k_N} = c_{k_N - 1} = \cdots = c_1 > \frac{k_N}{N}$$

であることが分かる（このことから $c_{k_N+1} \leq (k_N + 1)/N$ である）．$T_0(\omega) = \min\{n : a_{n,i(n,\omega)} \geq c_n\}$ であり，$\omega \in A_{n,n}$（つまり $\omega_n$ がそれまでで最良の場合）のとき $a_{n,i(n,\omega)} = n/N$，他の場合 $a_{n,i(n,\omega)} = 0$ であるから，結局

$k_N$ 番目まではすべて見送り，$k_N + 1$ 番目からは今までにいちばん良いものが出たらそこで止める．

という戦術が最適戦術であることが分かった．

最後に，この戦術を用いるとどの程度の確率で最良選択をすることができるかを調べてみよう．

$$E[f(X_{T_0})] = E[Z_1] = a_{1,1} \vee c_1 = \frac{k_N}{N}\left(\frac{1}{k_N} + \cdots + \frac{1}{N-1}\right) \tag{2.3.12}$$

だから，$N \to \infty$ のときにこの値がどのような値に近づくかを調べよう．

$$\log \frac{m+1}{m} = \int_m^{m+1} \frac{dx}{x} < \frac{1}{m} < \int_{m-1}^m \frac{dx}{x} = \log \frac{m}{m-1}$$

であるから，これを $m = k_N$（左辺については $k_N + 1$）から $N-1$ までたすことにより

$$\log \frac{N}{k_N + 1} < 1 < \log \frac{N-1}{k_N - 1}$$

を得る．これを変形すると $N/e - 1 < k_N < N/e + 1 - 1/e$ となり，したがって $\lim_{N \to \infty} k_N/N = 1/e$ である．よって $N \to \infty$ のとき，最良選択ができる確率 (2.3.12) は $1/e$ に収束する．$e = 2.718 \cdots$ なので，最良選択ができる確率は $1/3$ より大きい（ずいぶん高いと思いませんか？）．ちなみに例えば $N = 10$ の場合，$k_N = 3$ であり，上の式にしたがって計算すると最良選択ができる確率はおよそ $0.399$ である．

**問 2.3.8** $f$ を $f(N-1) = f(N) = 1$, $k \neq N-1, N$ のとき $f(k) = 0$ とする．このとき，$N = 10$ の場合について最適戦術を求めよ．

### 2.3.4　応用B：オプションの価格付け

この小節では，近年脚光を浴びている数理ファイナンスの，オプションの価格付けについて簡単に触れることにする．

まずは，「デリバティブ」という英語が既に日本語として定着しつつある派生商品 (derivative) の説明から始めよう．穀物などの商品，あるいは通貨, 株式などの「原資産」に対して，満期時点 $T$ において $T$ における原資産の価格によって正確に決定される金融契約のことを**派生商品** (derivative) あるいは**条件付き請求権** (contingent claim) という．従来の商品の価格から派生した商品ということで，このような名前がつけられている．派生商品には，大きく分けて先物・先渡し，オプション，スワップの三つの種類がある．

まず先物・先渡しについて説明する．先渡し契約とは，決められた期日に決められた価格で原資産を購入（売却）する契約である．例えば，豊作・不作の際のリスクを回避するために早い段階で米の値段を決めておくという契約は典

型的な先渡し契約である．先物は，先渡しと同じ原理で「取引所」で正式に取引されるものを言う．

オプションの説明の前にスワップについて簡単に述べておく．スワップは，さまざまな資産を含むお金のやり取りを同時に行うもので，大ざっぱに言って，いくつかの先物・先渡し，オプションに「分解」することができるものである．

では，本小節のテーマであるオプションについて説明する．オプションには，大きく分けて次の2タイプがある．まず，満期日において，決められた行使価格 $K$ で原資産を購入（売却）する権利のことを**ヨーロッパ型コール（プット）オプション** (European call (put) option) という．あくまで「権利」であるから，満期日における原資産の価格が $K$ より安ければ（高ければ），権利を行使して購入（売却）する義務はない．ここが先物・先渡しと違うところである．次に，満期日までに，決められた行使価格 $K$ で原資産を購入（売却）する権利のことを**アメリカ型コール（プット）オプション** (American call (put) option) という．契約時から満期日までの間であればいつ行使しても良いというのが，ヨーロッパ型との違いである．オプションにはこの他にも様々なバージョンがあり，上の二つ以外のオプションのことを総じてエキゾチックオプションという．近年，これらのオプションの計算のために近代確率論，特に確率解析の理論が非常に有用であることが明らかになってきた．以下本小節では，離散モデルにおけるヨーロッパ型オプションの価格の計算を行い，その極限として，有名なブラック–ショールズの公式を導出する．特に連続モデルにおいては，実際にはもっとデリケートな設定が必要であるが，ここでは細部にはこだわらず初学者用に理論の一端を垣間見ることを目的とする．数理ファイナンスについては，ここ数年次々に良書が出版されているので，詳しい内容が知りたい読者は，[P12], [SA3]~[SA5], [SA7], [F1]~[F6] などを参照して欲しい．

## 2項1期間モデル

まずは最も簡単な例でヨーロッパ型オプションの価格計算の仕方を見ていこう．市場に一株 $S$ 円の $A$ 社の株と，一単位 $B$ 円の国債の計2種類だけがあるとする．1期間後に $A$ 社の株はある確率 $p$ で $(1+u)S$ 円になり，確率 $1-p$ で $(1+d)S$ 円になるとする（ただし $d<u$）．この確率 $p$ は神のみぞ知るもので，

誰もその値は分からないとしよう．他方国債の方は必ず利子がついて，1期間後に $(1+r)B$ 円になるとする．A 社の株のようにリスクを伴う商品を**危険資産** (risky asset) といい，国債のように無リスクの商品を**安全資産** (riskless asset) という．また，$r$ を安全利子率という．自然な設定として $-1 < d < r < u$ とする（実際，$r$ がこの範囲になければ，後に述べる無裁定条件が満たされないことが簡単に分かる）．この場合のヨーロッパ型コールオプションは，A 会社の株を 1 期間後に $K$ 円で一株買う権利であり，その現在価格 $C$ が計算すべき価格である．なお，簡単のため株や国債を売買する際の手数料はかからないものとする．$f_+$ で $f \geq 0$ のとき $f$，$f < 0$ のとき 0 を表すとすると，1 期間後には $C$ の価格は確率 $p$ で $A_1 := ((1+u)S - K)_+$ となり（実際，$(1+u)S - K < 0$ であれば，わざわざ相場より高い $K$ 円で買う人はいないので $C$ の価格は 0 円であり，$(1+u)S - K \geq 0$ であれば，相場との価格差 $(1+u)S - K$ が，$C$ の価格である），確率 $p$ で $A_2 := ((1+d)S - K)_+$ となる．ここで，A 社の株と国債を適度に組合せて購入して，1 期間後にその価値がオプションの価格と一致するようにしてみよう．国債を $\phi_0$ 単位，A 社の株を $\phi_1$ 株買うとすると，1 期間後に確率 $p$ でその価格は $\phi_0(1+r)B + \phi_1(1+u)S$ となる．これが $A_1$ と等しければよい．同様に 1 期間後に確率 $1-p$ でその価格は $\phi_0(1+r)B + \phi_1(1+d)S$ となり，これが $A_2$ と等しい．この連立方程式を解いて，

$$\phi_0 = \frac{(1+u)A_2 - (1+d)A_1}{(1+r)(u-d)B}, \qquad \phi_1 = \frac{A_1 - A_2}{(u-d)S}$$

が，求める $\phi_0, \phi_1$ の値である．ちなみに，このような債券の組合せを**ポートフォリオ** (portfolio) といい，特にここで作ったようにオプションを複製するポートフォリオを**複製ポートフォリオ** (replicating (hedging) portfolio) という（複製ポートフォリオは，オプションを販売した証券会社が状況に応じて危険資産と安全資産を売買し，オプションに見合うようにこれらの資産の組み替えを行うときの組合せ方と言ってもよい．このような組替えを，オプションをヘッジする戦略ともいう）．

さてここで，「リスクなしにお金を儲けることはできない」という基本前提を置くことにする．すなわち，元手 0 円から始めて，100 ％ の確率で損をせずしかも本当に儲かる確率が正であるようなうまい話はないという前提で，これを

## 2.3. 離散マルチンゲールとその応用

**無裁定条件**（裁定が存在しない, non-arbitrage）という．そのようなうまい話があれば，皆がその話に乗って市場が成り立たなくなるので，これは数理ファイナンスにおいて自然な前提条件である．この前提条件の下，$C = \phi_0 B + \phi_1 S$ が成り立つ．実際，$\phi_0 B + \phi_1 S$ はこの複製ポートフォリオの現在価格であるが，もし $C > \phi_0 B + \phi_1 S$ であれば現時点で複製ポートフォリオを買ってコールオプションを売ると，利益 $C - (\phi_0 B + \phi_1 S) > 0$ を得られ，1期間後にはこれらの価値は確率1で一致する．よって無リスクで $C - (\phi_0 B + \phi_1 S) > 0$ の利益を得ることができるので，これは無裁定条件に反する．$C < \phi_0 B + \phi_1 S$ の場合もポートフォリオとオプションの役割を入れ換えて全く同様に考えると，無裁定条件に反することがわかる．先ほどの $\phi_0, \phi_1$ の値を代入すると，オプションの価格 $C$ は

$$C = \phi_0 B + \phi_1 S = \frac{(1+u)A_2 - (1+d)A_1}{(1+r)(u-d)} + \frac{A_1 - A_2}{(u-d)}$$
$$= \frac{1}{1+r}\left(\frac{r-d}{u-d}A_1 + \frac{u-r}{u-d}A_2\right) \tag{2.3.13}$$

（ただし $A_1 = ((1+u)S - K)_+$, $A_2 = ((1+d)S - K)_+$）であることが分かった．

ところで，多少天下り的になるが，(2.3.13) について次のような見方をすることができる．確率測度 $P^*$ とその上の確率変数 $X_1$ を，$X_1$ が $P^*(X_1 = 1+u) = \frac{r-d}{u-d}$（これを $p^*$ とおく），$P^*(X_1 = 1+d) = \frac{u-r}{u-d}$（これは $1 - p^*$ となる）という分布をもつものとする．さらに $S_1 = X_1 S$ とおくと（$S_1$ は，1期間後のA社の株価を表す確率変数である），(2.3.13) は

$$C = \frac{1}{1+r} E^*[(S_1 - K)_+]$$

というシンプルな形で表される．$1+r$ は1期間後の国債の値段を元の値段で割ったものであるから，上の式で $1+r$ で割っているのは，1期間後の価値を現在に割り引くための項であると解釈できる．実際，$E^*[X_1] = (1+u)p^* + (1+d)(1-p^*)$ を計算すると $1+r$ となるので，$\frac{1}{1+r}E^*[S_1] = S$ となる．つまり，$1+r$ で割ることにより平均が $S$ のままになるのである．このように，実際の株価変動の確率 $p$ は分からなくても，危険資産の上昇・下降率と安全資産の利子率によって人工的に定めた確率 $p^*$ を用いることにより $C$ の計算が簡単にできてしまうの

である．このような $p^*$（正確には $P^*$）を，**リスク中立確率**，**リスク調整済確率**あるいはより数学的な用語では**同値マルチンゲール測度** (equivalent martingale measure) という．$P^*$ で見ると，危険資産の増加率の平均が安全資産の利子率に等しくなり，危険資産のリスク分を補てんした損得のない確率であるから（すぐ後に見るように，これは要するに危険資産を割り引いた価格がマルチンゲールになるということ），このような名前で呼ばれるのである．

### 2項多期間モデル（CRR モデル）

次に，先程見たモデルで満期までの期間が $n$ であるような場合を考えてみよう．ただし，簡単のため各期間における $A$ 社の株の上昇・下降の確率は，他の期間でのそれに影響されず一定である（つまり，対応する確率変数の族が独立同分布である）とする．これは，コックス–ロス–ルビンシュタイン (Cox-Ross-Rubinstein) モデル（略して CRR モデル）と呼ばれるモデルである．この場合のヨーロッパ型コールオプションは，$A$ 会社の株を $n$ 期間後に一株 $K$ 円で買う権利であり，以下その価格を計算していく．先程の確率の考え方を繰り返すと，次のような結論が得られる．確率測度 $P^*$ とその上の独立同分布を持つ確率変数の族 $\{X_i\}_{i=1}^n$ を，$P^*(X_i = 1+u) = \frac{r-d}{u-d}$（$p^*$ とおく），$P^*(X_i = 1+d) = \frac{u-r}{u-d}$（$1-p^*$ となる）という分布を持つように取る．$S_n = X_n X_{n-1} \cdots X_1 S$ とおくと（$S_n$ は，$n$ 期間後の $A$ 社の株価を表す確率変数である），求めるオプションの時刻 $0$ における価格（これを $C_0$ とおく）は，

$$C_0 = \frac{1}{(1+r)^n} E^*[(S_n - K)_+] \qquad (2.3.14)$$

と表される．

$P^*$ について再考しよう．$\{X_i\}$ が独立同分布であり，先程の計算から $E^*[X_i] = 1+r$ であるから，$\mathcal{F}_0 = \{\emptyset, \Omega\}$，$1 \leq i \leq n$ について $\mathcal{F}_i = \sigma(X_1, \ldots, X_i)$（時刻 $i$ までに得られる株価の情報）とおき，$S_i = X_i X_{i-1} \cdots X_1 S$ とすると，$\{S_i\}_i$ を時刻 $0$ に割り引いた $\{\bar{S}_i := \frac{S_i}{(1+r)^i}\}_{i=0}^n$ は $\{\mathcal{F}_i\}$-マルチンゲールであることが分かる．実際，

## 2.3. 離散マルチンゲールとその応用

$$E^*[\bar{S}_{m+1}|\mathcal{F}_m] = E^*\left[\frac{S_m X_{m+1}}{(1+r)^{m+1}}\,\bigg|\,\mathcal{F}_m\right] = \frac{S_m E^*[X_{m+1}|\mathcal{F}_m]}{(1+r)^{m+1}}$$

$$= \frac{S_m}{(1+r)^{m+1}} E^*[X_{m+1}] = \frac{S_m}{(1+r)^{m+1}}(1+r) = \bar{S}_m$$

となる（2番目と3番目の等号で，問 2.3.4 を用いた）．2項1期間モデルの所で少し触れたように，リスク中立確率（同値マルチンゲール測度）とは危険資産を割り引いた価格がマルチンゲールになるような測度なのである．実は，無裁定条件と，リスク中立確率（同値マルチンゲール測度）が存在することとは同値であることが知られている．これは数理ファイナンスの基本定理と呼ばれ，連続時間のモデルにおいては 1994 年になってようやくデルバーエン–シャヘルマイヤー (Delbaen-Schachermayer) によって完全に証明された大定理であるが，離散時間の場合には簡単に証明することができる．本書ではこの証明は割愛するので，興味のある読者は [F4] の第1章などを参照してもらいたい．

では，$C_0$ の計算をしてみよう．$q^* = 1 - p^*$ とおき，(2.3.14) を計算すると，

$$C_0 = \frac{1}{(1+r)^n} \sum_{k=0}^{n} \left((1+u)^k(1+d)^{n-k}S - K\right)_+ {}_nC_k(p^*)^k(q^*)^{n-k}$$

$$= \frac{1}{(1+r)^n} \sum_{k=k_0}^{n} \left((1+u)^k(1+d)^{n-k}S - K\right) {}_nC_k(p^*)^k(q^*)^{n-k}$$

となる．ただし $(1+u)^k(1+d)^{n-k} > K/S$ を満たす最小の整数 $k$ を $k_0$ とおいた．ここで $p' = \frac{1+u}{1+r}p^*$，$q' = \frac{1+d}{1+r}q^*$ とおくと，$p' + q' = E[X_1]/(1+r) = 1$ となるので，これを用いて上の式をさらに変形すると

$$C_0 = S \sum_{k=k_0}^{n} {}_nC_k(p')^k(q')^{n-k} - \frac{K}{(1+r)^n} \sum_{k=k_0}^{n} {}_nC_k(p^*)^k(q^*)^{n-k}$$

$$= SP^*(Y_{n,p'} \geq k_0) - \frac{K}{(1+r)^n}P^*(Y_{n,p^*} \geq k_0)$$

となる．ただし，$Y_{n,p}$ は分布が二項分布 $B(n,p)$ にしたがう確率変数（よって $P^*(Y_{n,p} = i) = {}_nC_i p^i(1-p)^{n-i}$ $(0 \leq i \leq n)$）とする．

なお，このモデルでヨーロッパ型プットオプションを考えると，今度は購入の代わりに売却する権利であるから，(2.3.14) において $(S_n - K)_+$ 部分が $(K - S_n)_+$

となる．したがってプットオプションの時刻 0 における価格を $P_0$ とおくと，

$$P_0 = \frac{1}{(1+r)^n} E^*[(K-S_n)_+] \qquad (2.3.15)$$

となる．特に，

$$\begin{aligned} C_0 - P_0 &= \frac{1}{(1+r)^n} E^*[(S_n - K)_+ - (K - S_n)_+] \\ &= \frac{1}{(1+r)^n} E^*[S_n - K] = S - \frac{K}{(1+r)^n} \end{aligned} \qquad (2.3.16)$$

となる．

オプションの時刻 0 における価格は (2.3.14) であると上述した．これは事実としては正しいが，上に述べた理由は多少厳密性に欠ける．ここでは，なぜ (2.3.14) がオプションの価格としてふさわしいかを，複製ポートフォリオを構成することにより検証していく．まずいくつかの準備をする．可予測な確率過程 $\phi = \{(\phi_0^j, \phi_1^j)\}_{j=1}^n$ ($j$ が時刻を表す) のことを取引戦略 (trading strategy) と呼ぼう．$\phi_0^j, \phi_1^j$ は，それぞれ時刻 $j$ に保有する国債，A 社株の数を表す ($\phi_i^j < 0$ であるときは，国債 (株) を借り入れ (空売り) していると考える)．$V_j(\phi) := \phi_0^j (1+r)^j B + \phi_1^j S_j$ ($j=0$ のときは $V_0(\phi) := \phi_0^1 B + \phi_1^1 S$ とする) が，時刻 $j$ におけるこの戦略によるポートフォリオの価値を表す．さらに，割り引いたポートフォリオの価値を $\bar{V}_j(\phi) := V_j(\phi)/(1+r)^j$ で定める．以下で考える取引戦略は，任意の $1 \leq j \leq n-1$ に対して $\phi_0^j (1+r)^j B + \phi_1^j S_j = \phi_0^{j+1} (1+r)^j B + \phi_1^{j+1} S_j$ を満たすものに限ることにする．このような戦略は，**資金自己調達的** (self-financing) と呼ばれる．これは，時刻 $j$ における株価が決まった時点で，富を外部から調達したり消費したりすることなくポートフォリオを $(\phi_0^j, \phi_1^j)$ から $(\phi_0^{j+1}, \phi_1^{j+1})$ に組替えることを表している．戦略が資金自己調達的であるとき，簡単な計算から $\bar{V}_{j+1}(\phi) - \bar{V}_j(\phi) = \phi_1^{j+1} (\bar{S}_{j+1} - \bar{S}_j)$ が $0 \leq j \leq n-1$ で成り立つ．したがって任意の $1 \leq j \leq n$ について $\bar{V}_j(\phi) = V_0(\phi) + \sum_{i=1}^j \phi_1^i (\bar{S}_i - \bar{S}_{i-1})$ となるので，($\{\bar{S}_j\}$ がマルチンゲールであり，$\phi$ は可予測過程であるから) 補題 2.3.9 より $\{\bar{V}_j(\phi)\}_{j=0}^n$ はマルチンゲールであることが分かる．

以上のことから，コールオプションを複製する資金自己調達的な戦略 $\phi$ が存在すると仮定するならば，$V_n(\phi) = (S_n - K)_+$ であり ($\bar{V}_j(\phi)$ がマルチンゲールだから) $\bar{V}_m(\phi) = E^*[\bar{V}_n(\phi)|\mathcal{F}_m] = E^*[(S_n - K)_+/(1+r)^n | \mathcal{F}_m]$ ($0 \leq m \leq n$) となり，よって $V_m(\phi) = E^*[(S_n - K)_+/(1+r)^{n-m} | \mathcal{F}_m]$ を得る．したがって，無裁定条件を用いると $V_m(\phi)$ が時刻 $m$ でのコールオプションの価格であると結論でき，特に $m=0$ として (2.3.14) を得るのである．では，今の場合コールオプションを複製する資金自己調達的な戦略 (言い換えると資金自己調達的な複製ポートフォリオ) $\phi$ は存在するのであろ

## 2.3. 離散マルチンゲールとその応用

うか？ 実は，このモデルは完備な市場と呼ばれる市場であることが比較的簡単に証明でき，その結果としてこのような戦略が存在することが分かるのだが，ここではその方法は取らず，具体的に欲しい戦略を作ってしまうことにする（なお，完備な市場の定義や性質，このモデルが完備な市場であることを証明する議論は，例えば [F4] の第1章を参照して欲しい）．

以下，複製ポートフォリオを構成する．その際，$C_m := E^*[(S_n-K)_+/(1+r)^{n-m}|\mathcal{F}_m]$ が時刻 $m$ におけるオプションの価格であるはずである，とねらいをつけて計算していく．$P^*$ の下で $\prod_{i=m+1}^n X_i$ は $\mathcal{F}_m$ と独立であり，また $S_m$ は $\mathcal{F}_m$-可測であるから，$h(m,x) := E^*[(x\prod_{i=m+1}^n X_i - K)_+]/(1+r)^{n-m}$ とおくと，問 2.3.6 より $C_m = h(m,S_m)$ と表される．$h(m,S_m)$ が時刻 $m$ におけるオプションの価格であるとすると，欲しい戦術 $\phi$ は

$$\phi_0^m(1+r)^m B + \phi_1^m S_m = h(m,S_m) \tag{2.3.17}$$

を満たす．$\mathcal{F}_{m-1}$ までの情報が与えられたとすると，$m-1$ から $m$ の間に株が上がるか下がるかによりこの式は（$\phi_0^m, \phi_1^m$ は $\mathcal{F}_{m-1}$-可測であるべきことに注意すると）

$$\phi_0^m(1+r)^m B + \phi_1^m S_{m-1}(1+u) = h(m,S_{m-1}(1+u)) \tag{2.3.18}$$

$$\phi_0^m(1+r)^m B + \phi_1^m S_{m-1}(1+d) = h(m,S_{m-1}(1+d)) \tag{2.3.19}$$

の二通りに表される．これを解いて，$1 \leq m \leq n$ について

$$\phi_1^m = \frac{h(m,S_{m-1}(1+u)) - h(m,S_{m-1}(1+d))}{S_{m-1}(u-d)},$$

$$\phi_0^m = \frac{h(m,S_{m-1}(1+u)) - \phi_1^m S_{m-1}(1+u)}{(1+r)^m B}$$

を得る．これで欲しい戦略の候補が見つかったので，後は実際にこの戦略がオプションを複製することを確認すればよい．定義からこの $\phi$ が可予測過程であることは明らかであり，(2.3.18) $\times\, p^*$ + (2.3.19) $\times\, (1-p^*)$ の両辺を $(1+r)$ で割ることにより，$\phi_0^m(1+r)^{m-1}B + \phi_1^m S_{m-1} = h(m-1,S_{m-1})$ が得られるから，(2.3.17) で $m$ を $m-1$ としたものと合わせて，この戦術が資金自己調達的であることがわかる．この戦術により，時刻 $n$ におけるポートフォリオの価格は $h(n,S_n) = (S_n-K)_+$ に等しいから，たしかにこれは複製ポートフォリオである（これにより，$h(m,S_m)$ が時刻 $m$ におけるオプションの価格であることも検証される）．

同様に考えると，時刻 $m$ におけるプットオプションの価格 $P_m$ は $E^*[(K-S_n)_+|\mathcal{F}_m]/(1+r)^{n-m}$ であることが示される．したがって，

$$C_m - P_m = E^*[(S_n-K)_+ - (K-S_n)_+|\mathcal{F}_m]/(1+r)^{n-m}$$
$$= E^*[S_n-K|\mathcal{F}_m]/(1+r)^{n-m} = S_m - K/(1+r)^{n-m}$$

となる．これは (2.3.16) の一般化であり，プット–コール–パリティの関係式 (put-call parity equation) と呼ばれる．

### ブラック–ショールズの公式の導出

最後に，2項多期間モデルの時間幅を小さくして $n \to \infty$ の極限として，有名なブラック–ショールズの公式を導出する．ここでは，第1章の定理 1.4.19 を用いるので，「はじめに」の章の関連図にしたがって 1.3 節以降を飛ばして読んできた読者は，定理 1.4.19 の主張することの意味をくみ取り，議論の細部にはこだわらずに読み進めて欲しい．

2項多期間モデルで満期を $T$ として，$T$ までの期間を $n$ とする．したがって，各期間の長さは $\Delta t := T/n$ である．$\Delta t$ の間の国債の安全利子率を $r\Delta t$ とする（先程のモデルで $r$ に相当するもの）．さらに，$u, d$ が，ある $\sigma > 0$ を用いて

$$1 + u = (1 + r\Delta t)e^{\sigma\sqrt{\Delta t}}, \quad 1 + d = (1 + r\Delta t)e^{-\sigma\sqrt{\Delta t}}$$

と表されるとする．このとき $p^*$ を計算すると，$(1 - e^{-\sigma\sqrt{\Delta t}})/(e^{\sigma\sqrt{\Delta t}} - e^{-\sigma\sqrt{\Delta t}})$ となる．ここで $Y_j^n := \sqrt{n}\log(X_j/(1+r\Delta t))$ とおくと，$Y_j^n$ は確率 $p^*$ で $\sigma\sqrt{T}$ をとり，確率 $1-p^*$ で $-\sigma\sqrt{T}$ をとる．簡単な計算により，$n \to \infty$ のとき $p^* \to 1/2$ と分かるから，

$$E^*[Y_j^n] = (2p^* - 1)\sigma\sqrt{T}$$
$$= \frac{2 - e^{\sigma\sqrt{\Delta t}} - e^{-\sigma\sqrt{\Delta t}}}{e^{\sigma\sqrt{\Delta t}} - e^{-\sigma\sqrt{\Delta t}}}\sigma\sqrt{T} \stackrel{n\to\infty}{\longrightarrow} 0$$
$$\mathrm{Var}[Y_j^n] = E^*[(Y_j^n)^2] - (E^*[Y_j^n])^2 = 4p^*(1-p^*)\sigma^2 T \stackrel{n\to\infty}{\longrightarrow} \sigma^2 T$$

となる．また，$Z_j^n := (Y_j^n - E^*[Y_j^n])/\sqrt{\mathrm{Var}[Y_j^n]}$ とおくと，$\{Z_j^n\}_{j=1}^n$ は有界であるから任意の $\epsilon > 0$ に対して $n$ が大きければ $E^*[(Z_j^n)^2 1_{\{|Z_j^n| > \epsilon\sqrt{n}\}}] = 0$ となる．したがって，問 1.4.6 より $\sum_{j=1}^n Z_j^n/\sqrt{n}$ は $n \to \infty$ のとき標準正規分布 $N(0,1)$ に弱収束する．さて，$N_n = (\sum_{j=1}^n Y_j^n)/\sqrt{n}$ とおくと

$$\sum_{j=1}^n \frac{Z_j^n}{\sqrt{n}} = \frac{1}{\sqrt{\mathrm{Var}[Y_1^n]}}\left(N_n - \sqrt{n}E^*[Y_1^n]\right)$$

であり，簡単な計算により $n \to \infty$ のとき $(\mathrm{Var}[Y_1^n])^{-1/2} \to (\sigma\sqrt{T})^{-1}$, $\sqrt{n}E^*[Y_1^n] \to -(\sigma^2 T)/2$ となるから，$N_n$ は $n \to \infty$ のとき $N(-\sigma^2 T/2, \sigma\sqrt{T})$ に弱収束することが分かる．さて，$X_j = (1+r\Delta t)\exp(Y_j^n/\sqrt{n})$ であったから，今の場合プットオプションの価格 (2.3.15) は

$$P_0^{(n)} := P_0 = E^*[((1+r\Delta t)^{-n} K - Se^{N_n})_+]$$

となる．$f(x) = (Ke^{-rT} - Se^x)_+$ とおくと，$(1+r\Delta t)^{-n} > e^{-nr\Delta t} = e^{-rT}$ より

$$\begin{aligned}
&|P_0^{(n)} - E^*[f(N_n)]| \\
&= |E^*[((1+r\Delta t)^{-n} K - Se^{N_n})_+ - (Ke^{-rT} - Se^{N_n})_+]| \\
&\leq K|(1+r\Delta t)^{-n} - e^{-rT}|
\end{aligned}$$

となり，$\Delta t = T/n$ だから $n \to \infty$ のとき右辺は $0$ に収束する．$f$ は有界連続であり（この性質のために，コールオプションでなくプットオプションを先に計算している），$N_n$ は $n \to \infty$ のとき $N(-\sigma^2 T/2, \sigma\sqrt{T})$ に弱収束するから，結局

$$\begin{aligned}
\lim_{n\to\infty} P_0^{(n)} &= \lim_{n\to\infty} E^*[f(N_n)] \\
&= \frac{1}{\sqrt{2\pi\sigma^2 T}} \int_{\mathbf{R}} (Ke^{-rT} - Se^y)_+ e^{-\frac{(y+\frac{\sigma^2 T}{2})^2}{2\sigma^2 T}} dy \quad (2.3.20)
\end{aligned}$$

ここで

$$d_1 := \frac{\log\frac{S}{K} + (r+\frac{\sigma^2}{2})T}{\sigma\sqrt{T}}, \quad d_2 := d_1 - \sigma\sqrt{T}, \quad \Phi(x) := \frac{1}{\sqrt{2\pi}}\int_{-\infty}^x e^{-y^2/2} dy$$

とおくと，(2.3.20) を変形することにより

$$(2.3.20) = Ke^{-rT}\Phi(-d_2) - S\Phi(-d_1)$$

となる．

**問 2.3.9** この計算を確認せよ．

よって (2.3.16) より $\lim_{n\to\infty} C_0^{(n)} = \lim_{n\to\infty}(P_0^{(n)} + S - K(1 + r\Delta t)^{-n}) = S\Phi(d_1) - Ke^{-rT}\Phi(d_2)$ となる．$d_1, d_2$ を代入すると，最後の式は

$$S\Phi\left(\frac{\log\frac{S}{K} + (r + \frac{\sigma^2}{2})T}{\sigma\sqrt{T}}\right) - Ke^{-rT}\Phi\left(\frac{\log\frac{S}{K} + (r - \frac{\sigma^2}{2})T}{\sigma\sqrt{T}}\right)$$

である．この式をブラック–ショールズ (Black-Scholes) の公式と呼ぶ．これは，満期 $T$ の連続時間モデルで，市場に時刻 $t$ における価格が $e^{rt}$ である安全資産と，$S\exp((r-\sigma^2/2)t+\sigma B_t)$ である危険資産がある（ただし，$r, \sigma > 0$, $\{B_t\}_{t\geq 0}$ はブラウン運動）ときの，ヨーロッパ型コールオプションの価格を表す．安全資産の瞬間的な利子率に当たる $r$ は**安全連続利子率** (instantaneous rate) と呼ばれ，また株価の変動を表す標準偏差に当たる $\sigma$ は**ボラティリティ** (volatility) と呼ばれる．ブラック–ショールズは，1973 年の論文でこの公式を発表し，同時期に同様の仕事をしたマートン (Merton) とともに 1997 年にノーベル経済学賞を受賞した（ブラックは既に他界していたので受賞したのはショールズとマートンである）．初めにも述べたように，連続時間のモデルでこの公式を厳密に導出するには実際にはもっとデリケートな設定が必要であるが，本小節で見たように離散マルチンゲールと中心極限定理により，離散近似の極限としてこの有名な公式を導出することができるのである．このようなオプションの計算には確率解析が大いに有用である．興味のある読者は巻末に挙げた参考文献でさらに勉強して欲しい．

# 章末練習問題

1. $N$ を平均 $\lambda$ のポアソン分布とし, $\{X_i\}_{i=1}^\infty$ を独立同分布をもつ確率変数の族で, $P(X_i = j) = p_j \ (1 \leq j \leq k)$ なるものとする (ただし, $p_j$ は $\sum_{j=1}^k p_j = 1$ となる非負の数). 各 $j$ について $N_j := \sharp\{m \leq N : X_m = j\}$ とおくと, $\{N_j\}_{j=1}^k$ は互いに独立で $N_j$ は平均 $\lambda p_j$ のポアソン分布であることを示せ.

これにより, ポアソン分布に独立なノイズをかけて (例えばポアソン分布にしたがってかかってくる電話に対して, コイン投げをして表が出たときだけ応対するなどして)「頻度を弱めて」も, 得られる分布はポアソン分布であることが分かる.

2. 第1章章末練習問題6で扱ったクーポンコレクターの問題において, $k/\sqrt{n} \to \lambda \geq 0$ とすると, $\tau_k^n - k$ は平均 $\lambda^2/2$ のポアソン分布に弱収束することを示せ (ヒント: ポアソンの少数の法則 (定理 2.1.2) を拡張して用いる).

3. $\{B_t\}_{t \geq 0}$ をブラウン運動とする. 各 $n \in \mathbf{N}$ について $E[(B_t)^n]$ を求めよ.

4. ブラウン運動 $\{B_t\}_{t \geq 0}$ に対し, $t$ をとめて $\Delta_{m,n} := B_{tm/2^n} - B_{t(m-1)/2^n}$ とおく.
1) $E[(\sum_{1 \leq m \leq 2^n} \Delta_{m,n}^2 - t)^2]$ を計算せよ.
2) ボレル–カンテリの補題を用いて, $n \to \infty$ のとき $\sum_{1 \leq m \leq 2^n} \Delta_{m,n}^2 \to t$ a.s. となることを示せ.

これにより, ブラウン運動の局所的な振動のオーダーが $\sqrt{t}$ であることが分かる.

5. $\{\eta_i^n : i, n \in \mathbf{Z}_+\}$ を, 独立同分布で非負整数値をとる確率変数の族とする. $\{Z_n\}_{n=0}^\infty$ を, $Z_0 = 1$ とし, 帰納的に $Z_n > 0$ のときは $Z_{n+1} = \eta_1^n + \cdots + \eta_{Z_n}^n$, $Z_n = 0$ のときは $Z_{n+1} = 0$ によって定める. このような確率過程 $\{Z_n\}$ を**分枝過程** (branching process, Galton-Watson process) と呼ぶ. $Z_n$ は, 各世代で独立同分布にしたがって子供を産むような生物の, 第 $n$ 世代における個体数を表す.
1) $\mathcal{F}_n := \sigma(\eta_i^m : i \geq 1, 1 \leq m \leq n)$, $\mu := E[\eta_i^m]$ とおくとき ($\mu < \infty$ とする), $\{Z_n/\mu^n\}$ は $\{\mathcal{F}_n\}$-マルチンゲールであることを示せ.
2) $|s| \leq 1$ について $f_1(s) := E[s^{Z_1}]$ とおく (これを $Z_1$ の**母関数** (generating function) という). 帰納的に $f_n(s) = f_{n-1} \circ f(s)$ と定めるとき, $E[s^{Z_n}] = f_n(s)$ となることを示せ.
3) $\{\eta_i^m\}$ の分布がパラメータ $p$ の幾何分布であるとする. $T := \min\{n : Z_n = 0\}$ とおくとき ($T$ は, この生物の種が絶滅する世代を表す), $P(T = n)$ を計算し $E[T] < \infty$ となる $p$ の条件を求めよ.

実は, 一般に $\mu < 1$ あるいは $\mu = 1$ かつ $P(\eta_i^m = 1) < 1$ のとき, 確率1で $\lim_{n \to \infty} Z_n = 0$ となる (つまり, この生物の種は有限世代の間に絶滅する) ことが示される. 他方,

$\mu > 1$ のときは $P(\{$ 任意の $n$ について $Z_n > 0\}) > 0$ であることが示される．これらの証明には，マルチンゲールの収束定理が必要となる．詳しくは，例えば [P1] の第 4 章を参照して欲しい．

6．サイコロを高々 4 回振ることが許されているとき，出た目の平均（出た目の和を，投げた回数で割ったもの）を最大にするための最適戦術を求めよ（例 2.3.13 で求めたものは「最後に出た目の期待値を大きくするための戦術」であり，今の場合とは戦術が異なってくる）．

7．<u>マッチングの問題</u>
$S_n$ を $n$ 次対称群（$\{1, 2, \ldots, N\}$ の順列全体からなる群，言い換えると $\{1, 2, \ldots, n\}$ をそれ自身に写す全単射写像全体からなる群）とし，この上の確率を，任意の $\sigma \in S_n$ について $P(\{\sigma\}) = 1/(n!)$ で与える（$\{1, 2, \ldots, n\}$ を，どの変換も同じ確率で起こりうるとしてランダムに変換するというモデルである）．これに対して，

$$X_{n,m}(\sigma) = \begin{cases} 1, & m \text{ が } \sigma \text{ の不動点のとき} \\ 0, & \text{その他のとき} \end{cases}$$

$(1 \leq m \leq n)$ とし，$S_n = \sum_{i=1}^n X_{n,i}$ とする．
1) $n$ をとめておく．$A_m = \{\sigma : X_{n,m}(\sigma) = 1\}$ とするとき，

$$\begin{aligned} P(\bigcup_{m=1}^n A_m) &= \sum_{m=1}^n P(A_m) - \sum_{1 \leq l < m \leq n} P(A_l \cap A_m) \\ &\quad + \sum_{1 \leq k < l < m \leq n} P(A_k \cap A_l \cap A_m) - \cdots - (-1)^n P(A_1 \cap \cdots \cap A_n) \\ &= n \cdot \frac{1}{n} - {}_nC_2 \frac{(n-2)!}{n!} + {}_nC_3 \frac{(n-3)!}{n!} - \cdots - (-1)^n \frac{1}{n!} \end{aligned}$$

となることを示せ（初めの等式は一般的に成り立つ式で，**包除の公式** (inclusion-exclusion formula) と呼ばれる）．
2) 1) を用いて，$P(S_n > 0) = \sum_{m=1}^n (-1)^{m-1}/(m!)$，$P(S_n = 0) = 1 - P(S_n > 0) = \sum_{m=0}^n (-1)^m/(m!)$ を示せ．これにより，$\lim_{n \to \infty} P(S_n = 0) = e^{-1}$ と分かる．
3) $P(S_n = k) = P(S_{n-k} = 0)/(k!) \xrightarrow{n \to \infty} e^{-1}/(k!)$ を示せ．さらに，$S_n$ の平均，分散は，$n \to \infty$ のときともに 1 に収束することを示せ．

$S_n$ は，$n$ 人のクラスで席替えをしたとき，前と同じ席になる生徒の数を表す．この人数が $k$ 人である確率はパラメータ 1 のポアソン分布の値が $k$ となる確率に収束し，さらに人数の平均，分散は $n \to \infty$ のときともに 1 に収束するのである．

# 第3章　電気回路とランダムウォーク

　読者の多くは，抵抗，コンダクタンス，オームの法則，キルヒホッフの法則といった電気回路とその性質について，中学・高校で何がしか勉強した記憶があるだろう．本章では，そのような電気回路を数学の言葉で表し，ランダムウォーク（一般にはマルコフ連鎖）と呼ばれるランダムな粒子の動きとの関係を探る．グラフの上に電気回路を構成してそのポテンシャル論的な性質を学ぶとともに，電気回路の性質が，対応するマルコフ連鎖の性質にどのように反映するかを調べ，これらを用いた応用にも触れていく．本章は，離散調和解析，グラフ理論といった応用数学の理論への入門講座ともいえるものである．

## 3.1　有限グラフ上の電気回路とランダムウォーク

　この節では有限グラフ上に電気回路を構成し，対応する差分作用素やランダムウォーク（一般にはマルコフ連鎖）を考察する．差分作用素を用いたさまざまな方程式を扱い，その応用として，一見何の関係もなさそうな図形の分割に関する問題を鮮やかに解くことができる．

### 3.1.1　有限グラフ上の電気回路

　まず有限グラフの定義をする．

**定義 3.1.1** 1) 有限個の点の集合 $V$ と，$V \times V$ の部分集合 $B$（ただし，$\{x,y\}$, $\{y,x\} \in V \times V$ は同一視する）の組 $(V,B)$ を **有限グラフ** (finite graph) と呼ぶ．$V$ の元を **頂点** (vertex) あるいは **点** (point) といい，$B$ の元を **ボンド** (bond) あるいは **辺** (edge) という．$V$ の元を $x, y, z$ という記号で表し，$x, y \in V$ を結ぶ $B$ の元がある場合には，それを $\{x,y\}$ と表記する．

2) 有限グラフ $(V, B)$ について，任意の $x, y \in V$ に対して $x_1, x_2, \ldots, x_m \in V$, $x_1 = x, x_m = y$ で $\{x_i, x_{i+1}\} \in B$ $(1 \leq i \leq m-1)$ なるものが存在するとき，

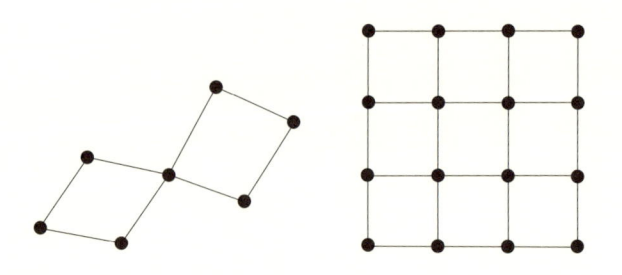

図 3.1 有限グラフの例

$(V, B)$ は **連結** (connected) であるという．

以下この本では連結なグラフのみを取り扱い，また簡単のため $x \in V$ に対して $\{x, x\}$ というボンドはないものとする．

ここで考えているグラフは，ボンドの向きを考えない無向グラフである．$B$ において $\{x, y\}$ と $\{y, x\}$ を同一視しなければ，始点と終点のある有向グラフとみなすことができる．また，グラフが連結であるとは，要するにそのグラフがつながっているということである．図 3.1 に，連結な有限グラフの例を挙げる．黒丸の点が $V$ の元を表し，点を結ぶ線が $B$ の元を表している．したがって，例えば左図では，$V$ の元は 7 個，$B$ の元は 8 個ある．

次に電気回路の定義をする．

**定義 3.1.2** $(V, B)$ を有限グラフとし，$C := \{C_{xy}\}_{x, y \in V}$ が以下の性質を満たすとする．

$$C_{xy} = C_{yx} \begin{cases} > 0, & \{x, y\} \in B \\ = 0, & \{x, y\} \notin B \end{cases}$$

このとき，$(V, C)$ の組を（$(V, B)$ 上の）電気回路という．

各ボンド $\{x, y\} \in B$ に与えられる $C_{xy} > 0$ は，**コンダクタンス** に対応するものである．$R_{xy} := 1/C_{xy}$ が抵抗に対応すると言ったほうが，分かりやすいかも知れない（コンダクタンスとは，抵抗の逆数のことである）．$\{x, y\} \notin B$ のときは，

抵抗 $R_{xy}$ は無限大となることに注意する．$x \in V$ に対して，$C_x := \sum_{y \in V} C_{xy}$ とする．

さて，この回路の $y_0 \in V$ を接地し，$x_0$ と $y_0$ の間に電圧 1 ボルトをかけたとき，各点での電位（$x$ での電位を $v(x)$ とかく），各ボンドを流れる電流量（$x$ から $y$ への電流量を $i_{xy}$ とかく）はどうなるであろうか？ 中学・高校で次のような法則を習ったことを思い出して欲しい．

**オーム (Ohm) の法則**：2 点間の電圧（電位差）は流れる電流と抵抗の積に等しい．つまり
$$v(x) - v(y) = i_{xy} R_{xy}, \qquad \{x, y\} \in B \tag{3.1.1}$$

**キルヒホッフ (Kirchhoff) の法則**：$x_0, y_0$ 以外の点では，流入電流量の和と流出電流量の和は等しい．$x$ から $y$ に流れる電流量は $i_{xy}$（$y$ から $x$ に流れる場合はこの値が負になる）であるから，
$$\sum_{\substack{y \in V \\ \{x,y\} \in B}} i_{xy} = 0, \qquad x \in V,\ x \neq x_0, y_0 \tag{3.1.2}$$

ここで $\sum_{\substack{y \in V \\ \{x,y\} \in B}}$ は，$\{x, y\} \in B$ となるような $y \in V$ についての和という意味である．オームの法則を適用すると，(3.1.2) は次のように表せる．
$$\sum_{\substack{y \in V \\ \{x,y\} \in B}} (v(x) - v(y)) C_{xy} = 0, \qquad x \in V,\ x \neq x_0, y_0 \tag{3.1.3}$$

このように中学では，電圧, 電流は上の性質を満たすものだと頭ごなしに習ったわけであるが，一体こういう性質は，どのような理由から出てくるものなのであろうか？ これを明らかにするために，回路上の関数の差分と，回路のもつエネルギーという概念を持ち込もう．

**定義 3.1.3** $V$ 上の実数値関数 $f$ （以下では $V$ 上の関数のことを $V$ 上の**ポテン**

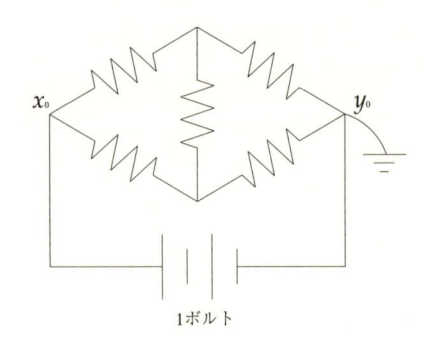

図 3.2 電気回路の例

シャルと呼ぶ）に対して，$f$ の $x \in V$ における差分 $\Delta f(x)$ を次のように定める．

$$\Delta f(x) = \frac{1}{C_x} \sum_{\substack{y \in V \\ \{x,y\} \in B}} (f(y) - f(x)) C_{xy} = \sum_{\substack{y \in V \\ \{x,y\} \in B}} \frac{C_{xy}}{C_x} f(y) - f(x)$$

$f(x)$ が $x$ の電位を表すときには，$(f(y) - f(x))C_{xy}$ は $y$ から $x$ への流入電流量を表すから，$\Delta f(x)$ は $x$ に流れ込む総電流量（$x$ から流れ出る分は負として計算する）を $C_x$ で割ったものである．$\Delta f(x) = 0$ のとき，$f$ は $x$ で**調和** (harmonic) であるという．$x$ で調和であるということは，とりもなおさず $x$ で (3.1.3) の意味でキルヒホッフの法則を満たすということである．$V = \{1, 2, \ldots, N\}$, $B = \{\{i, i+1\} : i = 1, 2, \ldots, N-1\}$ という数直線で，各ボンドに抵抗 1 がのっている回路の場合，

$$\Delta f(i) = \frac{1}{2}\{f(i+1) + f(i-1) - 2f(i)\} \qquad 1 < i < N$$

となり，普通の中心差分に等しくなる．

**定義 3.1.4** $V$ 上のポテンシャル $f$ が与えられたとき，この回路のエネルギー消費量を以下のように定義する．

$$\mathcal{E}_C(f, f) = \frac{1}{2} \sum_{\substack{x \in V \\ y \in V}} (f(x) - f(y))^2 C_{xy}$$

中学・高校では，電力（消費電力）$E$ について $E = VI$ という公式を習ったと思う．さらにオームの法則を用いると $E = V^2/R$，つまり電力は電圧の 2 乗を

抵抗で割った（コンダクタンスをかけた，といってもよい）ものに等しいということである．ここで定義したエネルギーは電力に対応し，エネルギーの定義はこの公式に合致している．$1/2$ がついているのは，$\sum$ によりひとつのボンドを $\{x,y\}, \{y,x\}$ と 2 回加えているためである．$V$ 上のポテンシャル $f,g$ に対して一般に，
$$\mathcal{E}_C(f,g) = \frac{1}{2} \sum_{\substack{x \in V \\ y \in V}} (f(x)-f(y))(g(x)-g(y))C_{xy}$$
とする．すると，$\mathcal{E}_C$ と $\Delta$ の間に，次のような関係が導き出せる．

**命題 3.1.5** $V$ 上のポテンシャル $f,g$ に対して $(f,g)_C = \sum_{x \in V} f(x)g(x)C_x$ とすると，以下が成り立つ．
$$\mathcal{E}_C(f,g) = -(f, \Delta g)_C$$

**注意 3.1.6** これはガウス–グリーン (Gauss-Green) の公式と呼ばれる式
$$-\int_M f(x) \Delta g(x) dx = \int_M \nabla f(x) \nabla g(x) dx$$
(ただし，$f|_{\partial M} = 0$ または $\nabla g|_{\partial M} = 0$) の離散版である．ガウス–グリーンの公式は（微分積分学で学んだことがあると思うが），一言で言うと部分積分の公式を一般化した公式である．実際，最も単純な場合として例えば $M = [0,1]$ のときには，$\nabla$ は 1 階微分，$\Delta$ は 2 階微分となるので部分積分の公式に他ならない．

**証明：** $\mathcal{E}_C(f,g)$
$$= \frac{1}{2} \Big( \sum_{x,y \in V} f(x)g(x)C_{xy} + \sum_{x,y \in V} f(y)g(y)C_{xy} \Big) - \sum_{x,y \in V} f(x)g(y)C_{xy}$$
$$= \sum_{x,y \in V} f(x)g(x)C_{xy} - \sum_{x,y \in V} f(x)g(y)C_{xy}$$
$$= -\sum_{x \in V} f(x) \sum_{y \in V} (g(y)-g(x))C_{xy} = -\sum_{x \in V} f(x) \Delta g(x) C_x$$
$$= -(f, \Delta g)_C \qquad \blacksquare$$

では，定義 3.1.3 の直前に述べた疑問に答えよう．電圧，電流がオームの法則，キルヒホッフの法則を満たすというのは，実は電圧，電流が，ディリクレ (Dirichlet) の原理，トムソン (Thomson) の原理と呼ばれる次の変分原理を満たすことなのである．

**命題 3.1.7** （ディリクレの原理）$V'$ を $V$ の部分集合とし，$V'$ 上のポテンシャル $s$ が与えられたとき $V$ 上のポテンシャル $f$ を

$$\Delta f(x) = 0, \qquad x \in V \setminus V', \ f|_{V'} = s \qquad (3.1.4)$$

を満たすものとする．すると，

$$\inf\{\mathcal{E}_C(g,g) : g \text{ は } V \text{ 上のポテンシャル}, g|_{V'} = s\} = \mathcal{E}_C(f,f) \qquad (3.1.5)$$

が成り立つ．さらに，(3.1.4) の解は唯一存在し，(3.1.5) の左辺の下限をとる関数はこの解に限られる．

**証明**：ここでは (3.1.4) の解の存在を仮定して話を進める（話が前後してしまうが，この解の存在については小節 3.1.2 と小節 3.1.3 で三つの証明を与える．もちろん，その際に議論が循環論法に陥らないように配慮してある）．$f$ を (3.1.4) の解の一つとしよう．$V$ 上のポテンシャル $g$ で $g|_{V'} = s$ なるものを任意にとると，

$$\begin{aligned}
\mathcal{E}_C(g,f) &= -(g, \Delta f)_C = -\sum_{x \in V} g(x) \Delta f(x) C_x \\
&= -\sum_{x \in V'} g(x) \Delta f(x) C_x = -\sum_{x \in V'} f(x) \Delta f(x) C_x \\
&= -(f, \Delta f)_C = \mathcal{E}_C(f,f)
\end{aligned}$$

となる．式変形の中で，(3.1.4)，$g|_{V'} = s = f|_{V'}$ と命題 3.1.5 を用いた．これにより，

$$\begin{aligned}
0 \leq \mathcal{E}_C(g-f, g-f) &= \mathcal{E}_C(g,g) + \mathcal{E}_C(f,f) - 2\mathcal{E}_C(f,g) \\
&= \mathcal{E}_C(g,g) - \mathcal{E}_C(f,f)
\end{aligned}$$

## 3.1. 有限グラフ上の電気回路とランダムウォーク

となり，$f$ が下限をとることがわかった．さらに $\mathcal{E}_C$ の定義の仕方と，この回路が連結であることから，$\mathcal{E}_C(g-f, g-f) = 0$ となるのは $g-f$ が定数であるときに限られることが分かる．$f, g$ は $V'$ 上ともに $s$ となり一致しているから，結局 $g(x) = f(x)$ がすべての $x \in V$ で成り立つことがわかる．つまり下限をとるのは $f$ に限るということがわかった．これは (3.1.4) の解が唯一であることも示している． ∎

ディリクレの原理を標語的に言うと，「エネルギー消費量が最小となるようにポテンシャルを決めると，それが電位（(3.1.3) の意味でキルヒホッフの法則を満たすもの）である」ということである．これと対になる原理で，電流（フロー）に着目した原理がトムソンの原理と呼ばれるものである．まず，フローの定義をする．

**定義 3.1.8** $V'$ を $V$ の部分集合とする．$V \times V$ 上の関数 $j$ が次の3条件を満たすとき，$j$ を $V'$ を**境界とするフロー** (flow) という．

$$\text{i)} \quad j_{xy} = -j_{yx}$$
$$\text{ii)} \quad \sum_{y \in V} j_{xy} = 0, \quad x \in V \setminus V'$$
$$\text{iii)} \quad j_{xy} = 0, \quad \{x, y\} \notin B$$

ii) はキルヒホッフの法則に当たるものである．$j_{xy}$ は $x$ から $y$ に流れる電流量を表すと考えると良い（前と同じくその値が負であるとき，電流は逆方向に流れていると解釈する）．フローに対して，$J_x = \sum_{y \in V} j_{xy}$（$x$ への総流入電流量に当たる）とおくと，$\sum_{x \in V'} J_x = \sum_{x \in V} J_x = 0$ となる．つまり，$V'$（あるいは $V$）全体で見るとフローの総和は $0$ になる．実際，ii) より $x \in V \setminus V'$ については $J_x = 0$ であるから初めの等号が成立し，

$$\sum_{x \in V} J_x = \sum_{x \in V} \sum_{y \in V} j_{xy} = \frac{1}{2} \sum_{x, y \in V} (j_{xy} + j_{yx}) = 0$$

（最後の等式で i) を用いた）より結論を得る．

さて，フローが与えられたとき，回路の消費するエネルギーを

$$E_C(j, j) = \frac{1}{2} \sum_{x \in V} \sum_{y \in V} j_{xy}^2 R_{xy}$$

で定義する．$E = IV = I^2R$ であったから，これも中学・高校で習った電力に合致する．

**命題 3.1.9**（トムソン (Thomson) の原理）$V'$ 上の関数 $\bar{I}$ で $\sum_{a \in V'} \bar{I}(a) = 0$ を満たすものが与えられたとする（$\bar{I}(a)$ は $a$ への総流入電流量を表す）．このとき $V'$ を境界とするフロー $i$ で以下の条件を満たすものが唯一存在する．
1) $\sum_{y \in V} i_{ay} = \bar{I}(a), \qquad a \in V'$
2) $V$ 上のポテンシャル $f$ が存在して $i_{xy} = (f(x) - f(y))/R_{xy}, \quad x, y \in V$

さらに，

$$\inf\{E_C(j, j) : j \text{ は } V' \text{ を境界とするフローで 1) を満たす}\} = E_C(i, i)$$

が成り立ち，上の下限を取る関数は $i$ に限られる．

**問 3.1.1** 命題 3.1.9 を証明せよ．ただし 1), 2) を満たす $i$ の存在は小節 3.1.4 で示すので，ここでは仮定してよい（ヒント：命題 3.1.7 の証明方法を参照せよ）．

トムソンの原理を標語的に言うと，「エネルギー消費量が最小となるようにフローを決めると，それはある電圧からオームの法則によって定まる電流である」ということである．

### 3.1.2 電気回路に対応するマルコフ連鎖

この小節では，前小節で見た電気回路を，マルコフ連鎖という概念を用いて確率論の立場から考察する．これにより，電気回路を，粒子が動いて電流を伝えているものとしてより"直感的"に感じることができるであろう．まずは簡単な例でマルコフ連鎖がどのようなものかを説明しよう．$V = \{1, 2, \ldots, N\}$ という数直線上に粒子がいるとする．点 $i \, (1 < i < N)$ に粒子がいるとき，1 秒後に粒子が $i+1$ に動く確率が $1/2$，$i-1$ に動く確率が $1/2$ であり，点 1（あるいは $N$）に粒子がいるときには 1 秒後に必ず 2（あるいは $N-1$）に動くものとする（図 3.3 参照）．このように，粒子の動きが現在の粒子の位置と 1 秒後にどこに移るかの確率（推移確率という）のみで決まり，それまでの粒子の動き

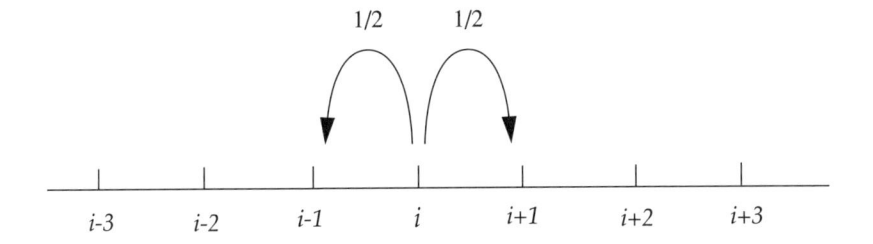

## 3.1. 有限グラフ上の電気回路とランダムウォーク

図 3.3 数直線上のマルコフ連鎖（ランダムウォーク）

（過去の履歴）によらないとき，このような粒子の動きをマルコフ連鎖と呼ぶ．マルコフ連鎖のきちんとした定義を与えよう．

**定義 3.1.10** $V$ を高々可算個の元からなる集合とし，時間変数の集合 $T$ を $\{0,1,2,\ldots\}$ または $[0,\infty)$ のいずれかとする．各 $x \in V$ に対して，$x$ から出発した確率過程 $\{X_t\}$ の確率測度 $P^x$ が対応して，$t_1 < t_2 < \cdots < t_n, s_1 < s_2 < \cdots < s_m$ を満たす任意の $t_1,\ldots,t_n,s_1,\ldots,s_m \in T$ と任意の $x_1,\ldots,x_n,y_1,\ldots,y_m \in V$ に対して

$$P^x(X_{t_n+s_1} = y_1,\ldots,X_{t_n+s_m} = y_m | X_{t_1} = x_1,\ldots,X_{t_n} = x_n)$$
$$= P^{x_n}(X_{s_1} = y_1,\ldots,X_{s_m} = y_m)$$

となるとき，$\{X_t\}$（正確には $(\{X_t\},\{P^x\})$ の組）を**マルコフ連鎖** (Markov chain) という．このとき，$P_{xy} := P^x(X_1 = y), x,y \in V$ をマルコフ連鎖の**推移確率**という．

ここで定義したマルコフ連鎖は，厳密には時間的一様なマルコフ連鎖と呼ばれるものである．以下では，$T$ が $\{0,1,2,\ldots\}$ の場合のマルコフ連鎖を取り扱う．したがって，$X_n$ はマルコフ連鎖の時刻 $n$ での粒子の位置を表す．

さて，電気回路 $(V,C)$ を考えよう．$P_{xy} = C_{xy}/C_x$ とすると，$\sum_{y \in V} P_{xy} = 1$ となる．推移確率が $\{P_{xy}\}_{x,y \in V}$ で与えられるマルコフ連鎖を，$(V,C)$ に対応するマルコフ連鎖と呼ぶ．これはつまり，粒子が $x$ にいるとき，1秒後にこの

粒子が $y$ に動く確率が $P_{xy}$ で与えられる確率過程である.今,

$$C_x P_{xy} = C_x \frac{C_{xy}}{C_x} = C_y \frac{C_{yx}}{C_y} = C_y P_{yx} \tag{3.1.6}$$

が成り立つ.このようなマルコフ連鎖は,$\{C_x\}_{x\in V}$ を対称測度とする**対称なマルコフ連鎖**であるという.マルコフ連鎖は一般に対称とは限らないが,電気回路に対応するマルコフ連鎖はこのように常に対称なのである.

**注意 3.1.11** 実際には $\ominus$ の電荷を持った電子が流れるのであるが,我々は便宜的に,$\oplus$ の電荷を持った粒子が推移確率 $\{P_{xy}\}_{x,y\in V}$ にしたがって動いていると考えて議論を進めていく.

厳密にいうと,与えられた推移確率を持つマルコフ連鎖が存在することを示す必要があるが,そのようなマルコフ連鎖は,第 2 章 2.2.1 小節でのブラウン運動の構成方法 II と同様にして(ブラウン運動の場合より,はるかに簡単であるが)構成することができる(なお,「はじめに」の章の関連図にしたがって 1.3 節以降を飛ばして読んできた読者は,この段落は読み飛ばしてもらって構わない).まず,$x,y \in V$ に対して $P(x,y) = P_{xy}$ と定め,以下帰納的に $P_n(x,y) = \sum_{z\in V} P_{n-1}(x,z)P(z,y)$ と定める($P_n(x,y)$ は,$x$ から出発して $n$ 秒後に $y$ に着く確率を表す).すると,$\{P_n\}_{n=1}^{\infty}$ はチャップマン–コルモゴロフの等式 $P_{n+m}(x,y) = \sum_{z\in V} P_n(x,z)P_m(z,y)$ を満たすことが容易に確認できる(問 2.2.1 参照;この章では空間 $V$ が高々可算個の元からなるので,積分の代わりに $z \in V$ についての和となっている).求めるマルコフ連鎖の初期分布(時刻 0 における粒子の分布)を $\nu$ とする.

$$\mathbf{T} = \{\mathbf{t} = (t_1,\ldots,t_n) : 0 = t_0 < t_1 < \cdots < t_n,\ t_1,\cdots,t_n \in \mathbf{N},\ n \in \mathbf{N}\}$$

とし,$\mathbf{T}$ 上の有限次元分布の族 $\{Q_\mathbf{t}\}_{\mathbf{t}\in\mathbf{T}}$ を,$A = (A_0,\ldots,A_n)$, $A_i \subset V$ ($0 \leq i \leq n$), $\mathbf{t} = (t_1,\ldots,t_n)$ に対して

$$Q_\mathbf{t}(A) = \sum_{x_0 \in A_0} \cdots \sum_{x_n \in A_n} \nu(x_0) P_{t_1}(x_0,x_1) \cdots P_{t_n - t_{n-1}}(x_{n-1},x_n)$$

によって定める.チャップマン–コルモゴロフの等式より,この $\{Q_\mathbf{t}\}$ は一致条件 (1.2.6)(ただし $\mathbf{R}$ の所は $V$ に変更する)を満たすことが分かるから,定理 1.2.12 の完備可分距離空間版より,$\Pi_{i=0}^{\infty} V$($V$ の可算無限個の直積空間)上に確率測度 $P$ で $\{Q_\mathbf{t}\}$ の拡張になるものが存在することが分かる.$X_n : \Pi_{i=0}^{\infty} V \to V$ を第 $n$ 成分への射影とすると,$\{X_n\}$ が求めるマルコフ連鎖である.実際,$A \subset \Pi_{i=0}^{n} V$, $\mathbf{t} = (t_1,\ldots,t_n)$ に対して $P((X_0, X_{t_1}, \ldots, X_{t_n}) \in A) = Q_\mathbf{t}(A)$ となるから,確かに初期分布は $\nu$ で,推移確率は

$\{P_{xy}\}$ で与えられている.

以下では,このマルコフ連鎖を用いて電位,電流が確率論的にどのように解釈されるかを見ていく.

1) 電位の確率論的解釈

電気回路 $(V,C)$ に対して,2 点 $a,b \in V$ をとり,$a,b$ 間に電圧 1 ボルトをかけ $b$ を接地しよう(具体例は,図 3.4 参照).小節 3.1.1 の議論から,このときに各点にかかる電位 $v$ は

$$v(a) = 1, \ v(b) = 0, \quad \Delta v(x) = 0, \quad x \in V \setminus \{a,b\} \tag{3.1.7}$$

となる.最後の式を変形すると,

$$v(x) = \sum_{y \in V} \frac{C_{xy}}{C_x} v(y) = \sum_y P_{xy} v(y) \tag{3.1.8}$$

となる.一方,対応するマルコフ連鎖を用いて,次のような量を導入しよう.

$$h(x) = P^x(\tau_a < \tau_b), \quad x \in V \tag{3.1.9}$$

定義 3.1.10 で定めたように,$P^x$ は $x$ から出発するマルコフ連鎖(つまり $X_0 = x$)に関する確率を表す.また,$\tau_a = \min\{n \geq 0 : X_n = a\}$,つまり $\tau_a$ はマルコフ

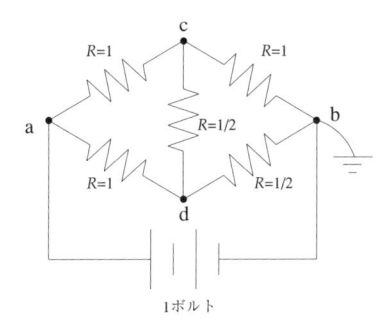

図 3.4 電気回路の図

連鎖が $a$ に初めてたどり着いた時刻を表す. (3.1.9) は,「$x$ から出発した粒子が $b$ に着く前に $a$ に着く確率」を表す. 明らかに $h(a) = 1, h(b) = 0$ であり, また, $x \neq a, b$ のとき, 1 秒後に粒子がどの位置に動くかに分けて考えることにより $h(x) = \sum_{y \in V} P_{xy} h(y)$ となることが分かる（ここで, マルコフ連鎖が現在の粒子の位置と推移確率のみで決まるという性質を使っている. このような性質を**マルコフ性** (Markov property) という）. つまり, $h$ は (3.1.7) を満たしている. 命題 3.1.7 からこのような解は（存在すれば）唯一であることが示されているから, $h(x)$ がこの回路の $x$ での電位を表すと分かる. よって, 以下の命題が示された.

**命題 3.1.12** $v(a) = 1, v(b) = 0$ としたときの $x$ での電位 $v(x)$ は, 対応するマルコフ連鎖で $x$ から出発した粒子が $b$ に着く前に $a$ に着く確率に等しい.

ここで述べた事実を使うと, 前小節で仮定していた (3.1.4) の解の存在も示される.

**系 3.1.13** $h^a(x) = P^x(\tau_a < \tau_{V' \setminus \{a\}})$ とすると,

$$f(x) = \sum_{a \in V'} s(a) h^a(x)$$

は (3.1.4) の解である.

**証明**：先程と同様に考えると, $h^a(a) = 1$, $h^a(y) = 0$ $(y \in V' \setminus \{a\})$ であり, $x \notin V'$ のとき, $h^a(x) = \sum_y P_{xy} h^a(y)$ が成立することが分かるから, これらをたしあわせて (3.1.4) を得る. ∎

**問 3.1.2** 図 3.4 の電気回路について, 各点での電位とその確率論的意味を述べよ.

**2) 電流の確率論的解釈**

再び図 3.4 を用いる. まず天下り的ではあるが次の量を計算してみよう.

$$G_b(a, x) = E^a \left[ \sum_{n=0}^{\tau_b - 1} 1_x(X_n) \right], \qquad x \in V$$

(ただし $G_b(a,b) = 0$ とする). ここで $E^a$ は, $a$ から出発するマルコフ連鎖に関する平均を表す. 一見複雑な量に見えるが, 意味は,「$a$ から出た粒子が, $b$ に着く直前までに $x$ を通った回数の平均」ということである. $G_b(\cdot,\cdot)$ のことを ($b$ を吸収壁としたマルコフ連鎖の) **グリーン関数** (Green function) と呼ぶ. 以下では $a,b$ を固定して, $G_b(a,x) = u(x)$ と書くことにする. $x \neq a,b$ のとき, $X_0 = a, X_{\tau_b} = b$ はいずれも $x$ と等しくないから,

$$u(x) = E^a\left[\sum_{n=0}^{\tau_b-1} 1_x(X_{n+1})\right] = E^a\left[\sum_{n=0}^{\tau_b-1}\sum_{y\in V} 1_y(X_n)P_{yx}\right]$$
$$= \sum_{y\in V} E^a\left[\sum_{n=0}^{\tau_b-1} 1_y(X_n)P_{yx}\right] = \sum_{y\in V} u(y)P_{yx} \qquad (3.1.10)$$

となる. ただし 2 番目の等式は, 時刻 $n+1$ に粒子が $x$ に着くのは時刻 $n$ において $y$ にいる粒子 ($y \in V$) が 1 秒後に $x$ に動く (その確率は $P_{yx}$) ときであるという事実を用いて得られる (厳密な議論には, やはりマルコフ性を用いる). ここで, (3.1.6) より $C_x P_{xy} = C_y P_{yx}$ とわかるから, これを上式に代入して,

$$\frac{u(x)}{C_x} = \sum_{y\in V} \frac{u(y)}{C_y} P_{xy} \qquad (3.1.11)$$

となる. ここで $\nu(x) = \nu_a(x) = u(x)/C_x$ とすると ($\nu^b(x,y) := \nu_x(y)$ で定まる 2 変数関数のことを**グリーン核** (Green density) という), 上の式から $x \neq a,b$ のとき $\nu(x) = \sum_y P_{xy}\nu(y)$, つまり $\nu(x)$ は $x \neq a,b$ で調和である. $\nu(a) = u(a)/C_a$, $\nu(b) = u(b)/C_b = 0$ であるから, $\nu(x)$ は $a$ に $u(a)/C_a$ の電位をかけ, $b$ を接地したときの $x$ での電位を表す. このとき $x$ から $y$ に流れる電流 $i_{xy}$ は

$$i_{xy} = (\nu(x) - \nu(y))C_{xy} = \left(\frac{u(x)}{C_x} - \frac{u(y)}{C_y}\right)C_{xy}$$
$$= u(x)P_{xy} - u(y)P_{yx} \qquad (3.1.12)$$

となる. $u$ の意味を考えると, 最後の式は「$a$ から出た粒子が $b$ に着く直前までにボンド $\{x,y\}$ を $x \to y$ 方向に通った回数の平均」を表しているとわかる.

ただし，$y \to x$ 方向に粒子が動いたときは，$-1$ を加えると考える．このとき，電源から $a$ に流入する電流量（これは，$a$ から各ボンドに流出する電流量に等しい）を計算しよう．(3.1.12) より，

$$\begin{aligned}
\sum_{y \in V} i_{ay} &= \sum_{y \in V} (u(a)P_{ay} - u(y)P_{ya}) = u(a) - \sum_{y \in V} u(y)P_{ya} \\
&= E^a \left[ \sum_{n=0}^{\tau_b - 1} 1_a(X_n) - \sum_{n=0}^{\tau_b - 1} 1_a(X_{n+1}) \right] \\
&= E^a \left[ 1 + \sum_{n=1}^{\tau_b - 1} 1_a(X_n) - \sum_{n=1}^{\tau_b} 1_a(X_n) \right] = 1 \qquad (3.1.13)
\end{aligned}$$

となる．ただし，第 2 段の最初の式への変形の際，(3.1.10) を逆にたどった変形を用いている．つまり，電源から $a$ への流入電流量は 1（よって $b$ から電源への流出電流量も 1）であるとわかる．以上から，電流について次のような確率論的意味付けができることがわかった．

**命題 3.1.14** 電源から $a$ への流入電流量が 1（$b$ から電源への流出電流量が 1）となるように $a$ と $b$ に電圧をかけたとき，ボンド $\{x,y\}$ を $x$ から $y$ に流れる電流 $i_{xy}$ は，対応するマルコフ連鎖で $a$ から出た粒子が $b$ に着く直前までに $\{x,y\}$ を $x \to y$ 方向に通った回数の平均を表す．

**問 3.1.3** グリーン核 $\nu^b(\cdot, \cdot)$ の第 1 成分に $a$ を代入した $\nu_a$ は，$V$ 上のポテンシャル $f$ で $f(b) = 0$ なるものについて

$$\mathcal{E}_C(\nu_a, f) = f(a)$$

を満たすことを示せ（これをグリーン核の**再生性** (reproducing property) という）．

**問 3.1.4** 図 3.4 の電気回路について，各ボンドを流れる電流と，その確率論的意味を述べよ．

## 3.1.3 ディリクレ問題の解の求め方

この小節では，小節 3.1.1 で登場した (3.1.4) の解の求め方を幾通りか紹介する．方程式を再記しよう．

$$\Delta f(x) = 0, \qquad x \in V \setminus V', \ f|_{V'} = s \qquad (3.1.14)$$

ただし $V' \subset V$ で，一般性を失うことなく $V \setminus V'$ は連結であるとする（これが連結でないときは，連結な成分に分けて議論すればよい）．上式のように，$V'$ を境界と考えて境界条件が与えられ，内部で調和である関数を見つける問題を**ディリクレ問題** (Dirichlet problem) という（小節 2.2.2 参照）．

<u>1) マルコフ連鎖の方法</u>

行列 $P$ を，$x \in V \setminus V'$ については $(P)_{xy} = C_{xy}/C_x$, $x \in V'$ については $(P)_{xy} = \delta_{xy}$（$x = y$ のとき 1, $x \neq y$ のとき 0 となる関数）とする．$V$ の各元の値を成分として (3.1.14) の解をベクトルで表したものを $\mathbf{f}$ とすると，$\mathbf{f}$ は $P\mathbf{f} = \mathbf{f}$ の解になる．

$$P = \begin{matrix} \\ V' \\ V \setminus V' \end{matrix} \begin{matrix} V' & V \setminus V' \\ \begin{pmatrix} \mathbf{I} & \mathbf{0} \\ \mathbf{R} & \mathbf{U} \end{pmatrix} \end{matrix}, \qquad \mathbf{f} = \begin{matrix} V' \\ V \setminus V' \end{matrix} \begin{pmatrix} \mathbf{s} \\ \mathbf{f}_I \end{pmatrix}$$

とおく．簡単な計算から（例えば帰納法で示される），

$$P^n = \begin{pmatrix} \mathbf{I} & \mathbf{0} \\ (\mathbf{I} + \mathbf{U} + \cdots + \mathbf{U}^{n-1})\mathbf{R} & \mathbf{U}^n \end{pmatrix}$$

となることが分かる．ところで，$U$ の固有値の絶対値はすべて 1 未満なので（この証明は非負行列の固有値の議論が必要になるので，煩雑さを避けるためにここでは省く．問 3.1.5 参照），$\mathbf{I} - \mathbf{U}$ は逆行列を持つ．よって，

$$\mathbf{I} + \mathbf{U} + \cdots + \mathbf{U}^{n-1} = (\mathbf{I} - \mathbf{U})^{-1}(\mathbf{I} - \mathbf{U}^n) \qquad (3.1.15)$$

となり，$\mathbf{U}$ の固有値の絶対値はすべて 1 未満であることから $\mathbf{U}^n$ の各成分は $n \to \infty$ のとき 0 に収束する．よって，

$$\lim_{n \to \infty} P^n = \begin{pmatrix} \mathbf{I} & 0 \\ (\mathbf{I} - \mathbf{U})^{-1}\mathbf{R} & 0 \end{pmatrix}$$

となる．なお，$(\mathbf{U}^n)_{ij}\ i, j \in V \setminus V'$ は「$i$ から出た粒子が $V'$ を通ることなく $n$ 秒後に $j$ に着く確率」を表し，したがって (3.1.15) で $n \to \infty$ とすることにより，$((\mathbf{I} - \mathbf{U})^{-1})_{ij}$ は「$i$ から出た粒子が $V'$ に着くまでに $j$ を通った回数の平均」を表すことがわかる．以上より $\mathbf{f} = P^n \mathbf{f}$ で $n \to \infty$ とすることにより，

$$\mathbf{f} = \begin{pmatrix} \mathbf{I} & 0 \\ (\mathbf{I} - \mathbf{U})^{-1}\mathbf{R} & 0 \end{pmatrix} \mathbf{f}$$

となるから，これを解いた $\mathbf{f}_I = (\mathbf{I} - \mathbf{U})^{-1}\mathbf{R}\mathbf{s}$ が，ディリクレ問題の解である（これにより，ディリクレ問題の解 (3.1.4) の存在も示されている）．

**問 3.1.5** $U$ の固有値の絶対値はすべて 1 未満であることを示せ．

2) モンテカルロ法

このモンテカルロ法 (Monte Carlo method) と次のガウス–ザイデル法は，ディリクレ問題の解を数値計算で求める方法である．

前小節の系 3.1.13 で述べたように，$h^a(x) = P^x(\tau_a < \tau_{V' \setminus \{a\}})$ とすると

$$f(x) = \sum_{a \in V'} s(a) h^a(x) = E^x[s(X_{\tau_{V'}})]$$

がディリクレ問題の解である（$\tau_{V'}$ は，粒子が初めて $V'$ に着く時刻を表す）．そこで各 $x \in V \setminus V'$ について，その点から粒子を出発させ $\{P_{xy}\}$ にしたがってランダムに動かし，$V'$ に初めて着いた点が $a$ であれば賞金 $s(a)$ 円をもらえるというゲームをしよう．このようなゲームを $n$ 回行ったとき，$n$ が十分大きいと大数の法則によりもらえる賞金の平均は期待値 $E^x[s(X_{\tau_{V'}})]$ に近づくので，このようなゲームを数多く行うことによりディリクレ問題の解を近似するという方法がモンテカルロ法である．ちなみに，モンテカルロはモナコにあるカジ

ノで有名な街の名前で，マルコフ連鎖を用いたこの方法にギャンブルで有名な街の名称を与えるとは，なかなかしゃれている．

では，モンテカルロ法の真の解への収束の速さはどのくらいであろうか？ 簡単のため $V'' \subset V', V'' \neq \emptyset, V'$ である $V''$ について，$a \in V''$ なら $s(a) = 1$，$a \in V' \setminus V''$ なら $s(a) = 0$ という場合を考えよう．つまり，$V''$ についたら 1 円，他の点に着いたら 0 円という場合である．$x \in V \setminus V'$ を固定すると，$p := P^x(\tau_{V''} < \tau_{V' \setminus V''})$ が求めたいディリクレ問題の解である．実際に行う 1 回 1 回の試行は，確率 $p$ で 1 円，確率 $1-p$ ($= q$ とする) で 0 円という独立な試行である（試行を行う人はこの確率 $p$ を知らないが，神様は知っていてこの確率でゲームが進行している）．$S_n$ を $n$ 回の試行で手にする賞金の総計とすると，賞金額の平均 $S_n/n$ は大数の法則より確かに $n \to \infty$ で $p$ に収束する．$S_n$ の分散は $npq$ であるから，中心極限定理（定理 1.4.19）より

$$\lim_{n\to\infty} P\left(\left|\frac{S_n - np}{\sqrt{npq}}\right| < k\right) = \frac{1}{\sqrt{2\pi}} \int_{-k}^{k} e^{-x^2/2} dx$$

となる．$k = 2$ のとき右辺は大体 0.954 であり，また $\sqrt{pq} = \sqrt{p(1-p)} \leq 1/2$ であるから，$n$ が十分を代入して

$$P\left(\left|\frac{S_n}{n} - p\right| < \frac{1}{\sqrt{n}}\right) \geq P\left(\left|\frac{S_n}{n} - p\right| < 2\sqrt{\frac{pq}{n}}\right) \approx 0.954$$

となる．よって $n$ を 1 万とすると，$S_n/n$ と $p$ との差が $1/\sqrt{n} = 0.01$ 以下である確率が 95% 以上になる．残念ながら収束のスピードはあまり速いとはいえない．

3) ガウス–ザイデル法

最後に紹介するガウス–ザイデル (Gauss-Seidel) 法は，（本によって表現のされ方が多少異なるが）数値解析の本によく紹介されている方法である．

$V \setminus V' = \{x_1, \ldots, x_k\}$ とする．議論を簡単にするため，各 $x_i$ に対して $x_i = x_{i_0}$, $x_{i_1}, x_{i_2}, \ldots, x_{i_{m(i)}} \in V \setminus V'$ で，$\{x_{i_l}, x_{i_{l+1}}\} \in B$ $(0 \leq l \leq m(i) - 1)$, $x_{i_{m(i)}}$ は $V'$ とボンドでつながる，$i > i_1 > i_2 > \cdots > i_{m(i)}$ となるものを常にとることができるとする（$V'_1 := \{x \in V \setminus V' : x$ は $V'$ の点とボンドでつながっている$\}$

とおくとき，まず $V_1'$ の元に番号を打ち，次に $V_1'$ とボンドでつながる点に番号を打つ，ということを繰り返すと，このようにラベル付けした列は上の性質を持つ．なお，ここでは後述する (3.1.17) のためにこの条件を付けるが，実際に計算するときにはこのようにとる必要はない）．まず $f_0 = f_0^{(0)}$ を $x \in V'$ ならば $f_0^{(0)}(x) = s(x)$，$x \in V \setminus V'$ ならば $f_0^{(0)}(x) = 0$ と定め，$x \neq x_1$ ならば $f_0^{(1)}(x) = f_0^{(0)}(x)$，$x = x_1$ ならば $f_0^{(1)}(x) = \sum_{y \in V} P_{x_1 y} f_0^{(0)}(y)$ によって $f_0^{(1)}$ を定める．同様にして $f_0^{(i)}$ から $f_0^{(i+1)}$ を，$x_{i+1}$ 以外では $f_0^{(i)}$ と同じ値とし，$x_{i+1}$ では $\sum_{y \in V} P_{x_{i+1} y} f_0^{(i)}(y)$ により定めていき，$f_0^{(k)} = f_1^{(0)} = f_1$ とする．要するに $k$ 回の操作で $V \setminus V'$ の各点の中心差分をとり（ただし中心差分をとった点の値は，元の値から差分で決まる値に置き換えていく），新しい関数 $f_1$ をつくり出すのである．$l \geq 1$ でも同様にして，$f_l = f_l^{(0)}$ から $f_{l+1} = f_l^{(k)}$ を，$1 \leq i \leq k$ について

$$f_l^{(i)}(x) = \begin{cases} f_l^{(i-1)}(x), & x \neq x_i \\ \\ \displaystyle\sum_{y \in V} P_{x_i y} f_l^{(i-1)}(y), & x = x_i \end{cases} \quad (3.1.16)$$

によって順次定めていく．すると，ある $\alpha < 1$ が存在して

$$\|f_{l+1} - f_l\| \leq \alpha \|f_l - f_{l-1}\| \quad (3.1.17)$$

が成り立つ（問 3.1.6 参照）．ただし $\|f\| := \max_{x \in V} |f(x)|$ とする．したがって，$C = \log(1/\alpha) > 0$ とおくと

$$\|f_{l+1} - f_l\| \leq \alpha \|f_l - f_{l-1}\| \leq \cdots \leq \alpha^l \|f_1 - f_0\| \leq e^{-lC} \|s\|$$

となり，$l \to \infty$ のとき $f_l$ はある関数 $f$ に収束する（しかも収束のスピードは指数的に速い！）．$f$ は $V'$ 上 $s$ であり，さらに $f_l$ から $f_{l+1}$ を作る操作によって値を変えない，つまり $f(x) = \sum_y P_{xy} f(y)$ が $x \in V \setminus V'$ で成り立つから，これはディリクレ問題の解になっている．これも，ディリクレ問題の解の存在証明の一つになっている．

## 3.1. 有限グラフ上の電気回路とランダムウォーク

**問 3.1.6** (3.1.16) を変形すると，

$$f_l^{(i)}(x) - f_{l-1}^{(i)}(x) = \begin{cases} f_l^{(i-1)}(x) - f_{l-1}^{(i-1)}(x), & x \neq x_i \\ \displaystyle\sum_{y \in V \setminus V'} P_{x_i y}(f_l^{(i-1)}(y) - f_{l-1}^{(i-1)}(y)), & x = x_i \end{cases}$$

となる．これを用いて (3.1.17) を証明せよ．

**問 3.1.7** 図 3.5 のような電気回路におけるディリクレ問題の解の $a, \ldots, g$ における値を，モンテカルロ法，ガウス–ザイデル法を使って計算せよ（コンピュータでそれぞれのプログラムを組んでみよ）．ただし，抵抗は各ボンドで 1 とし，数値の入っている点が境界であるとする．プログラムを走らせて，二つの方法の収束のスピードを見比べてみよ．

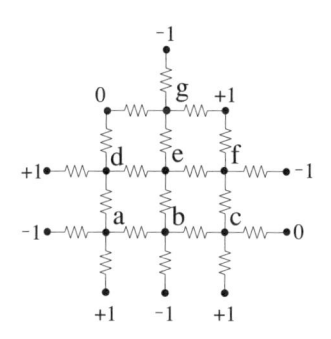

図 3.5 電気回路のディリクレ問題の例

### 3.1.4 ポアソン方程式

電気回路 $(V, C)$ に対して，$V$ 上の関数（ポテンシャル）全体を $\ell(V)$ と書くことにする．命題 3.1.5 より，$f, g \in \ell(V)$ は

$$(f, \Delta g)_C = -\mathcal{E}_C(f, g) = -\mathcal{E}_C(g, f) = (\Delta f, g)_C \tag{3.1.18}$$

となる．$\ell(V)$ は $(\cdot, \cdot)_C$ を内積とする ($\sharp V$ 次元) ベクトル空間になっており，また (3.1.18) より $\Delta$ は $\ell(V)$ 上の対称作用素になっていることが分かる（この小

節でのベクトル空間，線型作用素に関する性質については，線形代数学の本を参照してもらいたい）．さて，$\mathrm{Ker}\Delta = \{f \in \ell(V) : \Delta f = 0\}$，$\mathrm{Img}\Delta = \{f \in \ell(V) : g \in \ell(V)$ で $\Delta g = f$ なるものが存在する $\}$ とおく（Ker は Kernel の略，Img は Image の略である）．$\Delta$ が $\ell(V)$ 上の線型作用素だから $\ell(V)$ は $\mathrm{Img}\Delta$ と $\mathrm{Ker}\Delta$ の直和になっているが，さらに $f \in \mathrm{Ker}\Delta, g \in \mathrm{Img}\Delta, g = \Delta h$ のとき，(3.1.18) より

$$(f,g)_C = (f, \Delta h)_C = (\Delta f, h)_C = 0$$

であるから，$\mathrm{Img}\Delta$ は $\mathrm{Ker}\Delta$ の直交補空間であることがわかる．また，$f \in \mathrm{Ker}\Delta$ ならば $\mathcal{E}_C(f,f) = 0$ であり，$\mathcal{E}_C$ の定義からこのとき $f$ は定数関数となり，逆に定数関数は明らかに $\mathrm{Ker}\Delta$ に属するから

$$\mathrm{Ker}\Delta = \{f \text{ は } V \text{ 上の定数関数 }\}$$

である．これらの事実を使うと次の命題が示される．

**命題 3.1.15**　（ポアソン方程式の解）$g \in \ell(V)$ が与えられたとき，

$$\Delta f(x) = g(x), \qquad x \in V \tag{3.1.19}$$

を満たす $f \in \ell(V)$ が存在するための必要十分条件は $g$ が $(g,1)_C = 0$ を満たすことである．ここで 1 は $V$ 上，常に 1 という値をとる定数関数を表す．さらに，このとき上の方程式の解は定数の違いを除いて一意的に定まる（つまり $f_1, f_2$ が (3.1.19) の二つの解であるとき，$f_1 - f_2$ は定数関数である）．

**証明：** 上で述べた事実から，

$$\mathrm{Img}\Delta = \{g \in \ell(V) : (g,f)_C = 0, \quad f \in \mathrm{Ker}\Delta\}$$
$$= \{g \in \ell(V) : (g,1)_C = 0\}$$

であるから，命題の初めの主張が示された．$f_1, f_2$ が (3.1.19) の二つの解であるとき，$f_1 - f_2 \in \mathrm{Ker}\Delta$ であるから，差が定数関数であることも分かる．∎

方程式 (3.1.19) を**ポアソン (Poisson) 方程式**という．

3.1. 有限グラフ上の電気回路とランダムウォーク    135

**注意 3.1.16** この命題を用いると，命題 3.1.9 の 1), 2) を満たす $i$ の存在が示される．実際，上の命題で $g$ として

$$g(x) = \begin{cases} 0 & x \in V \setminus V' \\ -\bar{I}(x)/C_x & x \in V' \end{cases}$$

をとると，$\sum_{a \in V'} \bar{I}(a) = 0$ のとき $g$ は上の命題の条件を満たすから，(3.1.19) を満たす $f$ が存在する．この $f$ から，$i_{xy} = (f(x) - f(y))/R_{xy}$ により $i$ を定める（オームの法則にしたがった）と，$a \in V'$ のとき

$$\Delta f(a) = -\frac{1}{C_a} \sum_y (f(a) - f(y))/R_{ay} = -\sum_y i_{ay}/C_a$$
$$= -\bar{I}(a)/C_a$$

となる（最後の等式で，(3.1.19) を用いている）から，この $i$ は命題 3.1.9 の 1), 2) を満たしている．

$\mathbf{Q}$ を有理数全体の集合としよう．次の命題は次小節で用いる．

**命題 3.1.17** 電気回路 $(V, C)$ で，コンダクタンスの値がすべて有理数（つまり任意の $\{x, y\} \in B$ について $C_{xy} \in \mathbf{Q}$）とする．さらに，$g \in \ell(V)$ を，任意の $x \in V$ について $g(x) \in \mathbf{Q}$ かつ $(g, 1)_C = 0$ を満たすものとする．このとき，ポアソン方程式 $\Delta f = g$ の解 $f$ は常に次を満たす．

$$f(x) - f(y) \in \mathbf{Q}, \qquad x, y \in V \tag{3.1.20}$$

**証明**：$V$ の各元の値を成分として $f, g$ をベクトルで表示し，$\Delta$ を行列表示したものを $A$ とすると，仮定から $A$ の成分，$\mathbf{g}$ の成分はいずれも有理数であり，$A\mathbf{f} = \mathbf{g}$ を満たす．$A$ のランク（階数）は $\mathrm{Img}\Delta$ の次元 $\sharp V - 1$ に等しいから，上の式から左基本変形と列の入れ替えを繰り返すことにより

$$\begin{pmatrix} 1 & & 0 & \\ & \ddots & & \bar{\mathbf{v}} \\ 0 & & 1 & \\ \hline 0 & \cdots & 0 & 0 \end{pmatrix} \tilde{\mathbf{f}} = \begin{pmatrix} \bar{\mathbf{g}} \\ \hline 0 \end{pmatrix}$$

となる（$\tilde{\mathbf{f}}$ は，$A$ の変形に応じて $\mathbf{f}$ の成分の順序を入れ替えたもの）．ここで，基本変形は有理数の四則演算で行えるから，$\bar{\mathbf{v}}, \bar{\mathbf{g}}$ の取る値は有理数である．これにより，解の一つとして ${}^t(\ \bar{\mathbf{g}}\ |0)$（${}^t$ は転置行列）を取ることができ，命題 3.1.15 より二つの解の差が定数関数であるから，一般の解は，

$$\tilde{\mathbf{f}} = \left(\begin{array}{c} \bar{\mathbf{g}} \\ \hline 0 \end{array}\right) - \alpha \left(\begin{array}{c} 1 \\ \vdots \\ 1 \\ 1 \end{array}\right)$$

（$\alpha$ は任意の実数）となる（したがって，上の $\bar{\mathbf{v}}$ の成分はすべて $-1$ であることがわかる）．よって，(3.1.20) が示された． ∎

### 3.1.5 デーンの定理

この小節では，1903 年にデーン (M. Dehn) によって証明された次の問題を考える．

**定理 3.1.18** $K$ を縦の長さ $a$，横の長さ $b$ の長方形とする．$K$ を，縦横の比が有理数であるような有限個の長方形に分割することができるならば，$a, b$ の比は有理数（つまり $a/b \in \mathbf{Q}$）である．特に，$K$ を有限個の正方形に分割できれば，$a, b$ の比は有理数である．

分割された小長方形は，縦横の比が有理数という条件がついているだけでそれぞれの長さは無理数でも構わない．分割の際，小長方形の配置は多様にありうるので，上の事実は全く自明なことではない．この問は一見整数論的に見えるが，実は電気回路の話を使って鮮やかに証明ができる（なお，デーン自身による証明は電気回路を用いたものではない）．この証明を著者は，砂田利一氏に教えていただいた（[EN3] には，この問題について詳しく述べてあるので参照して欲しい）．以下では，砂田氏による証明 ([EN3]) を本章での設定に焼き直した証明を行う．

## 3.1. 有限グラフ上の電気回路とランダムウォーク

**証明:** 相似変換により, $a=1$ と考えてよい. まず, 分割された有限個の長方形から有限グラフを以下のように作り出す. 有限分割された長方形を, その左辺がより左にあるもの (左辺が同じ位置のものについては上辺がより上にあるもの) から順に $(1),(2),(3),\ldots,(m)$ と番号を打つ. 次に, 各小長方形の縦辺に, 左から順に $1,2,3,\ldots,n$ と番号を打つ (横が同じ位置にある辺は, まとめて一つの辺と考える). そして, $V=\{1,2,3,\ldots,n\}$ を頂点, $B=\{(1),(2),(3),\ldots,(m)\}$ をボンドとし, $i=1,2,\ldots,m$ について, ボンド $(i)$ の端点は対応する長方形 $(i)$ の左右の辺に対応する頂点として得られる有限グラフを考える (このグラフは明らかに連結である).

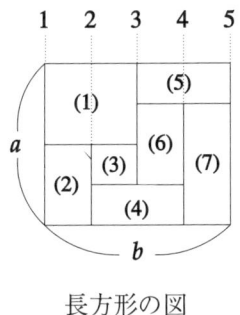

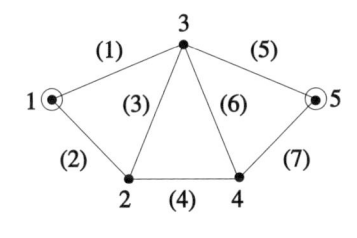

長方形の図    生成された有限グラフ

図 3.6

このグラフを電気回路と考えるため, 各ボンド $(i)$ にコンダクタンスとして

$$(小長方形 (i) の縦の長さ)/(小長方形 (i) の横の長さ) \qquad (3.1.21)$$

を与える. 仮定からこの値は有理数である.

さて, このようにして作られた電気回路 $(V,C)$ に対して ($C_{ij}$ は $i,j \in V$ を結ぶボンドのコンダクタンスの和を表す), $f \in \ell(V)$ を $f(i)=$ (線分 1 から線分 $i$ までの距離) と定義すると, $f(1)=0, f(n)=b$ である. さらに, $\{i,j\} \in B$ に対して

$$C_{ij}(f(j)-f(i)) = \mathrm{sgn}(i,j) \cdot (\{i,j\} に対応する小長方形の縦の長さ (の和))$$

(ただし $\mathrm{sgn}(i,j) = 1$ if $j > i$, $\mathrm{sgn}(i,j) = -1$ if $j < i$ と定める) となるから，これを用いると，$i \in \{2, 3, \ldots, n-1\}$ のとき

$$\Delta f(i) = \frac{1}{C_i} \sum_{j \in V} C_{ij}(f(j) - f(i))$$

$$= \frac{1}{C_i}\{(i \text{を左辺とする小長方形の縦辺の長さの和})$$

$$- (i \text{を右辺とする小長方形の縦辺の長さの和})\} = 0$$

(ただし $C_i = \sum_j C_{ij}$) となり，さらに

$$\Delta f(1) = 1/C_1, \qquad \Delta f(n) = -1/C_n$$

となる．つまり $f$ は

$$g(x) = \begin{cases} 1/C_1, & x = 1 \\ -1/C_n, & x = n \\ 0, & \text{その他} \end{cases}$$

としたときの $\Delta f = g$ の解である ($((g,1))_C = C_1/C_1 - C_n/C_n = 0$ であり，このポアソン方程式の解は定数の違いを除いて唯一である)．今，$C_{ij}$ はすべて有理数であり $g$ のとる値も有理数であるから，命題 3.1.17 よりすべての $i, j \in V$ に対して $f(i) - f(j) \in \mathbf{Q}$，特に $f(n) = f(n) - f(1) = b \in \mathbf{Q}$ である． ∎

**注意 3.1.19** この証明では，一見複雑な電気回路を作っているように見えるが，要するに図 3.7 のようにもとの長方形の板の右辺と左辺の間に電圧 $b$ をかけ，左辺を接地したものである．実際このとき，各小長方形の抵抗は小長方形の横辺の長さに比例し，縦辺の長さに反比例するから，そのコンダクタンスは (3.1.21) のようになっている．

### 3.1.6 有効抵抗と脱出確率

電気回路 $(V, C)$ が与えられているとする．$a, b \in V$ を取り，この回路が $a$ と $b$ の 2 点を端点とする一つの抵抗であると思ったとき，その抵抗値はいくらになるであろうか？ この値を表すのが有効抵抗である．

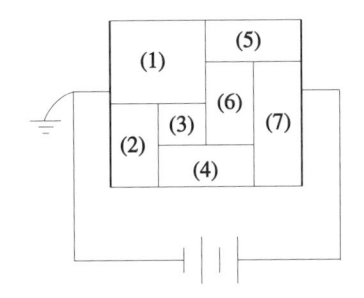

## 3.1. 有限グラフ上の電気回路とランダムウォーク

図 3.7 分割した長方形から作った電気回路

**定義 3.1.20** $a, b$ 間に電圧を加え $v(a) = 1, v(b) = 0$ としたとき, $R(a,b) = 1/i_a$ ($i_a = \sum_x i_{ax}$ は電源から $a$ への流入電流量) を $a,b$ 間の**有効抵抗** (effective resistance) という.

以下では $a$ に 1 ボルト, $b$ を接地したときの $x$ での電位を $v^1(x)$, $a$ への総流入電流量を $i_a^1$ と書くことにする.

**命題 3.1.21**

$$R(a,b) = (\inf\{\mathcal{E}_C(f,f) : f \text{ は } V \text{ 上のポテンシャル}, f(a) = 1, f(b) = 0\})^{-1}$$

**証明:** 先の命題 3.1.7 より, 右辺の下限をとるのは $f(x) = v^1(x)$ のときである. このとき

$$\mathcal{E}_C(v^1, v^1) = -(v^1, \Delta v^1)_C = -\sum_{x \in \{a,b\}} v^1(x) \Delta v^1(x) C_x = -\Delta v^1(a) C_a$$

$$= -\frac{1}{C_a} \sum_{y \in V} (v^1(y) - v^1(a)) C_{ay} C_a = -\sum_y (-i_{ay}^1) = i_a^1$$

となる. ただし初めの等式で命題 3.1.5 を用い, 5 番目の等式ではオームの法則を用いた. $R(a,b) = 1/i_a^1$ であるから, 命題が示された. ■

**問 3.1.8** $R(a,b) = \inf\{E_C(j,j) : j \text{ は } a, b \text{ を境界とするフロー}, j_a = \sum_y j_{ay} = 1\}$ となることを示せ.

では，この有効抵抗の確率論的意味を考えてみよう．天下り的ではあるが，次のような脱出確率を考える．

$$P_{\mathrm{esc}}(a,b) = P^a(\tau_b < \inf\{n \geq 1 : X_n = a\})$$

言葉で表すと，「$a$ から出る粒子が，$a$ に戻る前に $b$ にたどり着く確率」である．esc は escape の略で，脱出口 $b$ から脱出するというイメージを持ってもらうとよい．

**命題 3.1.22**

$$P_{\mathrm{esc}}(a,b) = \frac{1}{C_a R(a,b)}$$

**証明：** 簡単な式変形から

$$i_a^1 = \sum_{y \in V} i_{ay}^1 = \sum_{y \in V} (v^1(a) - v^1(y)) P_{ay} C_a$$
$$= C_a \left(1 - \sum_{y \in V} P_{ay} v^1(y)\right)$$

となる．ここで，命題 3.1.12 より $v^1(y)$ は $y$ から出た粒子が $b$ に着く前に $a$ に着く確率であり，したがって $\sum_{y \in V} P_{ay} v^1(y)$ は $a$ から出た粒子が $b$ に着く前に $a$ に戻る確率を表す．したがって上式の最後の値は $C_a P_{\mathrm{esc}}(a,b)$ に等しいことが分かり，命題が証明された． ∎

この命題から，有効抵抗は脱出確率と $a$ でのコンダクタンスの積の逆数であることがわかった．

上の証明の中で，暗に $P^a(\inf\{n \geq 1 : X_n = a\} = \infty, \tau_b = \infty) = 0$ という事実を使っている．これは，

$$P^a(\tau_b < \infty) = 1 \tag{3.1.22}$$

（$a$ から出た粒子は確率 1 で有限時間内に $b$ にたどり着く）から得られる．(3.1.22) の証明はいろいろあるが，例えば $V' = \{b\}$ として小節 3.1.3 1) の $\mathbf{U}^n$ を考えると，$\mathbf{U}^n$ の $(a, j)$ 成分は $a$ から出発して時刻 $n$ まで $b$ を通らず時刻 $n$ で $j$ に着く確率を表し，

$\mathbf{U}^n \to \mathbf{0}$ $(n \to \infty)$ であることから $P^a(\tau_b = \infty) = 0$ が証明される.

$P_{\mathrm{esc}}(a,b) = \alpha$ とすると,小節 3.1.2 2) の $u(a)$ ($a$ から出て,$b$ に着く前に $a$ を通る回数の平均)は $u(a) = \sum_{k=1}^{\infty} k(1-\alpha)^{k-1}\alpha$ と表せる.$|x| < 1$ のとき $\sum_{k=1}^{\infty} kx^{k-1} = (1-x)^{-2}$ であるから,結局 $u(a) = P_{\mathrm{esc}}(a,b)^{-1}$ という関係が成り立つことになる.命題 3.1.22 とあわせると,$u(a)/C_a = (C_a P_{\mathrm{esc}}(a,b))^{-1} = R(a,b)$ となり,一方 $u(a)/C_a$ は小節 3.1.2 2) における $a$ と $b$ の電位差であったので,オームの法則より電源から $a$ への流入電流量は 1 ということになる.これにより (3.1.13) が再確認された.

なお,有効抵抗において $a, b$ の代わりにそれぞれ有限個の点の集合を考えても,同様の定義をすることができる.

**問 3.1.9** 図 3.4 で $a, b$ の有効抵抗を求めよ.また,$a$ から出る粒子が,$a$ に戻る前に $b$ にたどり着く確率を求めよ.

**問 3.1.10** 図 3.8 において,それぞれの抵抗を $R_1, R_2$ とするとき,$a, b$ 間の有効抵抗が直列つなぎでは $R_1 + R_2$,並列つなぎでは $1/(1/R_1 + 1/R_2) = R_1 R_2/(R_1 + R_2)$ となることを示せ(中学でも習った事実である).

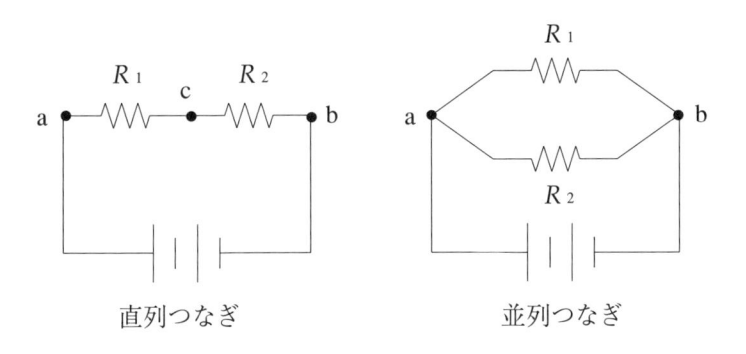

図 3.8

## 3.1.7 レイリーの定理

ある電気回路の抵抗の一部を切り取ると,回路内の 2 点の有効抵抗はどうなるだろうか? 本来電気が通れていたところが通れなくなるのだから,抵抗値は

大きくなるはずである．では，2点をショートさせるとどうであろうか？ 本来抵抗がかかっていたところがフリーパスになるのだから抵抗値は小さくなるはずである．このような直感を定理にしたのが，次のレイリー (Rayleigh) の定理である．自明とも思えるこの定理から，後に全く自明でない結論が導かれることになる．

**定理 3.1.23** （レイリーの単調性定理）有限グラフ $(V, B)$ の上に $(V, C)$, $(V, C')$ という二つの電気回路が組まれているとする．このとき，任意の $\{x, y\} \in B$ について $R_{xy} \leq R'_{xy}$ であれば（ただし $R, R'$ はそれぞれ $C, C'$ の抵抗を表すものとする），任意の $a, b \in V$ に対して $R_C(a, b) \leq R_{C'}(a, b)$ である．

**証明:** $v$ を，$(V, C)$ について $V' = \{a, b\}$, $v(a) = 1$, $v(b) = 0$ としたときの命題 3.1.7 の下限を取る電位とし，$v'$ を $(V, C')$ について同様に決めた電位とすると，命題 3.1.21 より

$$R_C(a,b)^{-1} = \frac{1}{2}\sum_{x,y}(v(x)-v(y))^2/R_{xy} \geq \frac{1}{2}\sum_{x,y}(v(x)-v(y))^2/R'_{xy}$$
$$\geq \frac{1}{2}\sum_{x,y}(v'(x)-v'(y))^2/R'_{xy} = R_{C'}(a,b)^{-1}$$

ただし，2段目の初めの不等式で，$(V, C')$ においては $v'$ がエネルギー消費量の下限を取るという命題 3.1.7 の事実を使っている．よって命題が示された． ∎

証明を見ると分かるが，この定理は2点間の有効抵抗だけでなく，$V$ 内の二つの部分集合間の有効抵抗についても成り立つ．定理 3.1.23 より，本小節の初めに書いた事実が示される．

**系 3.1.24**

（**ショート則** (short method)）電気回路のいくつかの点をショートさせると，回路の任意の2点間の有効抵抗は減少する．

（**カット則** (cut method)）電気回路のいくつかのボンドを切る（カットする）と，回路の任意の2点間の有効抵抗は増加する．

**証明:** 2点をショートさせるとは2点間の抵抗値を0にするということであり，抵抗値が下がるので定理 3.1.23 から有効抵抗は減少する．また，2点間のボン

ドをカットするとは，その部分の抵抗を $\infty$ にするということであり，抵抗値が上がるので定理 3.1.23 から有効抵抗は増加する． ∎

この系は，ショート則，カット則という名で以後何度か引用する．

次の系は，この事実を対応するマルコフ連鎖の脱出確率を用いて述べたものである．こうなると，一見自明ではなくなる．

**系 3.1.25** 有限グラフ $(V, B)$ の上に $(V, C), (V, C')$ という二つの電気回路が組まれているとする．このとき，任意の $\{x, y\} \in B$ について $R_{xy} \leq R'_{xy}$ が成り立ち，さらに $a \in V$ につながるボンドについては常に $R_{az} = R'_{az}$ が成り立つならば，$a$ と異なる任意の $b \in V$ に対して $P'_{\mathrm{esc}}(a, b) \leq P_{\mathrm{esc}}(a, b)$ である．

**証明**：任意の $z \in V$ について $C_{az} = C'_{az}$，したがって $C_a = C'_a$ だから，定理 3.1.23 と命題 3.1.22 より示される． ∎

**問 3.1.11** $(V, B)$ 上の二つの電気回路 $(V, C), (V, C')$ について，任意の $\{x, y\} \in B$ について $R_{xy} \leq R'_{xy}$ が成り立っても（$R_{az} = R'_{az}$ が成り立たなければ），$P'_{\mathrm{esc}}(a, b) > P_{\mathrm{esc}}(a, b)$ となることがある．このような例を挙げよ．

## 3.2 無限グラフ上の電気回路とランダムウォーク

この節では，無限グラフ上に電気回路を構成し，対応するランダムウォーク（一般にはマルコフ連鎖）を考察する．電気回路を用いて，マルコフ連鎖が有限時間内に出発点に確率 1 で戻ってくるか否かという再帰性の問題に取り組んでいく．

### 3.2.1 無限グラフ上の電気回路と，対応するマルコフ連鎖の再帰性

この小節からは，無限グラフを考える．すなわち，$(V, B)$ は $V$ の元の数が可算無限個であるような連結なグラフとする．ただし，$V$ の各元につながるボンドの数は有限個であるとする．このグラフ上の電気回路，対応するマルコフ連

鎖を，小節 3.1.1, 3.1.2 と同様に定義する．小節 3.1.2 同様，$X_n$ で $n$ 秒後の粒子の位置を表し，$P^x$ は $x$ から出発する粒子についての確率を表すものとする．

**定義 3.2.1** $P^x(\inf\{n \geq 1 : X_n = x\} = \infty) = 0$ のとき，このマルコフ連鎖は（$x$ において）**再帰的** (recurrent) であるという．
$P^x(\inf\{n \geq 1 : X_n = x\} = \infty) > 0$ のとき，このマルコフ連鎖は（$x$ において）**非再帰的** (transient) であるという．

有限グラフの電気回路に対応するマルコフ連鎖は常に再帰的であることに注意しよう（(3.1.22) の証明と同様にして示すことができる）．無限グラフを考えるから，非再帰的な場合が出てくるのである．

以下では，各 $x, y \in V$ と $n \geq 1$ に対して

$$P_n(x,y) = P^x(X_n = y), \ F^{(n)}(x,y) = P^x(X_1 \neq y, \ldots, X_{n-1} \neq y, X_n = y)$$

とおき，$P_0(x,y)$ は $x = y$ のとき 1，$x \neq y$ のとき 0 とおく．

**命題 3.2.2** 1) マルコフ連鎖が $x \in V$ で再帰的であるための必要十分条件は，以下が成り立つことである．

$$\sum_{n=0}^{\infty} P_n(x,x) = \infty$$

2) 連結なグラフ $(V, B)$ においては，電気回路に対応するマルコフ連鎖が再帰的であるか非再帰的であるかは，初期点 $x \in V$ のとり方によらずに定まる．

**証明：** 1) まず $x, y \in V$ と $n \geq 1$ に対して

$$P_n(x,y) = \sum_{m=1}^{n} F^{(m)}(x,y) P_{n-m}(y,y) \tag{3.2.1}$$

と表されることに注意する（この等式は，左辺の事象を $x$ から出発したマルコフ連鎖が初めて $y$ に着いた時刻 $m$ によって場合分けすることにより得られる）．(3.2.1) を $y = x$ として $n = 1$ から $N$ まで加え，さらに $P_0(x,x) = 1$ を加えることにより

$$\sum_{n=0}^{N} P_n(x,x) = \sum_{n=1}^{N}\sum_{m=1}^{n} F^{(m)}(x,x) P_{n-m}(x,x) + 1$$
$$= \sum_{m=1}^{N}\sum_{n=m}^{N} F^{(m)}(x,x) P_{n-m}(x,x) + 1$$

を得る（第 2 式は，和の順番を入れ替えることによって得られる）．さらに $\bar{Q}^N(x,x) = \sum_{n=0}^{N} P_n(x,x)$ とおくことにより，

$$\bar{Q}^N(x,x) - \sum_{m=1}^{N} F^{(m)}(x,x) \bar{Q}^{(N-m)}(x,x) = 1$$

となる．ここで $N \to \infty$ とすることにより，定理 A.2.3 から

$$\bar{Q}^{\infty}(x,x)\{1 - P^x(\inf\{n \geq 1 : X_n = x\} < \infty)\} = 1$$

を得る（$\sum_{m=1}^{\infty} F^{(m)}(x,x) = P^x(\inf\{n \geq 1 : X_n = x\} < \infty)$ に注意）．したがって $P^x(\inf\{n \geq 1 : X_n = x\} < \infty) = 1$ と $\bar{Q}^{\infty}(x,x) = \infty$ の同値性が示されたので，結論が導き出せる．

2) 今 $x \in V$ においてこのマルコフ連鎖は非再帰的であるとする．グラフが連結であるから，任意の $y \in V$ に対して

$$P_l(x,y) > 0, \quad P_m(y,x) > 0 \tag{3.2.2}$$

なる $l, m \geq 0$ が存在する（今の場合，$l = m$ ととることができる）．任意の $n \geq 0$ について

$$P_{l+m+n}(x,x) \geq P_l(x,y) P_n(y,y) P_m(y,x)$$

が成り立つから，この式の両辺を $n = 0$ から無限大までたし合わせることにより

$$\sum_{n=0}^{\infty} P_n(x,x) \geq \sum_{n=0}^{\infty} P_{l+m+n}(x,x) \geq P_l(x,y) \left\{\sum_{n=0}^{\infty} P_n(y,y)\right\} P_m(y,x)$$

を得る．仮定より左辺は有限であるから，$\sum_{n=0}^{\infty} P_n(y,y) < \infty$ を得る．先に示した 1) より，これは $y \in V$ においてこのマルコフ連鎖が非再帰的であることを意味する．$x$ と $y$ を取り換えて考えることにより，逆も示される． ∎

**注意 3.2.3** (3.2.2) のように,任意の $x, y \in V$ に対してある $n \geq 0$ が存在して $P_n(x, y) > 0$ を満たすとき,このマルコフ連鎖は **既約** (irreducible) であるという.再帰性が初期点によらないという上の命題 2) は,既約なマルコフ連鎖の性質なのである.

既約なマルコフ連鎖が再帰的であるとき,$P^x(\{\text{粒子が無限回 } x \text{ に戻る}\}) = 1$ がすべての $x$ で成り立つ.実際,$\tau_0 = 0$ とし,$i \geq 0$ について帰納的に

$$\tau_i = \inf\{n > \tau_{i-1} : X_n = x\}, \quad W_i = \tau_i - \tau_{i-1}$$

($\tau_i$ は $i$ 回目に戻って来た時刻,$W_i$ は $i-1$ 回目に戻ってから,$i$ 回目に戻るまでの時間を表す)とすると,

$$\{\text{粒子が無限回 } x \text{ に戻る}\} = \{\tau_i < \infty, \ \forall i\} = \bigcap_{k=1}^{\infty}\{\tau_k < \infty\}$$

である.$\tau_i = \sum_{k=1}^{i} W_k$ であり,強マルコフ性と呼ばれる性質と再帰性から $P^x(W_i < \infty | \tau_{i-1} < \infty) = 1$. したがって,

$$P^x(\tau_k < \infty) = P^x(W_k < \infty | \tau_{k-1} < \infty) P^x(\tau_{k-1} < \infty) = P^x(\tau_{k-1} < \infty) = \cdots = 1$$

となり,$P^x(\{\text{粒子が無限回 } x \text{ に戻る}\}) = \lim_{k \to \infty} P^x(\tau_k < \infty) = 1$ を得る.

マルコフ連鎖が再帰的,非再帰的のいずれであるかを調べる問題をマルコフ連鎖の **型問題** (type problem) といい,古くから詳しく調べられている.本書では電気回路に対応するマルコフ連鎖の型問題を次の 2 小節で取り扱うが,その前に本小節でいくつかの準備をしておこう.まずは,無限グラフの有限近似について述べる.無限グラフ $(V, B)$ に対して,

$$(V_1, B_1) \subset (V_2, B_2) \subset \cdots \subset (V, B)$$

となる連結な有限グラフの列で,$\cup_{n=1}^{\infty} V_n = V, \cup_{n=1}^{\infty} B_n = B$ となるものを $(V, B)$ の **有限グラフ近似列** (approximation by finite graphs) という.ただし,二つのグラフ $(V, B), (V', B')$ が $V \subset V', B \subset B'$ を満たすとき,$(V, B) \subset (V', B')$ と表すこととする.

以下では,$(V, B)$ 上に電気回路 $(V, C)$ が与えられているとする.$\{(V_n, B_n)\}$ を $(V, B)$ の有限グラフ近似列とすると,このとき各 $(V_n, B_n)$ 上の電気回路は,

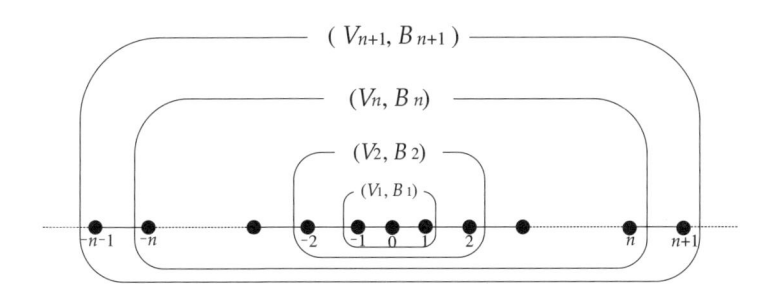

## 3.2. 無限グラフ上の電気回路とランダムウォーク

図 3.9 有限グラフ近似列の例

$\{x,y\} \in B_n$ のとき 2 点間のコンダクタンスを $C_{xy}$ とし $\{x,y\} \notin B_n$ のときは 0 とすることにより定まる。$\partial V_n = \{x \in V_n : \{x,y\} \in B$ で $\{x,y\} \notin B_n$ なるものが存在する$\}$ とおくと，$x \in V_n \setminus \partial V_n$ に対して $R_{(n)}(x, \partial V_n), P_{\mathrm{esc}}^{(n)}(x, \partial V_n)$ が定義され（$(V_n, B_n)$ に関する値という意味で，$(n)$ を付けた），命題 3.1.22 と同様にして

$$P_{\mathrm{esc}}^{(n)}(x, \partial V_n) = 1/\{C_x R_{(n)}(x, \partial V_n)\} \tag{3.2.3}$$

となる．$x \in V$ に対して $x \in V_n \setminus \partial V_n$ となるような十分大きな $n$ をとろう．$R_{(n+1)}(x, \partial V_{n+1})$ において，$V_{n+1}$ のうち $\partial V_n$ およびその外をショートさせると $R_{(n)}(x, \partial V_n)$ を得るので，系 3.1.24 より $R_{(n)}(x, \partial V_n) \leq R_{(n+1)}(x, \partial V_{n+1})$ となる．したがって $\lim_{n \to \infty} R_{(n)}(x, \partial V_n)$ が無限大を含めると存在するので，その値を $R_{\mathrm{eff}}(x)$ と書く（eff は effective の略）．(3.2.3) より $\lim_{n \to \infty} P_{\mathrm{esc}}^{(n)}(x, \partial V_n)$ の存在も分かるので，その値を $P_{\mathrm{esc}}(x)$ と書く．

$R_{\mathrm{eff}}(x)$ や $P_{\mathrm{esc}}(x)$ の値は，実は有限グラフ近似列のとり方によらない．実際，任意に二つの有限グラフ近似列 $\{(V_n, B_n)\}, \{(V_n', B_n')\}$ をとると，各 $k$ に対して $n(k)$ が存在して

$$(V_k, B_k) \subset (V_{n(k)}', B_{n(k)}')$$

となる．$k$ を $x \in V_k \setminus \partial V_k$ となるようにとると，ショート則より $R_{(k)}(x, \partial V_k) \leq R_{(n(k))}'(x, \partial V_{n(k)}')$ であり，$k \to \infty$ とすることにより，$\{(V_n, B_n)\}$ に沿った極限は $\{(V_n', B_n')\}$ に沿った極限以下であることがわかる．$\{(V_n, B_n)\}$ と $\{(V_n', B_n')\}$ の立場を入れ換えて議論すると逆方向の不等号が導き出せ，結局二つの極限は等しいことが分

かる．有効抵抗の極限が等しいから，脱出確率の極限も等しい．

**命題 3.2.4** $P^x(\inf\{n \geq 1 : X_n = x\} = \infty) = 0$ であるための必要十分条件は，$P_{\text{esc}}(x) = 0$ である．

**証明：** $P^x(\inf\{n \geq 1 : X_n = x\} = \infty) = 0$ は

$$\lim_{k \to \infty} P^x(\inf\{n \geq 1 : X_n = x\} < k) = 1 \tag{3.2.4}$$

と同値であるから，これと

$$\lim_{n \to \infty} P_{\text{esc}}^{(n)}(x, \partial V_n) = 0 \tag{3.2.5}$$

が同値であることを示せばよい．まず (3.2.4) が成り立つとき，任意の $\epsilon$ に対して $k$ を大きくとると

$$P^x(\inf\{n \geq 1 : X_n = x\} < k) > 1 - \epsilon \tag{3.2.6}$$

である．そこで，$n(k)$ として $x$ から $\partial V_{n(k)}$ に至るまでにボンドを必ず $k$ 個以上通らないといけないようなものをとる（$k$ に応じてこのような $n(k)$ をとるのは可能である）．(3.2.6) の左辺の事象が起きるとき，$k$ 秒後までに $x$ に粒子が戻っているのであるから，結局 $P_{\text{esc}}^{(n(k))}(x, \partial V_{n(k)}) < \epsilon$ となり，(3.2.5) が示された．逆に (3.2.5) が成り立つとき，$k$ を大きくとると $P_{\text{esc}}^{(k)}(x, \partial V_k) < \epsilon$ である．よって，粒子が $\partial V_k$ に着く前に $x$ に戻る確率は $1 - \epsilon$ より大きくなり，したがって $P^x(\inf\{n \geq 1 : X_n = x\} < \infty) > 1 - \epsilon$ となる（(3.1.22) と同様にして，$P^x(\tau_{\partial V_k}(X_n) < \infty) = 1$ が示されるから）．任意の $\epsilon$ でこれが成り立つから，(3.2.4) が示された． ■

この命題と命題 3.2.2 2) から，$P_{\text{esc}}(x)$ が 0 か正かは $x$ によらないことが分かる．また (3.2.3) より $R_{\text{eff}}(x)$ が有限か無限かについても $x$ によらないことが分かる．これらの値が 0 か正か（有限か無限か）についての議論の場合，単に $P_{\text{esc}}, R_{\text{eff}}$ と書くことにすると，次の事実が示されたことになる．

$$\text{マルコフ連鎖が再帰的} \Leftrightarrow P_{\text{esc}} = 0 \Leftrightarrow R_{\text{eff}} = \infty \tag{3.2.7}$$

### 3.2.2 再帰性についてのポーヤの問題

$d$ 次元ユークリッド空間の格子点（各成分がすべて整数である点）全体を頂点の集合とし，これらの点のうち距離が $1$ のものを結んだ線分をボンドの集合とする無限グラフを考える（以下ではこのグラフを単に $\mathbf{Z}^d$ と書く）．

**定義 3.2.5** $\mathbf{Z}^d$ 上のマルコフ連鎖で，$\sum_{j\in\mathbf{Z}^d}p_j=1$, $p_j\geq 0$, $j\in\mathbf{Z}^d$ を満たす $\{p_j\}_{j\in\mathbf{Z}^d}$ を用いて，推移確率 $\{P_{xy}\}_{x,y\in\mathbf{Z}^d}$ が $P_{xy}=p_{y-x}$ と表されるものを $d$ 次元ランダムウォークと呼ぶ．特に，各点からボンドでつながった点への推移確率がいずれも $1/(2d)$ であるランダムウォークを $d$ 次元シンプルランダムウォークという．

$d$ 次元ランダムウォークとは，要するに推移確率が頂点によらないようなマルコフ連鎖のことである．ランダムウォークは酔っぱらいの動きに似ているので，**酔歩**あるいは**乱歩**という邦訳がついている．

1921 年の論文でポーヤ (Pólya) は，$\mathbf{Z}^d$ におけるシンプルランダムウォークがいつ再帰的であり，いつ非再帰的であるかという問題に取り組んだ．

**定理 3.2.6**（ポーヤの定理）$\mathbf{Z}^d$ 上のシンプルランダムウォークは $d=1,2$ のとき再帰的であり，$d\geq 3$ のとき非再帰的である．

なお，ポーヤの論文では，再帰的の定義が「粒子が確率 $1$ で $V$ のすべての元を通る」となっている．

**問 3.2.1** $(V,C)$ 上のマルコフ連鎖について，ポーヤの意味での再帰性と本書の意味での再帰性は同値であることを示せ．

この小節では，上の定理に $2$ 通りの証明を与える．

まずは，より直接的な証明から．$m$ を原点から出発した粒子が原点を通る回数の平均とし，$u_n$ を時刻 $n$ で粒子が原点にいる確率とすると，$m=\sum_{n=0}^{\infty}u_n$ となる．一方，$\mathbf{Z}_N^d=\mathbf{Z}^d\cap[-N,N]^d$ とし，原点から出た粒子が $\partial\mathbf{Z}_N^d$ に着く前に原点を通る回数の平均を $m_N$ とすると，

$$m_N=\sum_{k=1}^{\infty}k(1-P_{\mathrm{esc}}^{(N)}(0,\partial\mathbf{Z}_N^d))^{k-1}P_{\mathrm{esc}}^{(N)}(0,\partial\mathbf{Z}_N^d)=\frac{1}{P_{\mathrm{esc}}^{(N)}(0,\partial\mathbf{Z}_N^d)}$$

となるから，$N \to \infty$ とすることにより $m = 1/P_{\text{esc}}(0)$ となる．したがって前小節の (3.2.7) と合わせると，再帰的であるための条件は $m = \infty$ であることがわかる．そこで $u_n$ を計算しよう．$n$ が奇数のときこの値は 0 になる（奇数回で元の点に戻ることはできない！）ので，$u_{2n}$ を計算するとよい．肩慣らしに $d = 1$ の場合を計算すると，

$$u_{2n} = \frac{1}{2^{2n}} {}_{2n}C_n = \frac{(2n)!}{2^{2n}n!n!}$$

となる．1 回の推移確率が $1/2$ であるから $1/2^{2n}$ は $2n$ 秒後までの粒子の軌跡それぞれのもつ確率であり，原点に戻るには $2n$ 回のうち $n$ 回ほど負の方向に動かないといけないので，その場合の数をかけたのである．ここでスターリングの公式より $n! \sim \sqrt{2\pi n}e^{-n}n^n$（$f_n \sim g_n$ とは $\lim_{n\to\infty} f_n/g_n = 1$ となること）であるから，これを用いて上の式を計算すると，$u_{2n} \sim 1/\sqrt{\pi n}$ となる．したがって $m = \sum_n u_{2n} \asymp \sum_n 1/\sqrt{\pi n} = \infty$ となり，このランダムウォークは再帰的である（なお，$f_n \asymp g_n$ とは，定数 $c_1, c_2 > 0$ が存在して，任意の $n$ について $c_1 g_n \leq f_n \leq c_2 g_n$ となることとする）．

次に $d = 2$ の場合を見る．今度は 1 回の推移確率が $1/4$ であるから $2n$ 秒後までの粒子の軌跡それぞれのもつ確率は $1/4^{2n}$ であり，原点に戻るには $2n$ 回のうち右に $k$ 回動くなら，左に $k$ 回，上下にそれぞれ $n-k$ 回動かないといけない ($0 \leq k \leq n$) ので，

$$u_{2n} = \frac{1}{4^{2n}} \sum_{k=0}^{n} \frac{(2n)!}{k!k!(n-k)!(n-k)!}$$
$$= \frac{1}{4^{2n}} {}_{2n}C_n \sum_{k=0}^{n} {}_nC_k \, {}_nC_{n-k} = \left(\frac{1}{2^{2n}} {}_{2n}C_n\right)^2 \sim \frac{1}{\pi n}$$

となり，$m \asymp \sum_n 1/(\pi n) = \infty$ を得るので，これも再帰的である．では $d = 3$ はどうであろうか？　今度は，$x, y$ 軸の正の方向にそれぞれ $j, k$ 回動くとすると，$2n$ 回で原点に戻るには負の方向にも同じ回数動く必要があり，また $z$ 軸方向は正，負ともに $n - j - k$ 回動かなくてはいけない．したがって，

$$u_{2n} = \frac{1}{6^{2n}} \sum_{\substack{0 \leq j, k \\ j+k \leq n}} \frac{(2n)!}{j!j!k!k!(n-j-k)!(n-j-k)!}$$

## 3.2. 無限グラフ上の電気回路とランダムウォーク

となる．今度は多少面倒なので計算は略すが（[P2]などを参照のこと），整理すると，ある定数 $M$ を使って $u_{2n} \leq M/n^{3/2}$ となる．したがって $m \leq \sum_n M/n^{3/2} < \infty$ となり，今度は非再帰的になると分かる．$d=3$ で非再帰的であるから，より「戻りにくい」$d \geq 4$ でも非再帰的である（この議論は，次の電気回路を用いた証明で厳密なものとなる）．$\mathbf{Z}^d$ の再帰性，非再帰性では，$\sum_{n=1}^{\infty} 1/n^s$ の収束発散（$s>1$ のとき収束，$s \leq 1$ のとき発散）が鍵になっていることに注意して欲しい．

ランダムウォークは，しばしば「酔っぱらい」に例えられるが，この結果から，酔っぱらった人は地上ではほっておいてもそのうち戻ってくるが，ビルや宇宙空間（!?）など立体的なところ（仮想的に無限に広いとする）では，ほっておくとどこかに行ってしまって戻ってこないかもしれない，ということになる（しかし，現実には地上でもどこかで寝てしまったり車に跳ねられたりする恐れがあるので，コンパなどで酔っ払った友達はほったらかしにせず，ちゃんと介抱してあげましょう）．

さてそれでは，電気回路を使った型問題の別証明を紹介しよう．まず $d=2$ の場合を考える．$\mathbf{Z}^2$ の図 3.10 の破線部分をそれぞれショートしてやり，図 3.10 のような電気回路 $(V_2, B_2)$ を作る．$n$ から $n+1$ までには $4(2n+1)$ 本のボンドがあるからこの 2 点間の抵抗値は $1/(8n+4)$．よって前小節で定義したこの

$\mathbf{Z}^2$ の図  ショートさせた図

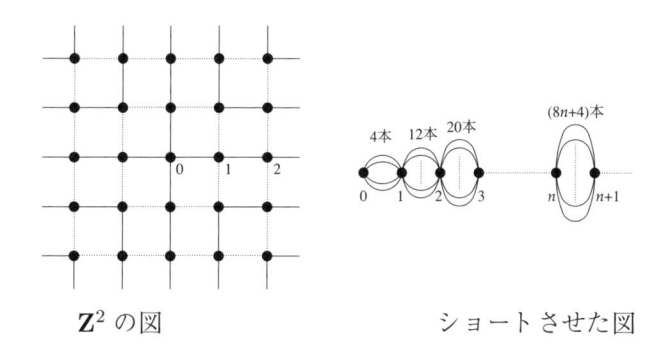

図 3.10

回路の $0$ から $\infty$ への有効抵抗は

$$R_{\text{eff}}^{V_2}(0) = \lim_{n\to\infty} \sum_{k=0}^{n} \frac{1}{8k+4} = \sum_{k=0}^{\infty} \frac{1}{8k+4} = \infty$$

となり，ショート則より $R_{\text{eff}}^{V_2}(0) \leq R_{\text{eff}}^{\mathbf{Z}^2}(0)$ であるから $\mathbf{Z}^2$ の有効抵抗も無限大である．したがって (3.2.7) より，この回路に対応する $\mathbf{Z}^2$ のシンプルランダムウォークは再帰的である．$\mathbf{Z}^1$ は $\mathbf{Z}^2$ のボンドの一部をカットして作られるから，カット則より有効抵抗は $\mathbf{Z}^2$ のそれより大きく，やはり無限大である．したがって $\mathbf{Z}^1$ のシンプルランダムウォークも再帰的である．

次に $\mathbf{Z}^3$ を考えよう．まず，天下り的ではあるが図 3.11 のような電気回路 $(T_3, B_3)$ を考える．これは，原点から三つのボンドが出てそれぞれが三つのボンドに分かれ 2 ステップ延びた後，再びそれぞれの頂点から三つのボンドに分かれ $2^2$ ステップ延びる，ということを繰り返した無限グラフの各ボンドに抵抗値 1 を与えた回路である．この無限グラフは，同じ形の枝が原点からボンドで結ばれることなく伸びているから，この回路の 0 から $\infty$ への有効抵抗を計算する際，エネルギーが最小になる電位は，原点からの距離が等しい頂点では同じ値をとる．したがって，それらの頂点をショートさせても，エネルギーに変化はない．よって有効抵抗も変わらない．$\sum_{i=0}^{n} 2^i \leq j < \sum_{i=0}^{n+1} 2^i$ のとき，原点からの距離が $j$ の頂点から $j+1$ の頂点へのボンドは $3^{n+1}$ 本あるから，これらの頂点間の抵抗値は $1/3^{n+1}$ である．抵抗値がこの値である抵抗が $2^n$ 本直列に並

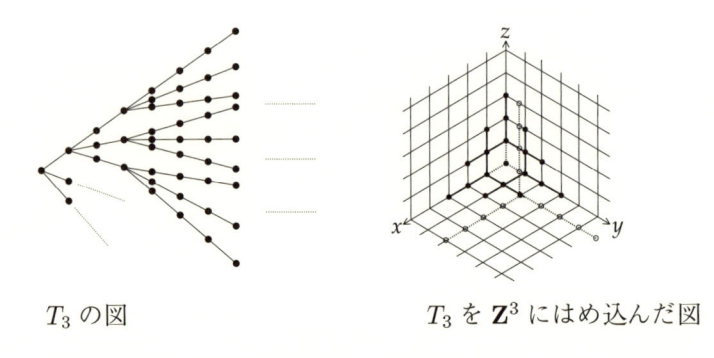

$T_3$ の図　　　　　　　　　$T_3$ を $\mathbf{Z}^3$ にはめ込んだ図

図 3.11

び，それが $n=0$ から $\infty$ まで続いているから，この回路の $0$ から $\infty$ への有効抵抗は

$$R_{\text{eff}}^{T_3}(0) = \lim_{n\to\infty}\sum_{k=0}^{n} 2^k/3^{k+1} = \lim_{n\to\infty}\frac{1}{3}\times\frac{1-(2/3)^{n+1}}{1-2/3} = 1$$

となり，対応するマルコフ連鎖は非再帰的である．さて，この回路を $\mathbf{Z}^3$ に図 3.11 のようにはめ込もう．$n$ 回目の枝分かれが起こる点の位置は $x+y+z = 2^{n-1}-1$ 上にあり，枝分かれした各点からボンドは軸の正方向にのびるから，はめ込んだボンド同士は重なり合わない．よって，はめ込んだ電気回路を $(T_3', B_3')$ とすると，これは $(T_3, B_3)$ からいくつかの頂点をショートさせたものとなり，有効抵抗は $T_3$ のそれより小さい．一方，この回路 $(T_3', B_3')$ は $\mathbf{Z}^3$ からボンドをカットしてでき上がるものであるから，有効抵抗は $\mathbf{Z}^3$ のそれより大きい．このことから $R_{\text{eff}}^{\mathbf{Z}^3}(0) \le R_{\text{eff}}^{T_3'}(0) \le 1$ となり，有効抵抗が有限になるから (3.2.7) よりこの回路に対応する $\mathbf{Z}^3$ のシンプルランダムウォークは非再帰的である．$d \ge 4$ の $\mathbf{Z}^d$ については，$\mathbf{Z}^d$ のボンドの一部をカットして $\mathbf{Z}^3$ のグラフを作ることができるから，カット則より有効抵抗は $\mathbf{Z}^3$ の方が大きい．つまり $\mathbf{Z}^d$ の有効抵抗値も有限である．したがって $\mathbf{Z}^d$ $(d \ge 4)$ のシンプルランダムウォークも非再帰的である．

### 3.2.3　いろいろなグラフ上のマルコフ連鎖の再帰性

より一般のグラフ，例えば図 3.13 のようなグラフ上の電気回路に対応するマルコフ連鎖が再帰的か否かはどのように判定するとよいであろうか？　実は，これらのグラフ上の電気回路を簡単なグラフ上の電気回路と比較することにより判定することができるというのが，この小節の主な話題である．二つのグラフの上のマルコフ連鎖がともに再帰的あるいはともに非再帰的であるとき，二つのマルコフ連鎖は**同じ型** (same type) であるという．まずは基本的な事実を紹介する．

**命題 3.2.7** $(V, B)$ 上に二つの電気回路 $(V, C)$, $(V, C')$ が与えられているとする．正の数 $c_1, c_2$ が存在して，任意の $\{x, y\} \in B$ について

$$c_1 C_{xy} \le C'_{xy} \le c_2 C_{xy} \tag{3.2.8}$$

となるとき，$(V, C)$, $(V, C')$ に対応するマルコフ連鎖は同じ型である．

**証明：** 各 $\{x, y\} \in B$ に対して $U_{xy} = c_1 C_{xy}$, $\bar{U}_{xy} = c_2 C_{xy}$ とすることにより新たな電気回路 $(V, U), (V, \bar{U})$ を作る．$(V, U)$ に対応するマルコフ連鎖が非再帰的ならば (3.2.7) より $R_{\text{eff}}^U < \infty$ であるから，(3.2.8) と定理 3.1.23 より $R_{\text{eff}}^{C'} \leq R_{\text{eff}}^U < \infty$ となり，再び (3.2.7) より $(V, C')$ に対応するマルコフ連鎖も非再帰的になる．全く同様にして，$(V, C')$ に対応するマルコフ連鎖が非再帰的ならば $(V, \bar{U})$ に対応するマルコフ連鎖が非再帰的であることが示される．一方，$(V, C), (V, U), (V, \bar{U})$ に対応するマルコフ連鎖は全く同じものであるから，命題の主張が示された． ∎

無限グラフ $(V, B)$ に対して，$B$ の各元に抵抗 1 を乗せて作った電気回路に対応するマルコフ連鎖のことを $(V, B)$ 上のシンプルランダムウォークと呼ぶ．特に $(V, B)$ が $\mathbf{Z}^d$ の場合は，定義 3.2.5 で述べた $d$ 次元シンプルランダムウォークに一致する．次の系は，上の命題から明らかである．

**系 3.2.8** 電気回路 $(V, C)$ に対して，正の数 $c_1, c_2$ が存在して

$$c_1 \leq C_{xy} \leq c_2 \tag{3.2.9}$$

が任意の $\{x, y\} \in B$ で成立するとき，$(V, C)$ に対応するマルコフ連鎖は $(V, B)$ 上のシンプルランダムウォークと同じ型である．

以下では無限グラフ $(V, B)$ に，さらに

$$\sup_{x \in V} (x\text{ から出るボンドの数}) < \infty$$

という仮定をおく（このことを**ボンドの次数** (degree) **が有界である**という）．この条件は，ここまでに仮定していた「$V$ の各元につながるボンドの数は有限個である」という条件より強い．実際，例えば前小節の図 3.10 で作った電気回路 $(V_2, B_2)$ は，$V$ の各元につながるボンドの数は有限個であるが，ボンドの次数は有界ではない．さて，連結でボンドの次数が有界であるグラフ $G = (V, B)$ に対して，各 $x \in V$ と，$x$ から $k$-step 以内でつながる点すべてをボンドでつないだグラフ $(V, B^k)$ を $G_{(k)}$ と書くことにする（図 3.12 参照）．このグラフも明らかに連結であり，ボンドの次数は有界である．

図 3.12 $G$ と $G_{(2)}$ のグラフの例

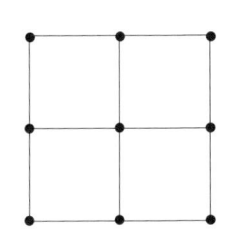

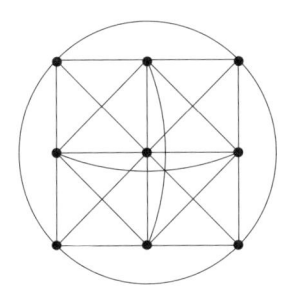

**命題 3.2.9** $G = (V, B)$ を連結でボンドの次数が有界であるグラフとする．このとき $G$ 上のシンプルランダムウォークと $G_{(k)}$ 上のシンプルランダムウォークは同じ型である．

**証明**：$x_* \in V$ に対して，a) $R_{\text{eff}}^G(x_*) < \infty$ と b) $R_{\text{eff}}^{G_{(k)}}(x_*) < \infty$ が同値であることを示せばよい．$G_{(k)}$ のボンドの一部をカットすることにより $G$ ができるから，カット則より $R_{\text{eff}}^{G_{(k)}}(x_*) < R_{\text{eff}}^G(x_*)$ である．これから a) $\Rightarrow$ b) が出る．次に b) $\Rightarrow$ a) を示す．$G_{(k)} = (V, B^k)$ の有限グラフ近似列 $\{G_{(k)}^n = (V_n, B_n^k)\}_{n \in \mathbf{N}}$ を一つとる．さらに，$\bar{V}_n = \{x \in V : x$ は $V_n$ から $k$-step 以内でつながる$\}$, $B_n = \{e \in B : e$ は $V_n$ から $k$-step 以内にある$\}$ によって $G$ の有限グラフ近似列 $\{G_n = (\bar{V}_n, B_n)\}_{n \in \mathbf{N}}$ をとる．命題 3.1.21 より

$$R_{(n)}^{G_n}(x_*, \partial \bar{V}_n) = (\frac{1}{2} \sum_{\substack{x,y \in \bar{V}_n \\ \{x,y\} \in B_n}} (f(x) - f(y))^2 \times 1)^{-1} \tag{3.2.10}$$

を満たすポテンシャル $f$ で $f(x_*) = 1, f|_{\partial \bar{V}_n} = 0$ を満たすものが存在する．境界の定義により，$\partial V_n \subset \partial \bar{V}_n$ なので $f|_{\partial V_n} = 0$ となり，再び命題 3.1.21 により

$$R_{(n)}^{G_{(k)}^n}(x_*, \partial V_n) \geq (\frac{1}{2} \sum_{\substack{x,y \in V_n \\ \{x,y\} \in B_n^k}} (f(x) - f(y))^2 \times 1)^{-1} \tag{3.2.11}$$

を得る．(3.2.11) の各項 $(f(x) - f(y))^2$ を $G_n$ のボンドを使って上から評価しよう．$x \in V$ に対して $B^k(x) = \{y \in V : x$ と $y$ は $G$ において $k$-step 以内でつ

ながる} とすると，

$$A := \sup_{x \in V} \sharp B^k(x) \leq (\sup_{x \in V} \sharp\{y : \{x,y\} \in B\})^k < \infty$$

となる．$B_n$ の決め方から $\{x,y\} \in B_n^k$ に対し，$(x_0 = x, x_1, \cdots, x_l = y)$, $\{x_i, x_{i+1}\} \in B_n$ $(0 \leq i \leq l-1,\ l \leq k)$ なる列がとれるので，

$$\begin{aligned}(f(x) - f(y))^2 &= (\sum_{i=1}^{l}(f(x_i) - f(x_{i-1})))^2 \leq l\sum_{i=1}^{l}(f(x_i) - f(x_{i-1}))^2 \\ &\leq k \sum_{\substack{x',y' \in B_n^k(x) \\ \{x',y'\} \in B_n}} (f(x') - f(y'))^2\end{aligned}$$

となる．ただし，2番目の不等式で $(\sum_{i=1}^{n} A_i)^2 \leq n(\sum_{i=1}^{n} A_i^2)$ を用いており，$B_n^k(x)$ は $B^k(x)$ の定義における $V$ の部分を $V_n$ に変えたものである．この評価の最後の式は $y$ に依らないので，両辺の $y \in B_n^k(x)$ についての和を取り，さらに $x \in V_n$ についての和をとることにより，

$$\begin{aligned}\frac{1}{2}\sum_{x \in V_n}\sum_{\substack{y \in V_n \\ \{x,y\} \in B_n^k}}(f(x)-f(y))^2 &\leq \frac{A}{2} \times k \sum_{x \in V_n}\sum_{\substack{x',y' \in B_n^k(x) \\ \{x',y'\} \in B_n}}(f(x')-f(y'))^2 \\ &\leq kA^2 \times \frac{1}{2}\sum_{\substack{x,y \in \bar{V}_n \\ \{x,y\} \in B_n}}(f(x)-f(y))^2\end{aligned}$$

を得る．ただし2番目の不等式で，各ボンド $\{x',y'\} \in B_n$ (このとき $x', y' \in \bar{V}_n$ となる) をとめたとき，$x', y' \in B_n^k(x)$ となる $x$ の個数は高々 $\sharp B^k(x') \leq A$ 個であるという事実を使っている．この式と (3.2.10), (3.2.11) から

$$\begin{aligned}R_{(n)}^{G_{(k)}^n}(x_*, \partial V_n) &\geq (kA^2)^{-1}(\frac{1}{2}\sum_{\substack{x,y \in \bar{V}_n \\ \{x,y\} \in B_n}}(f(x)-f(y))^2)^{-1} \\ &= (kA^2)^{-1} R_{(n)}^{G_n}(x_*, \partial \bar{V}_n)\end{aligned}$$

を得る．$n \to \infty$ として $R_{\mathrm{eff}}^{G_{(k)}}(x_*) \geq (kA^2)^{-1} R_{\mathrm{eff}}^{G}(x_*)$ を得るから，b) $\Rightarrow$ a) が示された． ∎

この命題は，$G$ のボンドの次数が有界でなければ一般に正しくない (章末練習問題5参照)．

**定義 3.2.10** $G = (V, B), \bar{G} = (\bar{V}, \bar{B})$ を二つのグラフとする．このとき，$V$ から $\bar{V}$ への単写 $i$（$x \neq y \in V$ のとき，$i(x) \neq i(y) \in \bar{V}$ となるもの）で，$\{x, y\} \in B$ に対して $\{i(x), i(y)\} \in \bar{B}$ となるものが存在するとき，$G$ は $\bar{G}$ に**埋め込まれる**（$G$ can be embedded in $\bar{G}$）という．

**命題 3.2.11** $G, \bar{G}$ を連結でボンドの次数が有界であるグラフとする．このとき，$G$ 上のシンプルランダムウォークが非再帰的であり，さらに $G$ がある $k \in \mathbf{N}$ について $\bar{G}_{(k)}$ に埋め込まれるならば，$\bar{G}$ 上のシンプルランダムウォークも非再帰的である．

**証明：**仮定から $\bar{G}_{(k)}$ のボンドの一部をカットすることにより $G$ がつくられるから，カット則より $R_{\text{eff}}^{\bar{G}_{(k)}} \leq R_{\text{eff}}^{G}$ となる．$G$ が非再帰的であるから (3.2.7) より右辺は有限，したがって左辺も有限となり，再び (3.2.7) より $\bar{G}_{(k)}$ は非再帰的，よって命題 3.2.9 より $\bar{G}$ も非再帰的である． ∎

この命題から，連結でボンドの次数が有界であるグラフ $G, \bar{G}$ が互いに $\bar{G}_{(k)}, G_{(k)}$ に埋め込まれるならば，$G, \bar{G}$ は同じ型であることがわかる．

**定義 3.2.12** $G = (V, B)$ を連結なグラフとする．単写 $i : V \to \mathbf{R}^d$ と正の数 $r, s$ で以下を満たすものが存在するとき，$G$ は $\mathbf{R}^d$ 内に**きれいに描かれる**（$G$ can be drawn in $\mathbf{R}^d$ in a civilized manner）という．

$$|i(x) - i(y)| \leq r, \qquad \{x, y\} \in B \qquad (3.2.12)$$

$$|i(x) - i(y)| \geq s, \qquad x \neq y \in V \qquad (3.2.13)$$

ただし，$|x - y|$ は $x$ と $y$ の $\mathbf{R}^d$ 内での距離を表す．

上の条件は，$\mathbf{R}^d$ 内に $G$ を描いたときボンドの長さが $r$ 以下であり，しかも頂点間は $s$ 以上の距離があるということである．描く際にボンド同士が交わるのは構わない．なお，$G$ が $\mathbf{R}^d$ 内にきれいに描かれるとき，$G$ のボンドの次数は有界である．

**定理 3.2.13** $G$ が $\mathbf{R}^d$ 内にきれいに描かれるとき，ある $k$ に対して $G$ は $\mathbf{Z}^d_{(k)}$ に埋め込まれる．

**証明**：この定理自体は確率論というよりグラフ理論の定理である．ここでは簡単のため $d=2$ の場合について証明を行う．まず，各ボンドの長さが $s/2$ である $\mathbf{Z}^2$ と相似なグラフを $L_s$ と書くと，$L_s$ 内の各小正方形内にある $G$（を $\mathbf{R}^2$ に埋め込んだもの）の頂点の個数は (3.2.13) より高々1個である．そこで，小正方形の内部にある点をその正方形の左下の頂点に対応させることにより，$G$ の各頂点 $i(x)$ を $L_s$ の頂点に対応させる（対応する $L_s$ の頂点を $\bar{x}$ と書く）．正方形内にある $G$ の頂点の個数が高々1個であるから，この対応は単写である．このとき，(3.2.12) と $L_s$ の一辺の長さを考えると，$\{x,y\} \in B$ に対応する $\bar{x}, \bar{y}$ の距離は $r+s$ 以下であることが分かる．$L_s$ 内の点から半径 $\sqrt{2} \times \frac{s}{2} = s/\sqrt{2}$ の円内にある（つまり同じ小正方形内にある）点には高々2-step で動くことができるので，$ks/(2\sqrt{2}) \geq r+s$ なる $k$ をとると，$\bar{x}, \bar{y}$ は高々 $k$-step でつなげることができる．つまり $\{\bar{x}, \bar{y}\}$ は $(L_s)_{(k)}$ のボンドに属する．これにより，$G$ は $(L_s)_{(k)}$ に埋め込まれた．$(L_s)_{(k)}$ はグラフとして $(\mathbf{Z}^2)_{(k)}$ と同じものであるから，定理が示された． ∎

**命題 3.2.14** $G$ が $\mathbf{R}^2$ 内にきれいに描かれるとき，$G$ 上のシンプルランダムウォークは再帰的である．

**証明**：定理 3.2.13 より，$G$ は $\mathbf{Z}^2_{(k)}$ に埋め込まれる．したがってもし $G$ 上のシンプルランダムウォークが非再帰的であれば，命題 3.2.11 より $\mathbf{Z}^2$ 上のシンプルランダムウォークも非再帰的ということになり，矛盾が生じる．よって，$G$ 上のシンプルランダムウォークは再帰的である． ∎

これにより，図 3.13 のようなグラフ上のシンプルランダムウォークはすべて再帰的であることがわかる．

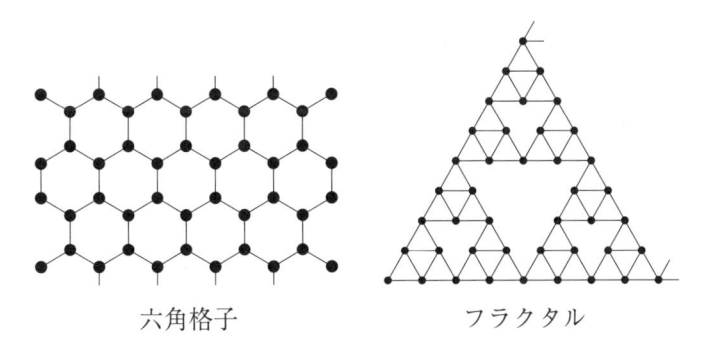

## 3.2. 無限グラフ上の電気回路とランダムウォーク

六角格子　　　　　　フラクタル

図 3.13

## 章末練習問題

1. 図 3.14 のような立方体の辺上を動く虫がいるとする．虫は立方体の頂点にさしかかると確率 1/3 でいずれかの辺上を動いていくものとする．点 $a$ から出発した虫が $a$ に戻る前に $b$ に着く確率を求めよ．

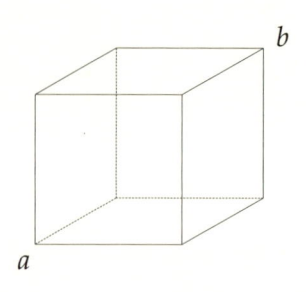

図 3.14 立方体の図

2. $(V, B)$ を連結な有限グラフとする．$B$ の元 $\{x, y\}$ にそれぞれ抵抗 $R_{xy}^1, R_{xy}^2, R_{xy}^3$ をのせるような三つの電気回路を考え，それらの $a, b \in V$ に関する有効抵抗をそれぞれ $R^1(a,b), R^2(a,b), R^3(a,b)$ とする．$R_{xy}^3 = R_{xy}^1 + R_{xy}^2$ のとき，$R^3(a,b) \geq R^1(a,b) + R^2(a,b)$ となることを示せ．

3. 原点から 2 本のボンドが出て，各々のボンドの終点から再び 2 本のボンドが出る，ということを繰り返して作られる樹木状の無限グラフを考える（図 3.15 参照）．このグラフのそれぞれのボンドに抵抗値 1 をのせた電気回路の有効抵抗を計算することにより，このグラフ上のシンプルランダムウォークが再帰的か非再帰的かを判定せよ．さらに一般に，ボンドの出方が 2 本ずつでなく $n$ 本ずつ $(n \geq 2)$ のときはどうなるか？

4. $\mathbf{Z}^2$ 上の各ボンドの抵抗を，確率 1/2 ずつで 1 または 1/2 にする．このようにしてできた（ランダムな）電気回路に対応するマルコフ連鎖は（回路に関するランダム性について確率 1 で）再帰的であることを示せ．$\mathbf{Z}^3$ で同様の電気回路を作るとどうなるか？

5. ボンドの次数が有界でないグラフについて，命題 3.2.9 の反例を挙げよ．

6. 非負整数の上のマルコフ連鎖で，推移確率が次のようなものを考える：点 $n$ にいる粒子は確率 $p_n$ で $n+1$ に動き，$1-p_n$ で $n-1$ に動く．原点では確率 1 で 1 に動く．このようなマルコフ連鎖を持つ電気回路を決め，このマルコフ連鎖が再帰的な否かを調べよ．

章末練習問題

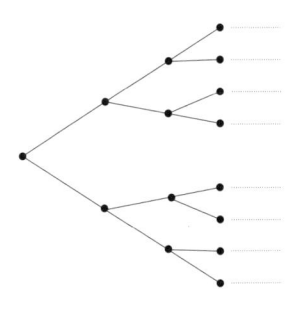

図 3.15

# 付録A　ルベーグ積分論の基本的定理

　この付録では，積分論（測度論）の設定と基本的な定理を証明なしに挙げておく．初めの小節では，測度空間とは何か，そのような空間の存在は保証されるのか，ルベーグの意味での積分はどのように定義するのかといった基本的な設定について述べる．実際に積分計算を行う際，積分と極限の順序交換，2重積分の順序交換などを勝手に行うと積分が収束しなくなったり，収束してももとの値と異なるものになる．これらの交換を保証する十分条件が，次の小節で述べる基本的な定理である．積分論に関する詳しい内容は，巻末の参考文献に挙げる書物を参照してもらうこととして，積分論の主要な設定・定理をまとめたガイド，あるいは積分論の全体像をつかむための道しるべとして，本付録をお使いいただきたい．

　ルベーグ積分論は，理工系学部学生にとって鬼門ともいうべき理論である．積分の計算技術について高校から教養にかけて学んできた人達にとって，何だか分かりにくい方法で積分が定義されるにもかかわらず目新しい計算技術が加わるわけではないというあたりが，不人気の原因なのであろう（かく言う著者自身も，本書の冒頭にも書いたようにルベーグ積分論を理解するのにずい分苦労したのである）．ではなぜ，新たな計算技術が加わるわけでもないのにルベーグ積分は重要なのであろうか？　それは，ルベーグ積分によって初めて人は「可積分関数の極限」を取り扱うことができ，極限移行のできる関数空間を手に入れることができるようになるからなのである．数の例に例えると，教養までに習うリーマン積分は「有理数」に相当し，ルベーグ積分は「実数」に相当するのである．実数上で四則演算は有理数のときと同様に計算されるが，だからといって有理数さえあれば実数など知らなくてもよいなどと言う人はいないだろう．20世紀の初めにルベーグは，「長さ・面積を測る」とはどういうことかという素朴な疑問から出発して，測度という概念にたどり着いた．その定義の中にある $\sigma$ 加法性こそが，ルベーグ積分において種々の極限をとることを可能にする源になっており，20世紀において関数解析学，微分方程式論，確率論などの

解析学が急速に進展する背景となったのである．その意味でルベーグ積分論は，解析学における20世紀最大の基礎理論といっても過言ではない．

## A.1 積分論における基本的な設定

まず，可測空間を定義しよう（定義 1.2.1 参照）．

**定義 A.1.1** 集合 $\Omega$ の部分集合の族 $\mathcal{F}$ が以下の条件を満たすとき，$\mathcal{F}$ を **$\sigma$ 加法族** ($\sigma$-algebra) といい（可算加法族，完全加法族ともいう），$\mathcal{F}$ の元を **可測集合** (measurable set) という．
1) $\Omega \in \mathcal{F}$
2) $A \in \mathcal{F}$ ならば $A^c (= \Omega \setminus A) \in \mathcal{F}$
3) $A_n \in \mathcal{F}$ $(n = 1, 2, \ldots)$ ならば $\cup_{n=1}^{\infty} A_n \in \mathcal{F}$

$(\Omega, \mathcal{F})$ が上の条件を満たすとき，この組を **可測空間** (measurable space) という．

以下では，$(\Omega, \mathcal{F})$ を可測空間とする．

**定義 A.1.2** $\mathcal{F}$ 上の非負値（$\infty$ を含む）関数 $\mu$ は，以下の条件を満たすとき $(\Omega, \mathcal{F})$ 上の **測度** (measure) といい，このとき $(\Omega, \mathcal{F}, \mu)$ を **測度空間** (measure space) という．
1) ある $E \in \mathcal{F}$ について $\mu(E) < \infty$ となる．
2) $\{A_i\}_{i=1}^{\infty} \subset \mathcal{F}$ が互いに素 (mutually disjoint)，つまり $i \neq j$ ならば $A_i \cap A_j = \emptyset$ であるとき，以下が成り立つ．

$$\mu\left(\bigcup_{i=1}^{\infty} A_i\right) = \sum_{i=1}^{\infty} \mu(A_i) \tag{A.1.1}$$

上の (A.1.1) を **$\sigma$ 加法性** ($\sigma$-additivity) という（可算加法性，完全加法性ともいう）．定義から $\mu(\emptyset) = 0$ であることが示される．定義 1.2.3 で定めた確率測度は，測度のうち $\mu(\Omega) = 1$ となるものである．したがって当然，本節の定理は確率測度の場合にも成り立つ．

**定義 A.1.3** 1) 測度空間 $(\Omega, \mathcal{F}, \mu)$ は，測度 0 の可測集合の部分集合がすべて $\mathcal{F}$ の元であり，その測度が 0 であるとき **完備** (complete) であるという．

2) 測度空間 $(\Omega, \mathcal{F}, \mu)$ は, $\{X_i\}_{i=1}^{\infty} \subset \mathcal{F}$, $\cup_{i=1}^{\infty} X_i = \Omega$ かつ $\mu(X_i) < \infty$ を満たす $\{X_i\}_{i=1}^{\infty}$ が存在するとき $\sigma$ **有限** ($\sigma$-finite) であるという.

測度空間という設定は与えられたが, このような設定を満たす空間は例えば $\Omega = \mathbf{R}$ 上にどのようにすれば構成できるのであろうか？ これについて詳しく見るために, もう少し定義を与える.

**定義 A.1.4** A) 集合 $\Omega$ の部分集合の族 $\mathcal{A}$ が以下の条件を満たすとき, $\mathcal{A}$ を**有限加法族** (algebra) という.
1) $\Omega \in \mathcal{A}$
2) $A \in \mathcal{A}$ ならば $A^c (= \Omega \setminus A) \in \mathcal{A}$
3) $A_i \in \mathcal{A}$ ($i = 1, 2, \ldots, n$, $n$ は任意の自然数) ならば $\cup_{i=1}^{n} A_i \in \mathcal{A}$

B) $(\Omega, \mathcal{A})$ を, 集合とその上の有限加法族の組とする. このとき, $\mathcal{A}$ 上の非負値 ($\infty$ を含む) 関数 $Q$ が以下を満たすとき, $Q$ を**有限加法的測度** (finite additive measure) という.
1) ある $A \in \mathcal{A}$ について $Q(A) < \infty$ となる.
2) $A_i \in \mathcal{A}$ ($i = 1, 2, \ldots, n$, $n$ は任意の自然数) が互いに素であるとき, 以下が成り立つ.

$$P\left(\bigcup_{i=1}^{n} A_i\right) = \sum_{i=1}^{n} P(A_i) \tag{A.1.2}$$

上の (A.1.2) を**有限加法性** (finite additivity) という. 有限加法族, 有限加法的測度は, $\sigma$ 加法族, ($\sigma$ 加法的) 測度の条件を有限な範囲の演算のみに弱めたものである. 有限加法族や, その上の有限加法的測度は次の例に見るように比較的構成が容易である. 以下では $(a, b]$ ($a, b \in [-\infty, \infty]$) という形の集合を**半開区間**と呼ぶ.

**例 A.1.5** $\mathcal{A}_1 = \{\cup_{i=1}^{m} A_i : A_i$ は, 互いに素である半開区間, $m \in \mathbf{N}\}$ とおくと, $\mathcal{A}_1$ は $\mathbf{R}$ 上の有限加法族である. $F$ を $\mathbf{R}$ 上の非減少な右連続関数とし, $\mathcal{A}_1$ の元 $\cup_{i=1}^{m}(a_i, b_i]$ で $(a_i, b_i] \cap (a_j, b_j] = \emptyset$, $i \neq j$ なるものに対して, $\mu$ を

$$\mu\left(\bigcup_{i=1}^{m}(a_i, b_i]\right) = \sum_{i=1}^{m}(F(b_i) - F(a_i))$$

（ただし $F(\infty) = \lim_{x\to\infty} F(x)$, $F(-\infty) = \lim_{x\to-\infty} F(x)$ とする）で定めると，$\mu$ は $\mathcal{A}_1$ 上の有限加法的測度である（小節 1.4.1 の前半部参照）．

有限加法的測度はどのようなときに（$\sigma$ 加法的）測度に拡張できるだろうか？その答えを与えるのが次の定理である（確率測度に限った場合，ホップ (E.Hopf) の拡張定理とも呼ばれる）．

**定理 A.1.6** （カラテオドリ (Carathéodory) の拡張定理）
$(\Omega, \mathcal{A})$ を集合とその上の有限加法族の組とし，$Q$ をその上の有限加法的測度とする．このとき，$Q$ が $\sigma(\mathcal{A})$ 上の $\sigma$ 加法的測度に拡張できるための必要十分条件は，$Q$ が $\mathcal{A}$ 上 $\sigma$ 加法的，つまり $\{A_i\}_{i=1}^\infty \subset \mathcal{A}$ が互いに素で $\cup_{i=1}^\infty A_i \in \mathcal{A}$ のとき $Q(\cup_{i=1}^\infty A_i) = \sum_{i=1}^\infty Q(A_i)$ となることである．$\Omega$ が $\sigma$ 有限のとき，この拡張は一意的である．さらに，$Q$ が有限加法的確率測度，つまり $Q(\Omega) = 1$ となる有限加法的測度の場合，上の条件は，次の条件と同値である．

任意の単調減少列 $\{A_i\}_{i=1}^\infty \subset \mathcal{A}$ について，$\lim_{n\to\infty} Q(A_n) > 0$ ならば $\cap_{i=1}^\infty A_i \neq \emptyset$ である．

この定理の証明の方針は，$B \subset \Omega$ に対して

$$\mu(B) = \inf\left\{\sum_{i=1}^\infty Q(A_i) : A_i \in \mathcal{A} \ (i=1,2,\ldots), \ B \subset \bigcup_{i=1}^\infty A_i\right\}$$

（**カラテオドリ外測度** (Carathéodory outer measure) と呼ばれる）と定め，これが $\sigma(\mathcal{A})$（命題 1.2.2 のすぐ後の段落参照）を含むある $\sigma$ 加法族 $\mathcal{M}$ 上の $\sigma$ 加法的測度になり，$\mathcal{A}$ 上 $Q$ に等しいことを証明するのである．$\mu$ は $\mathcal{M}$ 上完備であることも証明できる．

**例 A.1.7** （ルベーグ–スティルチェス測度）
先の例 A.1.5 で述べた $\mu$ は，$\mathcal{A}_1$ 上 $\sigma$ 加法的であることが示される（問 1.4.1 参照）．したがって，定理 A.1.6 とその直後に述べたことより $\mu$ は $\sigma(\mathcal{A}_1)$ を含むある $\sigma$ 加法族 $\mathcal{M}$ 上の完備な $\sigma$ 加法的測度に拡張できる．これを，$F$ によって定まる**ルベーグ–スティルチェス測度** (Lebesgue-Stieltjes measure) という．特に $F(x) = x$ のとき，$\mu$ を**ルベーグ測度** (Lebesgue measure) といい $\mathcal{M}$ の元を**ルベーグ可測集合** (Lebesgue measurable set) という．

## A.1. 積分論における基本的な設定

例 A.1.5 の $\mathbf{R}^n$ 版を考えることにより,多次元のルベーグ–スティルチェス測度,特に多次元のルベーグ測度を定義することができる.

次に可測関数とその積分について述べる.本節では,以下 $(\Omega, \mathcal{F}, \mu)$ を測度空間とし,$\Omega$ の元を $\omega$ と書く代わりに $x$ と書くことにする.

**定義 A.1.8** $f : \Omega \to \mathbf{R}$ が任意の $A \in \mathcal{B}(\mathbf{R})$ に対して $f^{-1}(A) \in \mathcal{F}$ を満たすとき,$f$ を ($\mathcal{F}$-) **可測関数** (measurable function) という.

なお,ここで $\mathcal{B}(\mathbf{R})$ (一般に $\mathcal{B}(\mathbf{R}^n)$) は,$\mathbf{R}$ (一般に $\mathbf{R}^n$) 内の開集合全体を含む最小の $\sigma$ 加法族を表す(命題 1.2.2 のすぐ後の段落を参照のこと).

可測関数 $f : \Omega \to \mathbf{R}$ に対して

$$f^+ = f \vee 0 = \max\{f, 0\}, \quad f^- = -(f \wedge 0) = -\min\{f, 0\} \tag{A.1.3}$$

とおく.このとき $f^+$,$f^-$ も可測関数であり,$f = f^+ - f^-$ となる.

**定義 A.1.9** $(\Omega, \mathcal{F}, \mu)$ を測度空間とする.

1) (単関数の積分) $s(x) = \sum_{i=1}^n \alpha_i 1_{A_i}(x)$, $\alpha_i \in \mathbf{R}$, $A_i \in \mathcal{F}$ という形の関数を**単関数** (simple function) という.単関数 $s$ と $E \in \mathcal{F}$ に対して

$$\int_E s(x)\mu(dx) = \sum_{i=1}^n \alpha_i \mu(A_i \cap E)$$

(ここで $0 \cdot \infty = 0$ と定める,つまり $\alpha_i = 0$, $\mu(A_i \cap E) = \infty$ のとき,その積は $0$ と定める)を,$s$ の $E$ 上のルベーグ積分という.

2) (一般の非負関数の積分) $f : \Omega \to [0, \infty)$ を可測関数とする.$E \in \mathcal{F}$ に対して

$$\int_E f(x)\mu(dx) = \sup_{\substack{0 \le s \le f \\ s \text{ は非負単関数}}} \int_E s(x)\mu(dx)$$

を $f$ の $E$ 上の**ルベーグ積分** (Lebesgue integral) という.$\int_\Omega f(x)\mu(dx) < \infty$ のとき,$f$ は可積分関数という.

3) (一般の関数の積分) $f : \Omega \to \mathbf{R}$ を可測関数とする.

$$\int_\Omega f^+(x)\mu(dx) < \infty, \quad \int_\Omega f^-(x)\mu(dx) < \infty$$

のとき $f$ は**可積分関数**といい，各 $E \in \mathcal{F}$ に対して

$$\int_E f(x)\mu(dx) = \int_E f^+(x)\mu(dx) - \int_E f^-(x)\mu(dx)$$

を $f$ の $E$ 上の**ルベーグ積分**という．

3) において，$\int_\Omega f^+(x)\mu(dx) = \infty$ または $\int_\Omega f^-(x)\mu(dx) = \infty$ のとき，それぞれ $\int_\Omega f(x)\mu(dx) = \infty$ または $= -\infty$ と定める．$f^+, f^-$ がともに可積分でないとき，$\int_\Omega f(x)\mu(dx)$ は定義されないものとする．

定義から分かるように，ルベーグ積分においては $f = f^+ - f^-$ が可積分であることと $|f| = f^+ + f^-$ が可積分であることは同値である．

ルベーグ積分というと先の例 A.1.7 で定まったルベーグ測度による積分ばかりが強調されがちであるが，実は次のような無限級数も例として含んでいることを意識しておいて欲しい．

**例 A.1.10**（無限級数）
$\Omega = \mathbf{N}$, $\mathcal{F} = \{\Omega$ の部分集合$\}$，各 $k \in \mathbf{N}$ に対して $\mu(\{k\}) = 1$ としたとき，$(\Omega, \mathcal{F}, \mu)$ は測度空間となる．このとき可測関数 $f$ を $f(i) = a_i, i \in \mathbf{N}$ で定めると，$f$ の $\Omega$ 上のルベーグ積分は，数列 $\{a_i\}$ の無限級数 $\sum_{i=1}^\infty a_i$ となる．

1.2 節で述べた確率論の「方言」と，積分論（測度論）の「標準語」の対応は以下の通りである．

| | | |
|---:|:---:|:---|
| 事象 | $\longrightarrow$ | 可測集合 |
| 確率変数 | $\longrightarrow$ | 可測関数 |
| a.s. (almost surely) | $\longrightarrow$ | a.e. (almost everywhere) |
| 平均（期待値） | $\longrightarrow$ | 積分 |

今後二つの可測関数 $f, g$ が $f(x) = g(x)$ a.e. のとき，この二つの関数を同一視する．このような同一視のもと，可積分関数全体の空間を以下のように定める．

$$\mathbf{L}^1(\Omega, \mu) := \Big\{ f : f \text{ は } \Omega \text{ 上の } \mathcal{F}\text{-可測関数であり,}$$
$$\int_\Omega |f(\omega)|\mu(d\omega) < \infty. \Big\}$$

## A.2　積分論における基本的な定理

まずは，可測関数の基本的な性質を述べる．

**定理 A.2.1**　（単関数近似）
$f : \Omega \to [0, \infty]$ を可測関数とする．このとき，単関数の列 $\{s_n\}_{n=1}^{\infty}$ で，

$$1)\ 0 \leq s_1 \leq s_2 \leq \cdots \leq f \quad 2)\ \lim_{n \to \infty} s_n(x) = f(x) \quad \text{a.s.}\ x \in \Omega$$

となるものが存在する．

次に $(\mathbf{R}^n, \mathcal{B}(\mathbf{R}^n))$ 上の測度について基本的な性質を述べる．

**定理 A.2.2**　$\mu$ が $(\mathbf{R}^n, \mathcal{B}(\mathbf{R}^n))$ 上の測度であるとき，$\mu(B_1) < \infty$ なる任意の $B_1 \in \mathcal{B}(\mathbf{R}^n)$ と任意の $B_2 \in \mathcal{B}(\mathbf{R}^n)$ に対して $K_m \subset B_1, B_2 \subset O_m$ となるコンパクト集合の列 $\{K_m\}$ と開集合の列 $\{O_m\}$ が存在して次を満たす．

$$\lim_{m \to \infty} \mu(B_1 \setminus K_m) = 0, \quad \lim_{m \to \infty} \mu(O_m \setminus B_2) = 0.$$

**定理 A.2.3**　（単調収束定理）
$\{f_n\}_{n=1}^{\infty}$ を，非負可測関数の非減少列とする．すなわち

$$0 \leq f_1 \leq f_2 \leq \cdots \leq f_n \leq \cdots.$$

このとき，以下が成り立つ．

$$\lim_{n \to \infty} \int_{\Omega} f_n(x) \mu(dx) = \int_{\Omega} \lim_{n \to \infty} f_n(x) \mu(dx)$$

**注意 A.2.4**　この定理においては，積分値が無限大の場合も含む．すなわち，極限関数 $\lim_{n \to \infty} f_n$ の積分値が無限大（有限）の場合は，左辺も無限大（有限）となることを意味している．

**補題 A.2.5** (ファトゥー (Fatou) の補題)
$\{f_n\}_{n=1}^{\infty}$ が非負の可測関数列であるとき,次の不等式が成り立つ.

$$\int_\Omega \liminf_{n\to\infty} f_n(x)\mu(dx) \le \liminf_{n\to\infty} \int_\Omega f_n(x)\mu(dx)$$

**定理 A.2.6** (ルベーグの収束定理)
$\{f_n\}_{n=1}^{\infty}, f$ が可測関数列で以下の2条件を満たすとする.

$$\lim_{n\to\infty} f_n(x) = f(x) \quad \text{a.e. } x \in \Omega$$
$$g \in \mathbf{L}^1(\Omega, \mu) \text{ が存在して } |f_n(x)| \le g(x) \quad \text{a.e. } x \in \Omega, n \in \mathbf{N}$$

このとき $f \in \mathbf{L}^1(\Omega, \mu)$ であり,以下が成り立つ.

$$\lim_{n\to\infty} \int_\Omega f_n(x)\mu(dx) = \int_\Omega f(x)\mu(dx)$$

この定理の系として,微分と積分の順序交換に関して次の定理が成り立つ.

**定理 A.2.7** $f(x,t), x \in \Omega, t \in (a,b)$ ($a < b$ は実数) が $x$ の関数として (すべての $t$ で) 可積分, $t$ について (a.e. $x$ で) 偏微分可能であるとする.さらに $\Phi \in \mathbf{L}^1(\Omega, \mu)$ が存在して

$$\left|\frac{\partial f}{\partial t}(x,t)\right| \le \Phi(x), \qquad t \in (a,b)$$

が成り立つならば, $F(t) = \int_\Omega f(x,t)\mu(dx)$ は微分可能であり以下が成り立つ.

$$F'(t) = \int_\Omega \frac{\partial f}{\partial t}(x,t)\mu(dx)$$

前小節で完備測度空間について定義した.一般に測度空間は完備とは限らないが,測度空間が与えられると,完備な測度空間を作ることができる.

**定理 A.2.8** $(\Omega, \mathcal{F}, \mu)$ を測度空間とする.このとき

$$\mathcal{F}^* = \{E \subset \Omega : A \subset E \subset B \text{ となる } A, B \in \mathcal{F} \text{ が存在して}$$
$$\mu(B \setminus A) = 0\}$$

とおくと, $\mathcal{F}^*$ は $\mathcal{F}$ を含む $\sigma$ 加法族であり, $\mu$ は $\mathcal{F}^*$ 上の測度に拡張できる.

$(\Omega, \mathcal{F}^*, \mu)$ は完備な測度空間となるが,これを $(\Omega, \mathcal{F}, \mu)$ の**完備化** (completion) という.

以下では $(\Omega_i, \mathcal{F}_i, \mu_i)$, $i = 1, 2$ は完備で $\sigma$ 有限な測度空間とする.このとき,$(A_i \times B_i) \cap (A_j \times B_j) = \emptyset$, $i \neq j$ なる $A_i \in \mathcal{F}_1, B_i \in \mathcal{F}_2$, $1 \leq i \leq n$ ($n$ は自然数) を用いて $Q = \cup_{i=1}^n (A_i \times B_i)$ と表せる $Q \subset \Omega_1 \times \Omega_2$ の全体を $\mathcal{E}$ とし,$\mathcal{E}$ を含む最小の $\sigma$ 加法族を $\mathcal{F}_1 \times \mathcal{F}_2$ とおく.$Q \in \mathcal{F}_1 \times \mathcal{F}_2$ に対して $Q_x = \{y \in \Omega_2 : (x, y) \in Q\}, Q_y = \{x \in \Omega_1 : (x, y) \in Q\}$ とおき

$$(\mu_1 \times \mu_2)(Q) = \int_{\Omega_1} \mu_2(Q_x) \mu_1(dx) = \int_{\Omega_2} \mu_1(Q_y) \mu_2(dy)$$

と定めると,($Q_x \in \mathcal{F}_2, Q_y \in \mathcal{F}_1$ かつ 2 式目と 3 式目が等しいことが証明できて) $\mu_1 \times \mu_2$ は $\mathcal{F}_1 \times \mathcal{F}_2$ 上の測度となる.これを $\mathcal{F}_1$ と $\mathcal{F}_2$ の **直積測度** (product measure) という.さらに $(\Omega_1 \times \Omega_2, \mathcal{F}_1 \times \mathcal{F}_2, \mu_1 \times \mu_2)$ の完備化を $(\Omega_1 \times \Omega_2, \mathcal{F}_1 \otimes \mathcal{F}_2, \mu_1 \otimes \mu_2)$ と書くことにする.例えば,$(\mathbf{R}, \mathcal{M}, m)$ を例 A.1.7 で述べた (1 次元) ルベーグ測度空間とすると,この空間の $n$ 回直積を完備化した空間 $(\mathbf{R}^n, \otimes_{i=1}^n \mathcal{M}, \otimes_{i=1}^n m)$ が $n$ 次元ルベーグ測度空間である.

$\Omega_1 \times \Omega_2$ 上の関数 $f$ と $x \in \Omega_1$ について,$f_x$ を $\Omega_2$ 上の関数で $f_x(y) = f(x, y)$, $y \in \Omega_2$ なるものとする ($y \in \Omega_2$ について $f_y$ も $\Omega_1$ と $\Omega_2$ の役割を入れ替えて同様に定義する).このとき,積分の順序交換について次の定理が成り立つ.

**定理 A.2.9** (フビニ (Fubini) の定理) $f$ を $\mathcal{F}_1 \otimes \mathcal{F}_2$-可測関数とする.このとき a.e. $x \in \Omega_1$ について $f_x$ は $\mathcal{F}_2$-可測であり,a.e. $y \in \Omega_2$ について $f_y$ は $\mathcal{F}_1$-可測である.さらに
1) $f$ が非負関数であるとき,$f_x, f_y$ が可測になる $x, y$ に対して

$$\varphi(x) = \int_{\Omega_2} f_x(y) \mu_2(dy), \quad \psi(y) = \int_{\Omega_1} f_y(x) \mu_1(dx) \tag{A.2.1}$$

とおくと,$\varphi$ は $\mathcal{F}_1$-可測,$\psi$ は $\mathcal{F}_2$-可測であり,以下が成り立つ.

$$\begin{aligned} \int_{\Omega_1} \varphi(x) \mu_1(dx) &= \int_{\Omega_1 \times \Omega_2} f(x, y)(\mu_1 \otimes \mu_2)(dxdy) \\ &= \int_{\Omega_2} \psi(y) \mu_2(dy) \end{aligned} \tag{A.2.2}$$

2) $f$ が

$$\int_{\Omega_1} \left( \int_{\Omega_2} |f|_x(y) \mu_2(dy) \right) \mu_1(dx) < \infty, \tag{A.2.3}$$

$$\int_{\Omega_2} \left( \int_{\Omega_1} |f|_y(x) \mu_1(dx) \right) \mu_2(dy) < \infty, \tag{A.2.4}$$

$$\int_{\Omega_1 \times \Omega_2} |f(x,y)| (\mu_1 \otimes \mu_2)(dxdy) < \infty \tag{A.2.5}$$

のいずれかを満たすとき，他の二つも満たす．このとき (A.2.1) のように $\varphi, \psi$ を定義するとこれらは可測であり，(A.2.2) が成り立つ．

ずいぶん冗長になったが，要するに積分の順序交換 (A.2.2) ができる十分条件として 1) $f$ が非負のとき，2) $f$ が (A.2.3), (A.2.4), (A.2.5) のいずれかの可積分条件を満たす（このとき他の可積分条件も満たされる）とき，の二つがあるということである．ちなみに完備化する前の $\mathcal{F}_1 \times \mathcal{F}_2$ についても同様の定理が成り立ち，その場合 $f_x, f_y$ の可測性はすべての $x \in \Omega_1, y \in \Omega_2$ で成り立つ．

最後に測度の微分についての定理を一つ述べる．

**定義 A.2.10** $(\Omega, \mathcal{F})$ を可測空間とする．
1) $\mathcal{F}$ 上の実数値（$\pm\infty$ はとらない）関数 $\lambda$ が $\sigma$ 加法的であるとき（つまり，定義 A.1.2 のうち非負値という条件以外のすべての条件を満たし，$\pm\infty$ をとらないとき），$\lambda$ を**加法的集合関数** (signed measure) という．
2) $\mu$ を加法的集合関数とする．$E \in \mathcal{F}$ に $\sup \sum_{i=1}^{\infty} |\mu(E_i)|$ を対応させる関数を $\mu$ の**全変動（測度）** (total variation measure) といい，$|\mu|$ と書く（ただし $\{E_i\}_{i=1}^{\infty} \subset \mathcal{F}$ は互いに素で，$\cup_{i=1}^{\infty} E_i = E$ とする．また，上限はそのような $\{E_i\}$ 全体についてとるものとする）．
3) $\mu$ を測度，$\lambda$ を加法的集合関数とする．$\mu(E) = 0$ となる任意の $E \in \mathcal{F}$ に対して $\lambda(E) = 0$ となるとき，$\lambda$ は $\mu$ に対して**絶対連続** (absolutely continuous) という．
4) $\mu$ を測度，$\lambda$ を加法的集合関数とする．$A_1 \cap A_2 = \emptyset$ となる $A_1, A_2 \in \mathcal{F}$ で，任意の $E \subset \Omega \setminus A_1$ について $\mu(E) = 0$，任意の $E' \subset \Omega \setminus A_2$ について $\lambda(E') = 0$ を満たすものが存在するとき，$\mu$ と $\lambda$ は**互いに特異** (mutually singular) という．

$\mu$ が加法的集合関数のとき,$|\mu|$ は $(\Omega, \mathcal{F})$ 上の測度となり $|\mu|(\Omega) < \infty$ となることが知られている.

**定理 A.2.11** (ラドン–ニコディム (Radon-Nikodym) の定理)
$\mu$ を $\sigma$ 有限な測度,$\lambda$ を加法的集合関数とする.このとき以下が成り立つ.
1) $\lambda = \lambda_a + \lambda_s$,$\lambda_a$ は $\mu$ に対して絶対連続,$\lambda_s$ と $\mu$ は互いに特異となるような加法的集合関数 $\lambda_a, \lambda_s$ の組が唯一存在する(これを $\lambda$ の**ルベーグ分解** (Lebesgue decomposition) という).
2) $f \in \mathbf{L}^1(\Omega, \mathcal{F})$ で,任意の $E \in \mathcal{F}$ に対して $\lambda_a(E) = \int_E f(x)\mu(dx)$ を満たすものが(a.e. で等しい関数を同一視すると)唯一存在する(これを $\lambda_a$ の $\mu$ に関する**ラドン–ニコディム導関数** (Radon-Nikodym derivative) と呼び,$f = \frac{d\lambda_a}{d\mu}$ と書く).

例えば,$\lambda$ が正規分布 $N(m,v)$ (例 1.2.4 5))に等しく $\mu$ がルベーグ測度のとき,$\lambda$ は $\mu$ に絶対連続で,そのラドン–ニコディム導関数は $\frac{1}{\sqrt{2\pi v}}\exp(-\frac{(x-m)^2}{2v})$ である(例 1.2.4 5) で定めた密度関数である).

# 付録B　問題の解答

## 第1章

**問 1.1.1** ［例］$\Omega = \{1, 2, 3, 4\}$ とし，それぞれに $1/4$ の確率を与える．$A = \{1, 2\}, B = \{1, 3\}, C = \{1, 4\}$ とすると，$P(A \cap B) = P(A \cap C) = P(B \cap C) = P(\{1\}) = 1/4$ であり，いずれも二つの事象の確率の積になるので二つのペアは独立である．しかし $P(A \cap B \cap C) = P(\{1\}) = 1/4$ であり，$P(A)P(B)P(C) = 1/8$ と等しくないので，三つ組としては独立でない．この他にもいろいろな反例を作ることができる．

**問 1.2.1** $B_n = A_n \setminus A_{n-1}, (n \geq 2), B_1 = A_1$ とおくと，$\{B_i\}$ は互いに素であるから $P(\lim_{n\to\infty} A_n) = P(\cup_{n=1}^{\infty} A_n) = \sum_{i=1}^{\infty} P(B_i)$ となる．よって

$$\lim_{n\to\infty} P(A_n) = \lim_{n\to\infty} \sum_{i=1}^{n} P(B_i) = \sum_{i=1}^{\infty} P(B_i) = P(\lim_{n\to\infty} A_n)$$

を得る．$\{A_n\}$ が単調減少の場合は，$\{A_n^c\}$ は単調増大なので $P(\cup_{n=1}^{\infty} A_n^c) = \lim_{n\to\infty} P(A_n^c)$ を得る．ここで，$\cup_{n=1}^{\infty} A_n^c = (\cap_{n=1}^{\infty} A_n)^c$ だから，前式の左辺は $1 - P(\cap_{n=1}^{\infty} A_n)$ となり，右辺は $1 - \lim_{n\to\infty} P(A_n)$ となる．したがって $P(\cap_{n=1}^{\infty} A_n) = \lim_{n\to\infty} P(A_n)$ を得る．

**問 1.2.2** 以下の計算から，平均が $m$，分散が $v$ であることが分かる．

$$E[X] = \frac{1}{\sqrt{2\pi v}} \int_{-\infty}^{\infty} x e^{-\frac{(x-m)^2}{2v}} dx = \frac{1}{\sqrt{2\pi v}} \int_{-\infty}^{\infty} (x-m) e^{-\frac{(x-m)^2}{2v}} dx + m$$

$$= \lim_{M\to\infty} \frac{1}{\sqrt{2\pi v}} [-v e^{-\frac{(x-m)^2}{2v}}]_{-M}^{M} + m = m$$

$$E[(X-m)^2] = \frac{1}{\sqrt{2\pi v}} \int_{-\infty}^{\infty} (x-m)^2 e^{-\frac{(x-m)^2}{2v}} dx$$

$$= \lim_{M\to\infty} \frac{1}{\sqrt{2\pi v}} [-(x-m) v e^{-\frac{(x-m)^2}{2v}}]_{-M}^{M} + \frac{v}{\sqrt{2\pi v}} \int_{-\infty}^{\infty} e^{-\frac{(x-m)^2}{2v}} dx = v$$

最後から 2 番目の等式は，部分積分によって得られる．なお，1.4.2 小節で学ぶ特性関数を微分することによって求めることもできる．

問 1.2.3  $E[X_i] = m_i$ とおき（$|m_i| < \infty$ であることは問 1.3.1 から分かる），$\bar{X}_i = X_i - m_i$ とおく．このとき

$$\mathrm{Var}\left[\sum_{i=1}^n X_i\right] = E\left[\left(\sum_{i=1}^n \bar{X}_i\right)^2\right] = \sum_{i,j=1}^n E[\bar{X}_i \bar{X}_j]$$

$$= \sum_{i=1}^n E[(\bar{X}_i)^2] + \sum_{i \neq j} E[\bar{X}_i] E[\bar{X}_j] = \sum_{i-1}^n \mathrm{Var}[X_i]$$

（最後から 2 番目の等号で $\{\bar{X}_i\}$ の独立性を用い，最後の等式で $E[\bar{X}_i] = 0$ を用いた）より結論を得る．

問 1.2.4  $E[S_n] = nE[X_1] = np$ （初めの等号は $\{X_i\}$ が同分布だから），$\mathrm{Var}[S_n] = n\mathrm{Var}[X_1] = n\{(1-p)^2 p + (-p)^2 (1-p)\} = np(1-p)$ （初めの等号で，問 1.2.3 を用いた）より結論を得る．

問 1.3.1  任意の $t \in \mathbf{R}$ について $E[X_1^2]t^2 + 2E[X_1 X_2]t + E[X_2^2] = E[(tX_1 + X_2)^2] \geq 0$ が成り立つ（なお，$(a+b)^2 \leq 2(a^2 + b^2)$ より $E[(tX_1 + X_2)^2] \leq 2(t^2 E[(X_1)^2] + E[(X_2)^2]) < \infty$ であることに注意）．したがって，左辺を $t$ の 2 次式と見たときその判別式は負または 0 である．よって (判別式)$/4 = (E[X_1 X_2])^2 - E[X_1^2]E[X_2^2] \leq 0$ であるから，結論を得る．

問 1.3.2  (1.3.7) について：右辺は，$\{\omega : \lim_{n \to \infty} \sup_{k \geq n} X_k(\omega) > a\} \subset \{\omega : 任意の $n$ について $\sup_{k \geq n} X_k(\omega) > a\}$ と変形でき，この右辺は $\{\omega : \omega \in A_n \text{ i.o.}\}$ と等しいので結論を得る．逆の包含関係が成り立たない例としては，例えば $X_n(\omega) = a + 1/n$ （$\omega$ によらない定数関数）とするとよい（左辺は $\Omega$ 全体となるが $\limsup_{n \to \infty} X_n(\omega) = a$ ゆえ右辺は空集合となる）．(1.3.9) について：左辺は $\{\omega : \omega \in B_n \text{ i.o.}\}$ と表されるので，$\omega$ がこの元であれば $X_{n_i(\omega)}(\omega) \geq a$ となる列 $\{n_i(\omega)\}_i$ をとることができる．このとき $\limsup_{n \to \infty} X_n(\omega) \geq \limsup_{i \to \infty} X_{n_i(\omega)}(\omega) \geq a$ となるので，$\omega$ は右辺にも属する．逆の包含関係が成り立たない例としては，例えば $X_n(\omega) = a - 1/n$ （$\omega$ によらない定数関数）とするとよい（左辺は空集合となるが $\limsup_{n \to \infty} X_n(\omega) = a$ ゆえ右辺は $\Omega$ 全体となる）．(1.3.8), (1.3.10) については，(1.3.9), (1.3.7) で $X_n$ の代わりに $-X_n$ を考えて，両辺の補集合をとることにより示すことができる．

問 1.4.1  $\mathcal{A}_1$ を付録 A の例 A.1.5 のように定め，$\mathcal{A}_1$ の元 $\cup_{i=1}^m (a_i, b_i]$ で $(a_i, b_i] \cap (a_j, b_j] = \emptyset$，$i \neq j$ なるものに対して，$\mu$ を $\mu(\cup_{i=1}^m (a_i, b_i]) = \sum_{i=1}^m (F(b_i) - F(a_i))$ （ただし $F(\infty) = 1$, $F(-\infty) = 0$ とする）で定めると，$\mu$ は $\mathcal{A}_1$ 上の有限加法的測度であることが容易に確認できる．これが $\mathcal{B}(\mathbf{R})$ 上の確率測度に拡張できることを示すには，付録 A の定理 A.1.6 より「任意の単調減少列 $\{A_i\}_{i=1}^\infty \subset \mathcal{A}_1$ について，$\lim_{n \to \infty} \mu(A_n) > 0$ ならば

$\cap_{i=1}^{\infty} A_i \neq \emptyset$」であることを示せばよい．$\{A_i\}$ を，単調減少列で $a := \lim_{n \to \infty} \mu(A_n) > 0$ となるものとする．このとき，$F$ の右連続性から各 $n$ について $B_n \in \mathcal{A}_1$ で，閉包 $\overline{B}_n$ が有界閉集合（コンパクト集合）かつ $\overline{B}_n \subset A_n$ であり，$\mu(B_n) > \mu(A_n) - a/2^{n+1}$ となるものをとることができる．すると，$\mu(A_n \setminus B_n) = \mu(A_n) - \mu(B_n) < a/2^{n+1}$ となり，したがって任意の $l \in \mathbf{N}$ に対して

$$\mu\left(\bigcap_{n=1}^{l} B_n\right) = \mu(A_l) - \mu\left(A_l \setminus \bigcap_{n=1}^{l} B_n\right) = \mu(A_l) - \mu\left(\bigcup_{n=1}^{l}(A_l \setminus B_n)\right)$$

$$\geq \mu(A_l) - \sum_{n=1}^{l} \mu(A_n \setminus B_n) \geq a/2$$

を得る．特に $\cap_{n=1}^{l} \overline{B}_n \supset \cap_{n=1}^{l} B_n \neq \emptyset$ である．各 $\overline{B}_n$ はコンパクト集合だから，コンパクト集合の有限交叉性（カントール (Cantor) の共通部分定理）より $\cap_{n=1}^{\infty} \overline{B}_n \neq \emptyset$ を得る．$\cap_{n=1}^{\infty} \overline{B}_n \subset \cap_{n=1}^{\infty} A_n$ であるから，結論を得る．

問 1.4.2 $\varphi_\mu(\xi) = e^{\sqrt{-1}\xi m - v\xi^2/2}\{\frac{1}{\sqrt{2\pi v}}\int_{-\infty}^{\infty} e^{-\frac{(x-m-\sqrt{-1}v\xi)^2}{2v}} dx\}$ と変形でき，$\{\cdots\}$ の部分を $y = (x - m - \sqrt{-1}v\xi)/\sqrt{2v}$ で変数変換すると，広義積分の定義より

$$\frac{1}{\sqrt{\pi}} \lim_{\substack{M \to \infty \\ M' \to \infty}} \int_{-M-\sqrt{-1}c}^{M'-\sqrt{-1}c} e^{-y^2} dy \tag{B.1.1}$$

と表せる（$c = \xi v/\sqrt{2v}$ とおいた）．これが 1 に等しいことを示せばよい．さて，$e^{-z^2}$ は正則関数であるから，複素平面上の $(-M, 0), (M', 0), (M', -\sqrt{-1}c), (-M, -\sqrt{-1}c)$ を頂点とする長方形（$G$ とおく）の周上を時計回りに線積分すると，コーシーの積分定理より

$$0 = \int_G e^{-z^2} dz = \left(\int_{-M}^{M'} + \int_{M'}^{M'-\sqrt{-1}c} + \int_{M'-\sqrt{-1}c}^{-M-\sqrt{-1}c} + \int_{-M-\sqrt{-1}c}^{-M}\right) e^{-z^2} dz \tag{B.1.2}$$

と表せる．右辺第 2 項の絶対値は

$$\left|\int_0^c e^{-(M'-\sqrt{-1}t)^2} dt \times \frac{1}{(-\sqrt{-1})}\right| \leq \int_0^c e^{-(M')^2 + t^2} dt = e^{-(M')^2} \int_0^c e^{t^2} dt$$

となり，$M' \to \infty$ のとき右辺は（したがって左辺も）0 に収束する．(B.1.2) の右辺第 4 項も同様に $M \to \infty$ のとき 0 に収束する．よって (B.1.2) で $M, M' \to \infty$ とすることにより，

$$\lim_{\substack{M \to \infty \\ M' \to \infty}} \int_{-M-\sqrt{-1}c}^{M'-\sqrt{-1}c} e^{-y^2} dy = \lim_{\substack{M \to \infty \\ M' \to \infty}} \int_{-M}^{M'} e^{-y^2} dy = \int_{-\infty}^{\infty} e^{-y^2} dy = \sqrt{\pi}$$

となり，(B.1.1) が 1 に等しいことが示された．

**問 1.4.3** $V$ は正値対称行列だから，ある直交行列 $U$ を用いて

$$U^{-1}VU = \begin{pmatrix} \lambda_1 & & 0 \\ & \ddots & \\ 0 & & \lambda_n \end{pmatrix}$$

と対角化できる（$\lambda_1, \ldots, \lambda_n > 0$）．ここで

$$A = U \begin{pmatrix} \sqrt{\lambda_1} & & 0 \\ & \ddots & \\ 0 & & \sqrt{\lambda_n} \end{pmatrix}$$

とおき，$y = A^{-1}(x-m)$ とおくと，$A\,{}^t\!A = V$ となり（${}^t\!A$ は，$A$ の転置行列を表す），さらに $(V^{-1}(x-m), x-m) = (V^{-1}Ay, Ay) = (y,y)$ となるので，$y$ で変数変換すると

$$\varphi_\mu(\xi) = \frac{1}{(2\pi)^{n/2}} \int_{\mathbf{R}^n} e^{\sqrt{-1}(\xi,(Ay+m))} e^{-\frac{1}{2}(y,y)} dy$$
$$= e^{\sqrt{-1}(\xi,m)} \times \left\{ \frac{1}{(2\pi)^{n/2}} \int_{\mathbf{R}^n} e^{\sqrt{-1}({}^t\!A\xi,y)} e^{-\frac{1}{2}(y,y)} dy \right\}$$

となる．$\{\cdots\}$ の部分は，問 1.4.2 で $m=0, v=1$ の場合の直積であるから，$e^{-({}^t\!A\xi,{}^t\!A\xi)/2} = e^{-(V\xi,\xi)/2}$ となり，結論が得られる．

**問 1.4.4** $x > 0$ については $xt = t'$ と変数変換することにより $\int_0^T \frac{\sin xt}{t} dt = \int_0^{xT} \frac{\sin t'}{t'} dt'$ となり，$T \to \infty$ の極限はやはり $\pi/2$．$x = 0$ のときは明らかに 0．$x < 0$ のときは変数変換により $T \to \infty$ の極限は $-\int_{-\infty}^0 \frac{\sin t}{t} dt$ となるが，$(\sin t)/t$ が $t$ について偶関数であることからこれは $-\pi/2$ に等しい．

**問 1.4.5** 各 $X_i$ の特性関数は $E[e^{\sqrt{-1}\xi X_i}] = \exp(\sqrt{-1}\xi m_i - v_i \xi^2/2)$ であるから，注意 1.4.12 2) より

$$E[e^{\sqrt{-1}\xi S}] = \prod_{i=1}^n E[e^{\sqrt{-1}\xi X_i}] = \prod_{i=1}^n \exp(\sqrt{-1}\xi m_i - v_i \xi^2/2)$$
$$= \exp\left(\sqrt{-1}\xi \sum_{i=1}^n m_i - \sum_{i=1}^n v_i \xi^2/2\right)$$

右辺は $N(\sum_{i=1}^n m_i, \sum_{i=1}^n v_i)$ の特性関数であるから，結局 $S$ の分布は平均 $\sum_{i=1}^n m_i$，分散 $\sum_{i=1}^n v_i$ の正規分布である．

問 1.4.6　まず，$Y_{1,N}$ は平均 0, 分散 1, したがって $E[(Y_{1,N})^2] = 1$ であることに注意する．定理 1.4.19 の証明の $Y_1$ の部分を $Y_{1,N}$ に置き換えて同様の議論を行うことにより，(1.4.22) が証明できれば証明が完了することが分かる．$F(\xi, Y_{1,N}) = \cos(\theta_\xi^1 Y_{1,N}/\sqrt{N})$ $+\sqrt{-1}\sin(\theta_\xi^2 Y_{1,N}/\sqrt{N})$ とおくと，任意の $\epsilon > 0$ に対して

$$E[(Y_{1,N})^2 F(\xi, Y_{1,N})] = E[(Y_{1,N})^2 F(\xi, Y_{1,N}) 1_{\{|Y_{1,N}|/\sqrt{N} > \epsilon\}}]$$
$$+ E[(Y_{1,N})^2 F(\xi, Y_{1,N}) 1_{\{|Y_{1,N}|/\sqrt{N} \le \epsilon\}}]$$

と表される．また $E[(Y_{1,N})^2] = 1$ なので

$$|E[(Y_{1,N})^2 F(\xi, Y_{1,N}) 1_{\{|Y_{1,N}|/\sqrt{N} \le \epsilon\}}] - 1|$$
$$\le E[(Y_{1,N})^2 \cdot |F(\xi, Y_{1,N}) 1_{\{|Y_{1,N}|/\sqrt{N} \le \epsilon\}} - 1|] =: I_{N,\xi,\epsilon}$$

となる．$0 < \theta_\xi^1, \theta_\xi^2 < \xi$ と $|Y_{1,N}|/\sqrt{N} \le \epsilon$ に注意すると

$$|F(\xi, Y_{1,N}) 1_{\{|Y_{1,N}|/\sqrt{N} \le \epsilon\}} - 1| \le \sup_{|x| \le \xi\epsilon} |\cos x - 1| + \sup_{|y| \le \xi\epsilon} |\sin x| =: g(\xi\epsilon)$$

なので，$I_{N,\xi,\epsilon} \le g(\xi\epsilon) E\left[(Y_{1,N})^2\right] = g(\xi\epsilon)$ が成り立つ．ここで $\lim_{\epsilon \to 0} g(\xi\epsilon) = 0$ であるから，結局 (1.4.22) を得る．

問 1.5.1　$\Phi$ は $(a,b)$ 上の凸関数だから，任意の $a < s < t < u < b$ に対して

$$\frac{\Phi(t) - \Phi(s)}{t - s} \le \frac{\Phi(u) - \Phi(t)}{u - t}$$

を満たすことにまず注意する．今 $t := \int_\Omega f(x) \mu(dx)$ とおき（したがって $a < t < b$ を満たす），上の式で $a < s < t$ なる $s$ についての左辺の上限を $\alpha$ とおくと，$\Phi(u) \ge \Phi(t) + \alpha(u - t)$　$(t < u < b)$ と変形できる．$a < u \le t$ のときも $\alpha$ の定義からこの不等式は成り立つから，結局任意の $a < u < b$ で成立する．特に $u = f(x)$ として，$\Phi(f(x)) \ge \Phi(t) + \alpha(f(x) - t)$ を得る．この式の両辺を（$x$ について）$\mu$ で積分することにより，$\mu(\Omega) = 1$ であることと $t = \int_\Omega f(x) \mu(dx)$ であることから結論を得る．なお，$\Phi$ が（$\infty$ になる点を除いて）連続であるから $\Phi \circ f$ は可測関数であることに注意する（$\Phi \circ f \notin \mathbf{L}^1$ のときは，(1.5.11) の右辺は無限大となる）．

問 1.5.2　いずれの場合も，$\varphi$ の計算は特性関数の計算と同様に実行せよ．また，$t \mapsto zt - \log \varphi(t)$（以下これを $L_{\varphi,z}(t)$ と書く）が上に有界のとき，最大値を取るのは $z = \frac{\varphi'(\tau)}{\varphi(\tau)}$ を満たす $\tau$ であることを用いて計算する．
1) $\varphi(t) = (1 + e^t)/2$．よって $z \in [0,1]$ のとき，$L_{\varphi,z}(t)$ は $t$ が $-\log(z^{-1} - 1)$ のときに最大値を取るので $I(z) = \log 2 + z \log z + (1 - z) \log(1 - z)$．$z \notin [0,1]$ のとき，$L_{\varphi,z}(t)$ は上に非有界となり，$I(z) = \infty$．

2) $\varphi(t) = \exp(mt + vt^2/2)$ だから,$I(z) = (z-m)^2/(2v)$.
3) $\varphi(t) = \exp(\lambda(e^t - 1))$. よって $z \geq 0$ のとき,$L_{\varphi,z}(t)$ は $t$ が $\log(z/\lambda)$ のときに最大値を取るので $I(z) = z\log(z/\lambda) - z + \lambda$. $z < 0$ のとき,$L_{\varphi,z}(t)$ は上に非有界となり,$I(z) = \infty$.
4) $t < \lambda$ のとき $\varphi(t) = \lambda/(\lambda-t)$,$t \geq \lambda$ のとき $\varphi(t) = \infty$. 注意 1.5.3 4) より,この場合も定理 1.5.2 が成り立つので同様の計算を実行する.$z > 0$ のとき,$L_{\varphi,z}(t)$ は $t$ が $\lambda - z^{-1}$ のときに最大値を取るので $I(z) = \lambda z - \log(\lambda z) - 1$. $z \leq 0$ のとき,$L_{\varphi,z}(t)$ は上に非有界となり,$I(z) = \infty$.

## 第1章章末練習問題

1. $\{X_i\}_{i=1}^n$ が独立ならば,系 1.2.10 を $f_i(x) = \exp(\sqrt{-1}\xi_i x)$ で適用して (1.5.13) を得る.逆に (1.5.13) が成り立つとする.$\mathbf{R}^d$ 上の測度 $P$ を $P^{X_1}, \ldots, P^{X_n}$ の直積測度とすると,フビニの定理を用いた簡単な計算により $P$ の特性関数は $\prod_{i=1}^n E[\exp(\sqrt{-1}\xi_i X_i)]$ となる.したがって (1.5.13) より,$P$ と $(X_1, \ldots, X_n)$ の分布は,特性関数が一致するので系 1.4.11 より同じものである.分布が直積測度であることから,$\{X_i\}_{i=1}^n$ が独立であることが分かる.

2. 1) $\mathcal{A}$ を含む単調族全体を $\mathcal{M}$ とおく.$\{A : A$ は $\Omega$ の部分集合$\}$ は $\mathcal{M}$ の元だから,$\mathcal{M} \neq \emptyset$ である.このとき,$\{B : $ 任意の $\mathcal{L} \in \mathcal{M}$ に対して,$B \in \mathcal{L}\}$ とおくと,命題 1.2.2 の証明と同様にして,これが求める最小の単調族であることが示される.
2) a) 単調族の定義より明らか. b) $\mathcal{A} \subset \mathcal{M}(\mathcal{A})$ であるから $\mathcal{A} \subset \mathcal{M}_1$ は明らか. $\{A_n\} \subset \mathcal{M}_1$ が単調増大(または減少)列のとき,$A = \lim_{n\to\infty} A_n$ とおくと,$\mathcal{M}_1$ の定義より $\{(A_n)^c\} \subset \mathcal{M}(\mathcal{A})$ であり,これは単調減少(または増大)列である.$\mathcal{M}(\mathcal{A})$ は単調族であるから,このとき $A^c = \lim_{n\to\infty}(A_n)^c \in \mathcal{M}(\mathcal{A})$ となり,$A \in \mathcal{M}_1$ であることが示された.以上より,$\mathcal{M}_1$ は $\mathcal{A}$ を含む単調族であることが示され,したがって $\mathcal{M}(\mathcal{A}) \subset \mathcal{M}_1$ である.これを言いかえると,「$A \in \mathcal{M}(\mathcal{A})$ ならば $A^c \in \mathcal{M}(\mathcal{A})$ である」ということである. c) まず,「$A \in \mathcal{M}(\mathcal{A}), B \in \mathcal{A}$ ならば $A \cup B \in \mathcal{M}(\mathcal{A})$」$\cdots(*)$ を示す.$\mathcal{M}_2 = \{A : $ 任意の $B \in \mathcal{A}$ に対して $A \cup B \in \mathcal{M}(\mathcal{A})\}$ とおくと,b) での議論と同様にして,$\mathcal{M}_2$ は $\mathcal{A}$ を含む単調族であることが分かり,したがって $\mathcal{M}(\mathcal{A}) \subset \mathcal{M}_2$ である.これは $(*)$ を意味する.次に $\mathcal{M}_3 = \{B : $ 任意の $A \in \mathcal{M}(\mathcal{A})$ に対して $A \cup B \in \mathcal{M}(\mathcal{A})\}$ とおくと,$(*)$ より $\mathcal{A} \subset \mathcal{M}_3$ であり,再び b) での議論と同様にして $\mathcal{M}_3$ は単調族であることが分かる.つまり $\mathcal{M}(\mathcal{A}) \subset \mathcal{M}_3$ であり,これは示すべき主張を意味している.
d) $\emptyset \in \mathcal{M}(\mathcal{A})$ は明らかだから,b), c) と合わせて $\mathcal{M}(\mathcal{A})$ は有限加法族であることが示された. e) $\mathcal{M}(\mathcal{A})$ は有限加法族であるから,$\{A_n\} \subset \mathcal{M}(\mathcal{A})$ のとき $\cup_{n=1}^\infty A_n \in \mathcal{M}(\mathcal{A})$ であることを示すとよい.有限加法性より,任意の $n$ について $B_n := \cup_{i=1}^n A_i \in \mathcal{M}(\mathcal{A})$ であり,$\{B_n\}$ は単調増大列だから $\cup_{n=1}^\infty A_n = \lim_n B_n \in \mathcal{M}(\mathcal{A})$ が得られる.

3．1) 確率収束の定義から，任意の $j \in \mathbf{N}$ に対して $\lim_{n \to \infty} P(M_n^j) = 0$ となるので明らかである．

2) 1) を用いて $\sum_{j=1}^{\infty} P(A_j) < \sum_{j=1}^{\infty} 1/j^2 < \infty$ であることが分かるので，ボレル–カンテリの補題を用いることにより $P(E) = 0$ を得る．$\Omega \setminus E = \{\omega : \omega \notin A_j \text{ e.f.}\}$（有限個の $j$ を除いて，$\{A_j\}$ には入らない）であるから，$\omega \in \Omega \setminus E$ のとき $\omega$ に応じて十分大きな $J(\omega)$ をとると，$|X_{n_j}(\omega) - X(\omega)| \leq 1/j$ がすべての $j \geq J(\omega)$ で成り立つ．したがって $X_{n_j}(\omega) \to X(\omega)$ となる．

4．1) $\Omega_n^\epsilon = \{\omega : |X_n(\omega) - X(\omega)| > \epsilon\}$ とおくと，$\{\lim_{n \to \infty} X_n = X\} \subset (\limsup_{n \to \infty} \Omega_n^\epsilon)^c$ であるから，$X_n$ が $X$ に概収束するとき $P(\limsup_{n \to \infty} \Omega_n^\epsilon) = 0$ である．また，$\cup_{k \geq n} \Omega_n^\epsilon$ は $n$ について単調減少で $\lim_{n \to \infty} \cup_{k \geq n} \Omega_n^\epsilon = \limsup_{n \to \infty} \Omega_n^\epsilon$ であるから，問 1.2.1 より $\lim_{n \to \infty} P(\cup_{k \geq n} \Omega_n^\epsilon) = 0$ である．よって $\lim_{n \to \infty} P(\Omega_n^\epsilon) = 0$ となり，示すべき確率収束が得られる．逆が成り立たない反例：$\Omega = [0, 1]$，$P$ はルベーグ測度で $X_n(\omega) := 1_{A_n}(\omega)$，ただし $A_n$ は $[\sum_{k=1}^{n-1} 1/k, \sum_{k=1}^n 1/k]$ という区間を mod 1 で $[0, 1]$ 区間に移したもの，$X := 0$（定数関数）．このとき，$\epsilon < 1$ とすると $P(\{|X_n(\omega) - X(\omega)| > \epsilon\}) = P(A_n) = 1/n$ であるから $X_n$ は $X$ に確率収束するが，$\limsup_{n \to \infty} X_n = 1$（定数関数）となるので概収束はしない．

2) チェビシェフの不等式より $P(|X_n - X| > \epsilon) \leq E[|X_n - X|]/\epsilon$ であるから，$\lim_{n \to \infty} E[|X_n - X|] = 0$ のとき $X_n$ は $X$ に確率収束する．

5．1) 定理 1.3.2 の証明と同様に証明できる．(1.3.2) の等式の部分は，ペアごとに独立だから $i \neq j$ のとき $E[|(X_i - EX_i)(X_j - EX_j)|] = E[|X_i - EX_i|]E[|X_j - EX_j|] = 0$ となるので，今の場合にも成り立っている．

2) a) 例えば，帰納法を用いて証明できる．b) 帰納法を用いて

$$S_{2^n} = \xi_1(1 + \xi_2) \cdots (1 + \xi_{n+1}) \tag{B.1.3}$$

であることが証明でき，したがって $S_{2^n}$ は，確率 $2^{-n-1}$ で $2^n$，確率 $2^{-n-1}$ で $-2^n$，残りの確率 $1 - 2^{-n}$ で $0$ であることが分かる．これを用いると，$S_{2^n}$ の分散は $2 \times 2^{2n} \times 2^{-n-1} = 2^n$ であることが示される．ここで $A_n = \{\omega : S_{2^n}(\omega) = 0\}$ とおくと，(B.1.3) から $A_1 \subset A_2 \subset \cdots$ であり $P(A_n) = 1 - 2^{-n}$ であることが分かる．$\{\omega : S_{2^n}(\omega)/\sqrt{2^n} \to 0\} = \lim_{n \to \infty} A_n$ であり，$P(\lim_{n \to \infty} A_n) = 1$ であるから，$S_{2^n}/\sqrt{2^n} \to 0$ a.s. が示される．

6．1) $\tau_k^n - \tau_{k-1}^n$ は，$(k-1)$ 種類目のクーポンを手に入れてから $k$ 種類目のクーポンを手に入れるまでにかかるクーポン購入回数を表す．よって，$\tau_k^n - \tau_{k-1}^n = l$ となるのは，$(k-1)$ 種類目のクーポンを当てた後，$(l-1)$ 回は既に持っているクーポン（$(k-1)$ 種類ある）を引き，$l$ 回目に初めて新しい（$k$ 種類目の）クーポンを引くときである．$\{X_i\}_{i=1}^{\infty}$

は独立同分布で，どの種類のクーポンが出る確率も等しいから

$$P(\tau_k^n - \tau_{k-1}^n = l) = \left(\frac{k-1}{n}\right)^{l-1}\left(1 - \frac{k-1}{n}\right) = \left(1 - \frac{k-1}{n}\right)\left\{1 - \left(1 - \frac{k-1}{n}\right)\right\}^{l-1}$$

となり，パラメータ $1-(k-1)/n$ の幾何分布に 1 をたしたものであることが分かる．また，$\{X_i\}_{i=1}^\infty$ は独立同分布であるから，$k' < k$ のとき $\{X_i\}_{i=\tau_{k-1}^n}^{\tau_k^n}$ で決まる $\tau_k^n - \tau_{k-1}^n$ と $\{X_i\}_{i=\tau_{k'-1}^n}^{\tau_{k'}^n}$ で決まる $\tau_{k'}^n - \tau_{k'-1}^n$ とは独立である．

2) ここでは，特性関数を用いて計算する解法を与える．1.4.2 小節で幾何分布の特性関数を計算しており，$E[|Y^l|] = \sum_{k=1}^\infty k^l p(1-p)^k < \infty$, $l \in \mathbf{N}$ であることと $|\sqrt{-1}Ye^{\sqrt{-1}\xi Y}| \leq Y$, $|-Y^2 e^{\sqrt{-1}\xi Y}| \leq Y^2$ であることから，付録 A の定理 A.2.7 を用いることにより，$E[e^{\sqrt{-1}\xi Y}]$ を $\xi$ で微分するときに微分と積分の順序を交換できることがわかる．計算すると，

$$E[\sqrt{-1}Ye^{\sqrt{-1}\xi Y}] = \frac{p(1-p)\sqrt{-1}e^{\sqrt{-1}\xi}}{(1-(1-p)e^{\sqrt{-1}\xi})^2},$$

$$E[-Y^2 e^{\sqrt{-1}\xi Y}] = \frac{-p(1-p)e^{\sqrt{-1}\xi}}{(1-(1-p)e^{\sqrt{-1}\xi})^3}(1 + (1-p)e^{\sqrt{-1}\xi})$$

となり，$\xi = 0$ として $E[Y] = (1-p)/p$, $E[Y^2] = (1-p)(2-p)/p^2$ を得る．$\text{Var}[Y] = E[Y^2] - E[Y]^2 = (1-p)/p^2$ となり，結論を得る．なお，幾何分布のような離散分布（可算個の値しか取らない分布）については，特性関数を用いるよりは母関数 $E[s^Y]$ を用いて計算することの方が多い．また，この場合 $\sum_{k=1}^\infty k^l p(1-p)^k$ を直接計算するほうがよほど簡単である．

3) 1),2) より $\tau_k^n - \tau_{k-1}^n$ は平均 $(\frac{k-1}{n})/(1-\frac{k-1}{n}) + 1 = n/(n-k+1)$，分散 $(\frac{k-1}{n})/(1-\frac{k-1}{n})^2 = n(k-1)/(n-k+1)^2$ であり，これらを

$$ET_n = E\left[\tau_1^n + \sum_{k=2}^n (\tau_k^n - \tau_{k-1}^n)\right] = 1 + \sum_{k=2}^n E[\tau_k^n - \tau_{k-1}^n]$$

$$\text{Var}[T_n] = \text{Var}\left[\tau_1^n + \sum_{k=2}^n (\tau_k^n - \tau_{k-1}^n)\right] = \sum_{k=2}^n \text{Var}[\tau_k^n - \tau_{k-1}^n]$$

（最後の等式で，問 1.2.3 の結果を用いた）に代入することによって分かる．

4) $\lim_{n \to \infty} \sum_{m=1}^n (m \log n)^{-1} = 1$ であるから $\lim_{n \to \infty} E[T_n]/(n \log n) = 1$ である．したがって任意の $\epsilon < 1$ に対して $n$ が十分大きいとき

$$P\left(\left|\frac{T_n}{n \log n} - 1\right| \geq \epsilon\right) \leq P\left(\left|\frac{T_n}{E[T_n]} - 1\right| \geq \epsilon/2\right) \leq \frac{\text{Var}[T_n/E[T_n]]}{(\epsilon/2)^2}$$

（最後の不等式でチェビシェフの不等式を用いた）となる．一方，3) より $\mathrm{Var}[T_n] = n^2 \sum_{m=1}^{n} \frac{n-m}{n} m^{-2} \leq n^2 \sum_{m=1}^{n} m^{-2}$ となり，したがって

$$\mathrm{Var}[T_n/E[T_n]] = \mathrm{Var}[T_n]/(E[T_n])^2 \leq c \frac{\sum_{m=1}^{n} m^{-2}}{(\log n)^2} \to 0 \ (n \to \infty)$$

となるので，結論を得る．

7．1) $P(l_n \geq k) = \sum_{l=k}^{\infty} p^l(1-p) = p^k$ であるから

$$P(l_n > (1+\epsilon)\log_{1/p} n) \leq p^{(1+\epsilon)\log_{1/p} n} = n^{-(1+\epsilon)}$$

を得る．ここで $A_n := \{l_n > (1+\epsilon)\log_{1/p} n\}$ とおくと，$\sum_{n=1}^{\infty} P(A_n) \leq \sum_{n=1}^{\infty} n^{-(1+\epsilon)} < \infty$ だからボレル–カンテリの補題より $P(\limsup_{n\to\infty} A_n) = 0$ となる．問 1.3.2 の (1.3.7) より $\limsup_{n\to\infty} A_n \supset \{\limsup_{n\to\infty} \frac{l_n}{\log_{1/p} n} > 1+\epsilon\}$ であるから，任意の $\epsilon > 0$ について $P(\limsup_{n\to\infty} \frac{l_n}{\log_{1/p} n} > 1+\epsilon) = 0$ となり，$\epsilon \to 0$ として結論を得る．

2) $\{L_n < [(1-\epsilon)\log_{1/p} n]\}$ の元については，長さ $[(1-\epsilon)\log_{1/p} n]$ の各々の区間において，「区間内の $X_i$ すべてが 1」（その確率は $p^{[(1-\epsilon)\log_{1/p} n]}$）とはならない．$\epsilon < 1/2$ のとき区間の個数は $n/[(1-\epsilon)\log_{1/p} n] \leq 2n/\log_{1/p} n$ であり，区間ごとに $\{X_i\}$ の組は独立であるから

$$P(L_n < [(1-\epsilon)\log_{1/p} n]) \leq (1 - p^{[(1-\epsilon)\log_{1/p} n]})^{2n/\log_{1/p} n} \leq (1 - n^{-(1-\epsilon)})^{\frac{n}{\log_{1/p} n}}$$

となる．ここで，$0 < x < 1$ のとき $1-x \leq e^{-x}$ であるという事実を $x = n^{-(1-\epsilon)}$ で用いて，$(1 - n^{-(1-\epsilon)})^{\frac{n}{\log_{1/p} n}} \leq e^{-\frac{n^\epsilon}{\log_{1/p} n}}$ を得る．さて，$\sum_{n=1}^{\infty} e^{-\frac{n^\epsilon}{\log_{1/p} n}} < \infty$ であることから［この事実は，例えば $n$ が十分大きいとき $\frac{n^\epsilon}{\log_{1/p} n} \geq 2\log n$，よって $e^{-\frac{n^\epsilon}{\log_{1/p} n}} < n^{-2}$ であることから示される］，$B_n := \{L_n < [(1-\epsilon)\log_{1/p} n]\}$ とおくと，ボレル–カンテリの補題より $P(\limsup_{n\to\infty} B_n) = 0$ となる．よって $P(\liminf_{n\to\infty} (B_n)^c) = 1$ である．ここで，問 1.3.2 の (1.3.10) より $\liminf_{n\to\infty} (B_n)^c \subset \{\liminf_{n\to\infty} \frac{L_n}{\log_{1/p} n} \geq 1-\epsilon\}$ であるから，任意の $0 < \epsilon < 1/2$ について $P(\liminf_{n\to\infty} \frac{L_n}{\log_{1/p} n} \geq 1-\epsilon) = 1$ となり，$\epsilon \to 0$ として結論を得る．

3) $\limsup_{n\to\infty} L_n/\log_{1/p} n = \limsup_{n\to\infty} l_n/\log_{1/p} n$ a.s. であることを示せば 1), 2) より結論を得る．ここで $L_n$ と $l_n$ の定義から $\geq$ は明らかであり，$>$ でないことは，背理法を用いると簡単に証明できる．

# 第 2 章

**問 2.1.1** 以下の計算により得る.

$$E[e^{\sqrt{-1}\xi N_\lambda}] = \sum_{k=0}^\infty e^{\sqrt{-1}\xi k} e^{-\lambda} \lambda^k/(k!) = e^{-\lambda} \sum_{k=0}^\infty (\lambda e^{\sqrt{-1}\xi})^k/(k!)$$
$$= e^{-\lambda} e^{e^{\sqrt{-1}\xi}\lambda} = e^{\lambda(e^{\sqrt{-1}\xi}-1)},$$
$$E[e^{\sqrt{-1}\xi X_\lambda}] = \int_0^\infty e^{\sqrt{-1}\xi s} \lambda e^{-\lambda s} ds = \lambda \int_0^\infty e^{(\sqrt{-1}\xi - \lambda)s} ds = \lambda/(\lambda - \sqrt{-1}\xi).$$

**問 2.1.2** $a_k = s - (x_{k+2} + \cdots + x_{n-1})$ とおくと

$$\int_0^{a_k} \frac{1}{k!}(s - (x_{k+1} + \cdots + x_{n-1}))^k dx_{k+1} = \left[-\frac{1}{(k+1)!}(a_k - x_{k+1})^{k+1}\right]_0^{a_k}$$
$$= \frac{1}{(k+1)!}(a_k)^{k+1}$$

であり, これを繰り返し用いることによって結論を得る.

**問 2.2.1**

$$\int_{-\infty}^\infty p_t(x,z) p_s(z,y) dz = \frac{1}{2\pi\sqrt{ts}} \int_{\mathbf{R}} \exp\left(-\frac{(x-z)^2}{2t} - \frac{(z-y)^2}{2s}\right) dz$$
$$= \frac{1}{2\pi\sqrt{ts}} \int_{\mathbf{R}} \exp\left(-\frac{t+s}{2ts}\left(z - \frac{sx+ty}{t+s}\right)^2 - \frac{(x-y)^2}{2(t+s)}\right) dz \ (=: I \text{ とおく})$$

であり, $\int_{\mathbf{R}} \exp(-\frac{t+s}{2ts}(z - \frac{sx+ty}{t+s})^2) dz = \sqrt{2\pi \frac{ts}{t+s}}$ であるから, 整理すると $I = \frac{1}{\sqrt{2\pi(t+s)}}$ $\times \exp(-\frac{(x-y)^2}{2(t+s)}) = p_{t+s}(x,y)$ を得る.

**問 2.2.2** 議論は同様にできるので後半部 (条件 (2.2.21) がつく場合) のみ示す. まず $u(t,x)$ が $0 < t < 1/(2a)$ において定義できることを示す.

$$|p_t(x,y)f(y)| \leq \frac{1}{\sqrt{2\pi t}} e^{-\frac{(y-x)^2}{2t}} |f(y)| = \frac{1}{\sqrt{2\pi t}} \{e^{-(\frac{1}{2t}-a)y^2 + \frac{x}{t}y - \frac{x^2}{2t}}\} e^{-ay^2} |f(y)|$$

と変形できる. 今 $\frac{1}{2t} - a > 0$ だから $\lim_{|y|\to\infty}\{\cdots\} = 0$ であり, $\{\cdots\}$ 部分は $y$ について連続だから, この部分は有界, つまりある $L_x > 0$ について $\{\cdots\} \leq L_x$ が任意の $y$ で成立する. よって $|p_t(x,y)f(y)| \leq \frac{L_x}{\sqrt{2\pi t}} e^{-ay^2} |f(y)|$ となり, (2.2.21) より右辺は ($y$ について) 可積分関数であるから, $u(t,x)$ は $0 < t < 1/(2a)$ において定義できる. 次に $\frac{\partial u}{\partial t} = \frac{1}{2} \frac{\partial^2 u}{\partial x^2}$ を示す. 簡単な計算により $\frac{\partial p_t(\cdot,y)}{\partial t} = \frac{1}{2} \frac{\partial^2 p_t(\cdot,y)}{\partial x^2}$ が分かるから, 積分と

偏微分の交換が保証できれば証明が終わる．今 $\frac{\partial p_t(\cdot,y)}{\partial t} = \frac{1}{2t}(\frac{|x-y|^2}{t} - 1)p_t(x,y)$ だから，$\alpha < t < \beta < 1/(2a)$ において

$$\left|\frac{\partial p_t(\cdot,y)}{\partial t}f(y)\right| \leq \left\{\frac{1 + (x-y)^2/\alpha}{2\alpha\sqrt{2\pi\alpha}}e^{-(\frac{1}{2\beta}-a)y^2 + \frac{x}{\alpha}y - \frac{x^2}{2\beta}}\right\}e^{-ay^2}|f(y)|$$

と評価できる．今 $\frac{1}{2\beta} - a > 0$ だから，先程と同様にしてある $M_x > 0$ について $\{\cdots\} \leq M_x$ が任意の $y$ で成立する．よって $|\frac{\partial p_t(\cdot,y)}{\partial t}f(y)| \leq M_x e^{-ay^2}|f(y)|$ となり，右辺は $t$ に依存しない（$y$ についての）可積分関数であるから，付録 A の定理 A.2.7 より $t$ についての偏微分と積分の交換が保証される．$x$ についての偏微分と積分の交換も議論は同様なので，ここでは省略する．最後に $\lim_{t\downarrow 0} u(t,x) = f(x)$ の証明をする．変数変換により $u(t,z) = \frac{1}{\sqrt{\pi}}\int_{-\infty}^{\infty} e^{-z^2} f(x + \sqrt{2t}z)dz$ となり，(2.2.21) と $f$ の連続性よりある $N > 0$ について $e^{-az^2}|f(z)| \leq N$ が任意の $z$ で成立する．これを用いると，$0 < t < \epsilon < 1/(2a)$ において

$$|e^{-z^2}f(x+\sqrt{2t}z)| = e^{-a(x+\sqrt{2t}z)^2}|f(x+\sqrt{2t}z)|e^{a(x+\sqrt{2t}z)^2 - z^2}$$
$$\leq Ne^{a(|x|+\sqrt{2\epsilon}|z|)^2 - z^2} = Ne^{-(1-2a\epsilon)z^2 + 2a\sqrt{2\epsilon}|z||x| + ax^2}$$

と変形でき，$1 - 2a\epsilon > 0$ より右辺は（$x$ を固定したとき）$z$ について可積分である．よってルベーグの収束定理より

$$\lim_{t\downarrow 0} u(t,x) = \frac{1}{\sqrt{\pi}}\int_{-\infty}^{\infty} e^{-z^2}(\lim_{t\downarrow 0} f(x+\sqrt{2t}z))dz = f(x)$$

を得る（最後の変形で，$f$ の連続性と $\frac{1}{\sqrt{\pi}}\int_{-\infty}^{\infty} e^{-z^2}dz = 1$ を用いた）．

**問 2.3.1** $\{\sigma \leq n\} \in \mathcal{F}_n$ が任意の $n$ で成り立つとき，$\{\sigma = n\} = \{\sigma \leq n\} \setminus \{\sigma \leq n-1\} \in \mathcal{F}_n$（ここで $\mathcal{F}_{n-1} \subset \mathcal{F}_n$ を用いた）であるから $\{\sigma = n\} \in \mathcal{F}_n$ を得る．逆も $\{\sigma \leq n\} = \cup_{j=0}^{n}\{\sigma = j\}$ だから $\mathcal{F}_0 \subset \mathcal{F}_1 \subset \cdots \subset \mathcal{F}_n$ より明らか．

**問 2.3.2** 問の条件が成り立つとき，$g = 1_A$ とすると (2.3.1) が成り立つ．逆に (2.3.1) が成り立つとき，$g \in \mathbf{L}^\infty$ を $g = g^+ - g^-$ と分けてそれぞれについて定理 A.2.1 によって $\mathcal{F}_n$-可測単関数で近似をする．このとき，(2.3.1) より単関数 $h$ については $E[X_{n+1}h] = E[X_n h]$ が成り立つ．よって定理 A.2.6 より，その極限として $g^+, g^-$ についてもこの等号は成り立つ．したがって問の条件が成立する．

**問 2.3.3** まず $X_\sigma$ が $\mathcal{F}_\sigma$-可測であることを示す．任意の $B \in \mathcal{B}(\mathbf{R})$ に対して $\{X_\sigma \in B\} \cap \{\sigma \leq n\} \in \mathcal{F}_n$ であることを示せばよいが，この集合は $\cup_{i=0}^{n}(\{X_\sigma \in B\} \cap \{\sigma = i\}) = \cup_{i=0}^{n}(\{X_i \in B\} \cap \{\sigma = i\})$ となるので，確かに $\mathcal{F}_n$ の元である．次に可積分性

について：$\sigma$ が有界だから $\sigma \leq N$ とすると，$|X_\sigma| \leq \sum_{j=0}^{N} |X_j|$ となり，各 $X_j$ は可積分である（マルチンゲールの定義より）から $X_\sigma$ も可積分である．

**問 2.3.4** 1) については $X$, 2) については $E[X]$ が条件付き平均の定義を満たすことが容易に確認できるので，条件付き平均の一意性より等号が成り立つ．3) も同様であるが，念のため 3) については丁寧に示そう．$Y = E[X|\mathcal{F}_2]$ とおくと，$E[Y|\mathcal{F}_1]$ は，$\mathcal{F}_1$-可測で $E[E[Y|\mathcal{F}_1]:A] = E[Y:A]$ が任意の $A \in \mathcal{F}_1$ で成り立つような確率変数である．ところが，$\mathcal{F}_1 \subset \mathcal{F}_2$ だから $A \in \mathcal{F}_2$ でもあるので，$E[X|\mathcal{F}_2]$ の定義から $E[Y:A] = E[X:A]$ である．一方，$E[X|\mathcal{F}_1]$ は $\mathcal{F}_1$-可測で $E[E[X|\mathcal{F}_1]:A] = E[X:A]$ が任意の $A \in \mathcal{F}_1$ で成り立つ．つまり $E[X|\mathcal{F}_1]$ は $E[Y|\mathcal{F}_1]$ の満たすべき条件をすべて満たしている．したがって条件付き平均の一意性より $E[Y|\mathcal{F}_1] = E[X|\mathcal{F}_1]$ である．

**問 2.3.5** 補題 2.3.9 と同様にして証明できる．

**問 2.3.6** $Y$ の法則を $P^Y$ で表すと，$\varphi(x) = \int_\Omega \Phi(x,y) P^Y(dy)$ であるから $\varphi$ の可測性はフビニの定理の結果として得られる．さて，任意の非負値（または有界）$\mathcal{G}$-可測確率変数 $Z$ をとるとき，$Y$ が $\mathcal{G}$ と独立ゆえ $Y$ と $(X,Z)$ は独立であるから，$(X,Z)$ の法則を $P^{X,Z}$ で表すと，フビニの定理より

$$E[\Phi(X,Y)Z] = \int\int \Phi(x,y) z P^{X,Z}(dxdz) P^Y(dy)$$
$$= \int\int \Phi(x,y) P^Y(dy) z P^{X,Z}(dxdz) = \int \varphi(x) z P^{X,Z}(dxdz) = E[\varphi(X)Z]$$

となり，結論を得る．

**問 2.3.7** 例 2.3.13 と同様の方法で $\{Z_n\}$ を計算すると，$Z_N = X_N$ であり，$Z_{N-l} = X_{N-l} \vee a_l$，ただし $a_1 = 7, a_2 = 8.62, a_3 = 9.53, a_4 = 10.14, a_5 = 10.57, a_6 = 10.90, a_7 = 11.15, a_8 = 11.36, a_9 = 11.54, a_{10} = 11.68, a_{11} = 11.81, a_{12} = 11.92, a_{13} = 12.01$ （$a_2$ 以降は小数第 3 位を四捨五入した）となる．よって最適戦術は，$N = 1$ のとき：とにかく引く，$N = 2$ のとき：引いたカードが 6 以下なら続け，8 以上なら止める（7 ならどちらでもよい），$N = 3$ のとき：引いたカードが 8 以下なら続け，9 以上なら止める，$N = 4$ のとき：引いたカードが 9 以下なら続け，10 以上なら止める，$N = 5, 6, 7$ のとき：引いたカードが 10 以下なら続け，11 以上なら止める，$N = 8, 9, \ldots, 13$ のとき：引いたカードが 11 以下なら続け，$12, 13$ なら止める，$N \geq 14$ のとき：引いたカードが 12 以下なら続け，13 なら止める，である．

**問 2.3.8** $a_{n,n-1} = \frac{n(n-1)}{N(N-1)}$ $(1 \leq n \leq N)$, $a_{n,n} = \frac{n(2N-n-1)}{N(N-1)}$ $(1 \leq n \leq N)$ であり，その他のときは $a_{n,j} = 0$ となる．これから $c_N = 0$, $c_{n-1} = \sum_{i=1}^{n}(a_{n,i} \vee c_n)/n$ により

$c_n$ を計算すると，$n = 8, 9, 10$ においては $c_n < a_{n,n-1} < a_{n,n}$，$n = 7$ においては $c_n = a_{n,n-1} < a_{n,n}$，$n = 4, 5, 6$ においては $a_{n,n-1} < c_n < a_{n,n}$，$n = 1, 2, 3$ においては $a_{n,n-1} < a_{n,n} < c_1 = c_2 = c_3$ となる．よって最適戦術は，「初めの 3 回はすべて見送る，4, 5, 6 回目は今までに一番良いものが出れば止める，7, 8, 9 回目は今までに 1 番良いか 2 番目に良いものが出れば止める」あるいは，「初めの 3 回はすべて見送る，4, 5, 6, 7 回目は今までに一番良いものが出れば止める，8, 9 回目は今までに 1 番良いか 2 番目に良いものが出れば止める」というものである．（10 回目はそこで終わるので必然的に止めることになる．）ちなみにこれによる成功の確率 $E[Z_1] = a_{1,1} \vee c_1$ は，およそ 0.637 となる．

問 2.3.9　まず，(2.3.20) は $\frac{e^{-rT}}{\sqrt{2\pi}} \int_{\mathbf{R}} (K - Se^{(r-\frac{\sigma^2}{2})T + \sigma\sqrt{T}y})_+ e^{-y^2/2} dy$ となる．今 $K \geq Se^{(r-\frac{\sigma^2}{2})T + \sigma\sqrt{T}y}$ を変形すると $y \leq -(\log \frac{S}{K} + (r - \frac{\sigma^2}{2})T)/(\sigma\sqrt{T}) = -d_2$ であるから，結局 (2.3.20) は $Ke^{-rT}\Phi(-d_2) - \frac{S}{\sqrt{2\pi}} \int_{-\infty}^{-d_2} e^{-(y-\sigma\sqrt{T})^2/2} dy = Ke^{-rT}\Phi(-d_2) - S\Phi(-d_1)$ と変形され，結論を得る．

## 第 2 章章末練習問題

1. 各 $X_i$ に対して確率変数の族 $\{X_i^j\}_{j=1}^k$ を，$X_i = j$ のとき $X_i^j = 1$，$X_i^{j'} = 0$ $(j \neq j')$ で定める．このとき，$N_j = \sum_{i=1}^N X_i^j$ であるから，各 $(\xi_1, \ldots, \xi_k) \in \mathbf{R}^k$ について

$$E[e^{\sqrt{-1}\sum_{j=1}^k \xi_j N_j}] = \sum_{n=0}^{\infty} E[e^{\sqrt{-1}\sum_{j=1}^k \xi_j N_j} | N = n] e^{-\lambda} \frac{\lambda^n}{n!} \quad \text{(B.2.1)}$$

となり，条件付き平均の部分は，$\{X_i\}$ が独立同分布であることを用いると

$$E\left[\prod_{i=1}^n e^{\sqrt{-1}\sum_{j=1}^k \xi_j X_i^j}\right] = \prod_{i=1}^n E[e^{\sqrt{-1}\sum_{j=1}^k \xi_j X_i^j}] = (E[e^{\sqrt{-1}\sum_{j=1}^k \xi_j X_1^j}])^n$$

と変形できる．ここで $\{X_i^j\}_{j=1}^k$ の定義より $E[e^{\sqrt{-1}\sum_{j=1}^k \xi_j X_1^j}] = \sum_{j=1}^k p_j e^{\sqrt{-1}\xi_j}$ であるから，結局 (B.2.1) の右辺は

$$\sum_{n=0}^{\infty} e^{-\lambda} \frac{(\lambda(\sum_{j=1}^k p_j e^{\sqrt{-1}\xi_j}))^n}{n!} = \exp\left(\lambda \sum_{j=1}^k p_j (e^{\sqrt{-1}\xi_j} - 1)\right) \quad \text{(B.2.2)}$$

（最後の等号で $\sum_{j=1}^k p_j = 1$ を用いた）となる．特に $\xi_j = 0$ $(j \neq l)$ とすることにより

$$E[e^{\sqrt{-1}\xi_l N_l}] = \exp(\lambda p_l (e^{\sqrt{-1}\xi_l} - 1))$$

となり，$N_l$ は平均 $\lambda p_l$ のポアソン分布であることが示された．この式を (B.2.2) に代入することにより，$(N_1, \ldots, N_k)$ の特性関数が各々の特性関数の積で表されることが分かるから，第 1 章章末練習問題 1 より $\{N_j\}_j$ は互いに独立であることが分かる．

2. $X_{n,i} = \tau_i^n - \tau_{i-1}^n - 1$ とおくと，$\tau_k^n - k = \sum_{i=2}^k X_{n,i}$ であり，第 1 章章末練習問

題 6 の結果より $\{X_{n,i}\}_{i=2}^k$ は独立で，$X_{n,i}$ はパラメータ $1-(i-1)/n$ の幾何分布を持つことが分かっている．特に $P(X_{n,i}=0)=1-\frac{i-1}{n}$，$P(X_{n,i}=1)=(1-\frac{i-1}{n})\frac{i-1}{n}$，$P(X_{n,i}\geq 2)=(\frac{i-1}{n})^2$ である．ここで $X'_{n,i}$ を，$X_{n,i}$ が 1 ならば 1，1 以外ならば 0 となる確率変数とすると，$\{X'_{n,i}\}_{i=2}^k$ も独立である．さらに $p_{n,i}:=P(X'_{n,i}=1)$ とおくと，$p_{n,i}=(1-\frac{i-1}{n})\frac{i-1}{n}$ であり，$\frac{k}{\sqrt{n}}\to\lambda\geq 0$ だから $k,n\to\infty$ のとき $\max_{i=2}^k p_{n,i}\to 0$，$\sum_{i=2}^k p_{n,i}=\frac{k(k-1)}{2n}-\frac{k(k-1)(2k-1)}{6n^2}\to\frac{\lambda^2}{2}$ となり，定理 2.1.2 より $S_k:=\sum_{i=2}^k X'_{n,i}$ はパラメータ $\frac{\lambda^2}{2}$ のポアソン分布に弱収束する．また，$P(S_k\neq\tau_k^n-k)=\sum_{i=2}^k P(X_{n,i}\geq 2)=\sum_{i=2}^k(\frac{i-1}{n})^2=\frac{k(k-1)(2k-1)}{6n^2}\to 0$ だから $S_k-\tau_k^n-k$ は 0 に確率収束する．よって $\tau_k^n-k$ もパラメータ $\frac{\lambda^2}{2}$ のポアソン分布に弱収束する（最後の議論で，「$X_n$ が $X$ に弱収束し，$Y_n$ が $c$（定数）に確率収束すれば，$X_n+Y_n$ は $X+c$ に弱収束する」という事実を用いた．この事実は簡単に証明できるので証明は省略する．なお，$Y_n$ の条件の部分をより一般的に「$Y_n$ が確率変数 $Y$ に収束する」と変更すると，$X_n+Y_n$ が $X+Y$ に弱収束するとは限らないので注意せよ．反例は，例えば $X_n=-N$，$Y_n=N$（$n$ によらない），$N$ は標準正規分布をもつ確率変数とすると，$X_n$ は $N$ に弱収束し（$N$ は原点対称な分布だから $N$ と $-N$ は分布が等しい）$Y_n$ は $N$ に確率収束するが，$X_n+Y_n=0$ となり，$2N$ には弱収束しない）．

3. $n$ が奇数のときは 0．$n=2m$ のときは $E[(B_t)^{2m}]=\frac{2}{\sqrt{2\pi t}}\int_0^\infty x^{2m}e^{-\frac{x^2}{2t}}dx$ であり，部分積分を繰り返すことによりこれは $(2m-1)(2m-3)\cdots 1\cdot t^m=\frac{(2m)!}{2^m m!}t^m$ であることが分かる．特性関数を微分して求める（付録 A の定理 A.2.7 を用いて微分と積分の順序交換を保証する）方法もある．

4. 1) $\Delta_{m,n}^2$ は平均が $t/2^n$ であり，$m\neq m'$ のとき $\Delta_{m,n}$ と $\Delta_{m',n}$ は独立であることを用いると，

$$E\left[\left(\sum_{m=1}^{2^n}\Delta_{m,n}^2-t\right)^2\right]=E\left[\left\{\sum_{m=1}^{2^n}(\Delta_{m,n}^2-t2^{-n})\right\}^2\right]$$

$$=E\left[\sum_{m,m'=1}^{2^n}(\Delta_{m,n}^2-t2^{-n})(\Delta_{m',n}^2-t2^{-n})\right]=\sum_{m=1}^{2^n}E[(\Delta_{m,n}^2-t2^{-n})^2]$$

$$=\sum_{m=1}^{2^n}E[\Delta_{m,n}^4-t^2 2^{-2n}]=\sum_{m=1}^{2^n}2t^2 2^{-2n}=2^{1-n}t^2$$

（最後から 2 番目の等式で，上の問題 3 の結果を用いた）となるので，求める値は $2^{1-n}t^2$ である．

2) $A_n:=\{\omega:|\sum_{1\leq m\leq 2^n}\Delta_{m,n}(\omega)^2-t|\geq\epsilon\}$ とおくと，チェビシェフの不等式と 1)

より
$$P(A_n) \leq \epsilon^{-2} E\left[\left(\sum_{1\leq m\leq 2^n} \Delta_{m,n}^2 - t\right)^2\right] = \frac{2t^2}{2^n \epsilon^2}$$

となる．よって $\sum_{n=1}^{\infty} P(A_n) < \infty$ となるから，$B_\epsilon := \limsup_{n\to\infty} A_n^\epsilon$ とおくと，ボレル–カンテリの補題より任意の $\epsilon > 0$ について $P(B_\epsilon) = 0$ である．あとは定理 1.3.5 の証明の終盤と同様にして，結論を得る．

5．1) $E[Z_{n+1}|\mathcal{F}_n] = \sum_{k=1}^{\infty} E[Z_{n+1} 1_{\{Z_n=k\}}|\mathcal{F}_n] \cdots (*)$ であり，$Z_n = k$ のとき $Z_{n+1} = \eta_1^{n+1} + \cdots + \eta_k^{n+1}$ であるから，$(*)$ はさらに

$$\sum_{k=1}^{\infty} E[(\eta_1^{n+1} + \cdots + \eta_k^{n+1}) 1_{\{Z_n=k\}}|\mathcal{F}_n] = \sum_{k=1}^{\infty} 1_{\{Z_n=k\}} E[(\eta_1^{n+1} + \cdots + \eta_k^{n+1})|\mathcal{F}_n]$$

と変形できる（最後の変形で $1_{\{Z_n=k\}} \in \mathcal{F}_n$ であることを用いた）．$\eta_j^{n+1}$ は $\mathcal{F}_n$ と独立だから $E[\eta_j^{n+1}|\mathcal{F}_n] = E[\eta_j^{n+1}] = \mu$ となり，結局 $(*)$ は $\sum_{k=1}^{\infty} 1_{\{Z_n=k\}} k\mu = Z_n \mu$ となる．$\mu^{n+1}$ で割ると $E[\frac{Z_{n+1}}{\mu^{n+1}}|\mathcal{F}_n] = \frac{Z_n}{\mu^n}$ となり，結論を得る．

2) $n = 1$ の場合は定義より明らか．そこで，$n$ まで $E[s^{Z_n}] = f_n(s)$ が成り立つと仮定する．$E[s^{Z_{n+1}}] = \sum_{k=1}^{\infty} E[s^{Z_{n+1}}|Z_n = k] P(Z_n = k)$ である．ここで

$$E[s^{Z_{n+1}}|Z_n = k] = E[s^{\eta_1^{n+1}+\cdots+\eta_k^{n+1}}|Z_n = k] = E[s^{\eta_1^{n+1}}]^k = E[s^{Z_1}]^k = f(s)^k$$

と変形できる（2 番目の等号で，$\{\eta_j^{n+1}\}$ は独立同分布で $Z_n$ とも独立であることを用いた）．もとの式に戻すと，$E[s^{Z_{n+1}}] = \sum_{k=1}^{\infty} f(s)^k P(Z_n = k) = f_n \circ f(s) = f_{n+1}(s)$（2 番目の等号で帰納法の仮定を用いた）となり，$n+1$ においても $E[s^{Z_{n+1}}] = f_{n+1}(s)$ であることが示された．

3) $f_n(s) = E[s^{Z_n}]$ とおくと，$P(T = n) = P(Z_n = 0) - P(Z_{n-1} = 0)$, $P(Z_n = 0) = f_n(0)$ であるから，$a_n := f_n(0)$ を計算する．$f(s) = E[s^{Z_1}] = \sum_{k=0}^{\infty} P(Z_1 = k) s^k = \sum_{k=0}^{\infty} pq^k s^k = \frac{p}{1-sq}$ ($q = 1 - p$ とおいた) であるから，$a_{n+1} = f \circ f_n(0) = f(a_n) = \frac{p}{1-a_n q}$, $a_1 = p$ となる．ここで $c_n = \frac{1}{a_n - 1}$ とすると，$\{c_n\}$ の漸化式は $c_{n+1} = \frac{p}{q} c_n - 1$ と表される．これを解くと，$p = q$ のとき $c_n = -n - 1$, $p \neq q$ のとき $c_n = -(\frac{p}{q})^n \frac{p}{p-q} + \frac{q}{p-q}$ となる．よって $a_n = P(Z_n = 0)$ は，$p = q$ のとき $\frac{n}{n+1}$, $p \neq q$ のとき $\frac{p(q^n - p^n)}{q^{n+1} - p^{n+1}}$ となり，$P(T = n) = P(Z_n = 0) - P(Z_{n-1} = 0)$ は $p = q$ のとき $\frac{1}{n(n+1)}$, $p \neq q$ のとき $\frac{p^n q^{n-1}(p-q)^2}{(q^n - p^n)(q^{n+1} - p^{n+1})}$ となる．ところで，$P(T < \infty) = \lim_{n\to\infty} P(Z_n = 0)$ であるから，上の計算結果を用いるとこれは $p \geq q$ のとき 1, $p < q$ のとき $\frac{p}{q} < 1$ となる．よって，$p < q$ のとき $P(T = \infty) > 0$ だから $E[T] = \infty$．$P(T < \infty) = 1$ のとき，$E[T] = \sum_{n=0}^{\infty} n P(T = n)$ だから，上の計算結果を用いると $p = q$ のとき $E[T] = \infty$, $p > q$ のとき $E[T] < \infty$ となる．以上まとめて，$E[T] < \infty$ となるのは $p > q$ のときで

ある（$p=q$ のときは，確率 1 で絶滅するが絶滅までの平均時間は無限大である）．

6. $X_i$ を $i$ 回目のサイコロの目とし，$F_n = \frac{1}{n}\sum_{i=1}^{n} X_i$ とする．$\max_{\sigma \in \mathcal{G}} E[F_\sigma]$ をとる $\sigma$ を求めたい．2.3.2 小節での議論より，$Z_N = F_N$, $Z_{N-1} = F_{N-1} \vee E[Z_N|\mathcal{F}_{N-1}],\ldots$ として，$\sigma_0(\omega) := \min\{n : F_n(\omega) = Z_n(\omega)\}$ が最適戦術である．$N=4$ の場合にこれを計算すると，$Z_4 = F_4$, $Z_3 = F_3 \vee E[F_4|\mathcal{F}_3] = F_3 \vee \{\frac{1}{4}(X_1+X_2+X_3+\frac{7}{2})\} = F_3 \vee 3.5$, $Z_2 = F_2 \vee E[F_3 \vee \frac{7}{2}|\mathcal{F}_2] = F_2 \vee (\frac{1}{3}E[(X_1+X_2+X_3) \vee \frac{21}{2}|\mathcal{F}_2])$ となる．最後の条件付き平均を $Y$ とおいて，これを計算しよう．$A = X_1+X_2$ とおくと，$A \leq 4$ のときは $Y = 21/2$ であり，$A \geq 11$ のときは $Y = A+7/2$ である．$5 \leq A \leq 10$ のときは，$A+X_3$ と $21/2$ の大小関係を調べることにより $Y = \frac{10-A}{6} \times \frac{21}{2} + \frac{11+\cdots+(A+6)}{6} = (A^2-8A+142)/12$ となる．$Z_2$ の計算に戻ろう．$F_2 = A/2$ と $Y/3$ が等しくなるのは $A/2 = (A^2-8A+142)/36$，つまり $A = 13 - 3\sqrt{3}$ のときである．よって $Z_2$ は $A \leq 4$ のとき $7/2$，$A = 5,6,7$ のとき $(A^2-8A+142)/36$，$A \geq 8$ のとき $A/2$ となる．次に $Z_1 = F_1 \vee E[Z_2|\mathcal{F}_1]$ を計算する．$Z_2 = h(X_1, X_2)$ とし，$\varphi(x) = E[h(x, X_2)]$ とおくと，問 2.3.6 より $E[Z_2|\mathcal{F}_1] = \varphi(X_1)$ である．具体的に計算すると $X_1 \leq 4$ のとき $X_1 < \varphi(X_1)$，$X_1 = 5,6$ のとき $X_1 > \varphi(X_1)$ であることが分かるので，$Z_1$ は $X_1 \leq 4$ のとき $\varphi(X_1)$，$X_1 = 5,6$ のとき $X_1$ である．したがって，求める最適戦術は（1 回目）とにかく振る，（2 回目）1 回目が 4 以下なら続け，5 以上なら止める，（3 回目）2 回の平均が 4 未満なら続け，4 以上なら止める，（4 回目）3 回の平均が 3.5 以下なら続け，それ以上なら止める，である．例 2.3.13 で $N=4$ の場合とは戦術が異なっていることに注意せよ．

7. 1) 包除の公式の証明：各 $\sigma \in \mathcal{G}_n$ が，$\{A_m\}_{m=1}^n$ のうちいくつに含まれているかを考える．$\sigma$ が $k$ 個の $\{A_m\}$ に含まれているとすると，右辺の最初の $\sum_m P(A_m)$ で $\sigma$ の分は $k$ 回たされ，次の $\sum_{l,m} P(A_l \cap A_m)$ で ${}_kC_2$ 回引かれ，これを繰り返し，結局 ${}_kC_1 - {}_kC_2 + {}_kC_3 - \cdots - (-1)^n = -(1-1)^k + 1 = 1$ 回たされる，つまり右辺において $\sigma$ はちょうど 1 回カウントされていることが分かる．任意の $\sigma$ についてこれが成り立つから，示すべき等号が得られる．（なお，帰納法によって証明することもできる．）2 番目の等号は，簡単な組合せの計算で得られる．

2) 1) の最後の式を変形することにより，容易に得られる．

3) $P(S_n = k) = \sum_{l_1 < \cdots < l_k} P(l_1, \ldots, l_k$ が不動点，他は不動点ではない$) = \sum_{l_1 < \cdots < l_k} P(A_{l_1} \cap \cdots \cap A_{l_k})P(S_{n-k} = 0)$ となる（2 番目の等号は，各 $\sigma$ に等確率が与えられているから，$l_1, \ldots, l_k$ が不動点であるという条件の下，他が不動点でない確率は $P(S_{n-k} = 0)$ となるので成り立つ）．簡単な組合せの計算より $\sum P(A_{l_1} \cap \cdots \cap A_{l_k}) = {}_nC_k \frac{(n-k)!}{n!} = \frac{1}{k!}$ となるので，結論を得る．平均の計算：$E[S_n] = \sum_{k=1}^{\infty} \frac{k}{n} 1_{\{k \leq n\}} P(S_{n-k} = 0)$ であり，ここで $\lim_{n \to \infty}$ とすると，ルベーグの収束定理を用いて $\sum$ と $\lim$ の交換ができるので，$\lim_{n \to \infty} E[S_n] = \sum_{k=1}^{\infty} \frac{1}{(k-1)!} e^{-1} = 1$ となり結論を得る．分散の計算も同様．

# 第 3 章

**問 3.1.1** $j$ を, $V'$ を境界とするフローで 1) を満たすものとする. このとき $d_{xy} = j_{xy} - i_{xy}$ ($i$ は 1), 2) を満たすフロー) とおくと, $d$ はフローであり $\sum_y d_{ay} = 0$ が任意の $a \in V'$ で (したがって, $i, j$ がフローだから任意の $a \in V$ で) 成り立つ. すると

$$\sum_{x,y} j_{xy}^2 R_{xy} = \sum_{x,y} i_{xy}^2 R_{xy} + 2\sum_{x,y} i_{xy} d_{xy} R_{xy} + \sum_{x,y} d_{xy}^2 R_{xy}$$

となり, 一方 $i_{xy} = (f(x) - f(y))/R_{xy}$ と上の事実を用いると,

$$\sum_{x,y} i_{xy} d_{xy} R_{xy} = \sum_{x,y} (f(x) - f(y)) d_{xy}$$
$$= \sum_x f(x) \left(\sum_y d_{xy}\right) - \sum_y f(y) \left(-\sum_x d_{yx}\right) = 0$$

となるので, 結局

$$\sum_{x,y} j_{xy}^2 R_{xy} = \sum_{x,y} i_{xy}^2 R_{xy} + \sum_{x,y} d_{xy}^2 R_{xy} \geq \sum_{x,y} i_{xy}^2 R_{xy}$$

を得る. 等号はボンドで結ばれるすべての $x, y$ について $d_{xy} = 0$, つまり $j = i$ のときに限られる.

**問 3.1.2** 点 $a, b, c, d$ での電位はそれぞれ $1, 0, 7/16, 3/8$. 確率論的意味は, その点から出発した粒子が, $b$ に着く前に $a$ に着く確率.

**問 3.1.3** 命題 3.1.5, $\nu_a$ が $a, b$ 以外の点で調和であること, および $f(b) = 0$ を用いて,

$$\mathcal{E}_C(\nu_a, f) = \mathcal{E}_C(f, \nu_a) = -(f, \Delta\nu_a)_C = -f(a)\Delta\nu_a(a)C_a$$

を得る. 一方 (3.1.13) より $u(a) = 1 + \sum_y u(y) P_{ya}$ であるから, 両辺を $C_a$ で割って (3.1.6) を用いることにより, $\Delta\nu_a(a) = \sum_y P_{ay}\nu_a(y) - \nu_a(a) = -1/C_a$ を得る. 以上より, 示すべき関係式が得られた.

**問 3.1.4** $a \to c, c \to b, a \to d, d \to b, c \to d$ への電流はそれぞれ $9/16, 7/16, 5/8, 3/4, 1/8$. 確率論的意味は, $a$ から出た粒子が, $b$ に着く直前までにボンド $\{x, y\}$ を $x \to y$ 方向に通った回数の平均の $19/16$ 倍 (電源から $a$ への流入電流量が $19/16$ だから, 平均の $19/16$ 倍となる).

**問 3.1.5** 二つのベクトル $\mathbf{x}, \mathbf{y}$ について, すべての成分について $\mathbf{x}_i \geq \mathbf{y}_i$ ($\mathbf{x}_i > \mathbf{y}_i$) が成り立つとき, $\mathbf{x} \geq \mathbf{y}$ ($\mathbf{x} > \mathbf{y}$) と書くことにする (ここで $\mathbf{x}_i$ は $\mathbf{x}$ の $i$ 成分を表

す)．このとき，非負行列（各成分が非負である行列）$A$ について，その最大固有値は $\max\{\beta \geq 0 : A\mathbf{x} \geq \beta\mathbf{x}$ となる $\mathbf{x} \geq \mathbf{0}$ が存在する $\}$ であり，固有値の絶対値はすべてこの値以下であることが知られている（ペロン–フロベニウス (Perron-Frobenius) の定理）．この事実を用いて証明を行う．まず，非負行列 $A$ の各行の成分の和が 1 以下であれば $A$ の最大固有値 $\alpha$ は 1 以下であることに注意する．実際，対応する固有ベクトルで成分の最大値が 1 となる $\mathbf{x}$ をとると，$\mathbf{1} \geq A\mathbf{1} \geq A\mathbf{x} = \alpha\mathbf{x}$ となり（$\mathbf{1}$ は，各成分が 1 となるベクトルを表す），$\mathbf{x}$ の取り方から $\alpha \leq 1$ を得る．さて，今 $\mathbf{U}$ は非負行列で各行の和が 1 以下であるから，その最大固有値は 1 以下である．これが 1 であるとして矛盾を出そう．最大固有値が 1 とすると，$\mathbf{U}\mathbf{v} = \mathbf{v}$ となる（$\mathbf{0}$ でない）非負ベクトル $\mathbf{v}$ が存在する．このとき，$\mathbf{w} := {}^t(\mathbf{0}, \mathbf{v})$（${}^t A$ は $A$ の転置行列を表す）は $P\mathbf{w} = \mathbf{w}$ を満たすが，これは $s \equiv 0$ のときの (3.1.14) の解の一意性に反する．以上より，$\mathbf{U}$ の最大固有値は 1 未満であることが示された．

**問 3.1.6** $f_{l+1} - f_l$ は $V'$ 上 $0$ なので，(3.1.17) を書き直すと，

$$|f_l^{(k)}(x) - f_{l-1}^{(k)}(x)| \leq \alpha \max_{y \in V} |f_l^{(0)}(y) - f_{l-1}^{(0)}(y)|, \qquad x \in V \setminus V' \tag{B.3.1}$$

となる．$V \setminus V' = \{x_1, \ldots, x_i, \ldots, x_k\}$ を本文に述べたように取る，すなわち，$x_i$ に対して隣り合う点の列 $x_i = x_{i_0}, x_{i_1}, x_{i_2}, \ldots, x_{i_{m(i)}} \in V \setminus V'$ で，$x_{i_{m(i)}}$ が $V'$ の点と隣り合い，$i > i_1 > i_2 > \cdots > i_{m(i)}$ となるものとする．以下 $l$ をとめて，$m(i)$ についての帰納法で (B.3.1) を示す．まず，問で与えた式を用いると，$x_i \in V \setminus V'$ について

$$|f_l^{(k)}(x_i) - f_{l-1}^{(k)}(x_i)| = |f_l^{(i)}(x_i) - f_{l-1}^{(i)}(x_i)| \leq \left( \sum_{y \in V \setminus V'} P_{x_i y} \right) |f_l^{(i-1)}(y) - f_{l-1}^{(i-1)}(y)| \tag{B.3.2}$$

を得る．また，これを帰納的に繰り返して $\|f_l^{(i-1)} - f_{l-1}^{(i-1)}\| \leq \|f_l^{(0)} - f_{l-1}^{(0)}\|$ も得られる．さて，まず $m(i) = 0$ のとき，$\sum_{y \in V \setminus V'} P_{x_i y} < 1$ である．よって (B.3.2) より (B.3.1) が成り立つ（$\alpha$ に当たるのは $\alpha_1 = \max_{x_i \in V_1'} (\sum_{y \in V \setminus V'} P_{x_i y}) < 1$ である）．次に $m(i) = m_0$ まで (B.3.1) が成り立っているとする（$\alpha$ に当たるものは $\alpha_{m_0} < 1$ とする）．このとき $m(i) = m_0 + 1$ となる $x_i$ について，$x_i, x_{i_1}, x_{i_2}, \ldots, x_{i_{m(i)}} \in V \setminus V'$ で $x_{i_{m(i)}}$ が $V'$ の点と隣り合い，$i > i_1 > i_2 > \cdots > i_{m(i)}, m(i) = m_0 + 1$ となる列を取ることができる．すると，

$$\begin{aligned}(\text{B.3.2}) = & \left( \sum_{y \in V \setminus (V' \cup \{x_{i_1}\})} P_{x_i y} \right) |f_l^{(i-1)}(y) - f_{l-1}^{(i-1)}(y)| \\ & + P_{x_i x_{i_1}} |f_l^{(i-1)}(x_{i_1}) - f_{l-1}^{(i-1)}(x_{i_1})|\end{aligned}$$

となり，列の取り方から $m(i_1) = m_0$ であるから，

$$\alpha_{m_0+1} := \max_{\substack{x_i : m(i) = m_0+1 \\ \{x_i, x_{i_1}\} \in B}} \left\{ \sum_{y \in V \setminus (V' \cup \{x_{i_1}\})} P_{x_i y} + P_{x_i x_{i_1}} \alpha_{m_0} \right\} < 1$$

（最後の不等号は，帰納法の仮定である $\alpha_{m_0} < 1$ より得られる）を $\alpha$ とすることにより，(B.3.1) が成り立つ．$V$ の元の数は有限であるから，帰納法により，すべての $x \in V \setminus V'$ について (B.3.1) が成立することが示された．

**問 3.1.7** 数式処理ソフト *Mathematica* を用いて計算した結果を以下の表に表す（M はモンテカルロ法，GS はガウス–ザイデル法を表す．なお，モンテカルロ法については，試行するごとに値が変わることに注意）．表中には記していないが，ガウス–ザイデル法を 15 回繰り返すと小数第 5 位までは真の値と一致することも検証できる．これによりガウス–ザイデル法の方が収束のスピードが速いことが確認できる．

|   | 真の値 | M:1000 回 | M:5000 回 | M:10000 回 | GS:5 回 | GS:10 回 |
|---|---|---|---|---|---|---|
| a | 0.02162 | -0.029 | 0.007 | 0.0219 | 0.02000 | 0.02161 |
| b | -0.17905 | -0.192 | -0.1852 | -0.1744 | -0.18055 | -0.17907 |
| c | 0.22162 | 0.241 | 0.2002 | 0.2096 | 0.22098 | 0.22162 |
| d | 0.26554 | 0.259 | 0.248 | 0.2601 | 0.26445 | 0.26553 |
| e | 0.04054 | 0.046 | 0.0354 | 0.0434 | 0.03945 | 0.04053 |
| f | 0.06554 | 0.109 | 0.0652 | 0.059 | 0.06511 | 0.06554 |
| g | 0.01014 | 0.019 | 0.0152 | 0.009 | 0.00986 | 0.01013 |

**問 3.1.8** 命題 3.1.21 の右辺の下限をとるポテンシャルを $f$ とし，$f$ による（電源から）$a$ への流入電流量を $i_a^1$ と書くと，$f/i_a^1$ から決まるフローが示すべき式の右辺の下限をとることが命題 3.1.9 から分かる．命題 3.1.21 の証明における計算から，このときの回路のエネルギーは $\mathcal{E}_C(f/i_a^1, f/i_a^1) = i_a^1/(i_a^1)^2 = 1/i_a^1$ となり，これは $R(a,b)$ に等しい．

**問 3.1.9** $R(a,b) = 1/i_a^1 = 1/(9/16 + 5/8) = 16/19$．$C_a = 2$ であるから，$P_{\text{esc}}(a,b) = 19/32$．

**問 3.1.10** ［直列］まず点 $c$ での電位を計算する．

$$\Delta v(c) = (1/R_1)/(1/R_1 + 1/R_2) \times 1 + (1/R_2)/(1/R_1 + 1/R_2) \times 0 - v(c) = 0$$

より $v(c) = (1/R_1)/(1/R_1 + 1/R_2)$．よって $i_{ac} = (1 - v(c)) \times (1/R_1) = 1/(R_1 + R_2)$ だから，$R(a,b) = R_1 + R_2$ となる．
［並列］上下の抵抗内を流れる電流をそれぞれ $i_1, i_2$ とすると，$i_1 = 1 \times 1/R_1, i_2 = 1 \times 1/R_2$ である．よって $a, b$ 間を流れる総電流量は $i_{ab} = 1/R_1 + 1/R_2$ だから，

$R(a,b) = 1/(1/R_1 + 1/R_2)$ となる.

**問 3.1.11** 線分上に $a, c, b$ がこの順で並んでいるようなグラフを考える. 抵抗を $R_{ac} = R_{cb} = 1$ とした電気回路と, $R'_{ac} = m, R'_{cb} = 1$ (ただし $m > 1$) とした電気回路は, 問の条件を満たしている. このとき $R(a,b) = 2, C_a = 1$ だから命題 3.1.22 より $P_{\mathrm{esc}}(a,b) = 1/2$ となり, また $R'(a,b) = 1 + m, C'_a = 1/m$ だから $P'_{\mathrm{esc}}(a,b) = m/(1+m)$ となる. $m > 1$ だから $P_{\mathrm{esc}}(a,b) < P'_{\mathrm{esc}}(a,b)$ を得る.

**問 3.2.1** $\tau_x = \inf\{n \geq 0 : X_n = x\}$ とおく. まず, ポーヤの意味で再帰ならば本書の意味でも再帰であることを示す. $y \neq x$ をとると, $x$ から出発した粒子は確率 1 で有限時間内に $y$ に着くので, $y$ に着いた時刻を今度は時刻 0 と考えると (このように考えてよいのは, 正確にはマルコフ連鎖の強マルコフ性と呼ばれる性質による), 確率 1 で有限時間内に $x$ に着く. 結局, 有限時間内に $x$ に戻ることになる. 次に, 本書の意味で再帰ならばポーヤの意味でも再帰であることを示す. 各 $y \neq x$ について, $x$ から出て $x$ に戻るまでに $y$ を通る確率 ($p$ とおく) は正である. これを繰り返して (正確には強マルコフ性を用いる), $x$ から出発した粒子が $n$ 回 $x$ に戻るまでに $y$ を通る確率は $1 - (1-p)^n$ となる. 一方命題 3.2.2 の後に述べたように, $x$ から出発した粒子は確率 1 で $x$ に無限回戻ってくるから, 結局 $P(\{\tau_y < \infty\}) = 1$ となる.「すべての点を通る」という事象は $\bigcap_{y \in V^d} \{\tau_y < \infty\}$ であるから, この確率も 1 である.

## 第 3 章章末練習問題

1. この立方体を, 各辺に抵抗 1 を与えた電気回路と考えて脱出確率を計算するとよい. $R(a,b) = 5/6, C_a = 3$ だから, 命題 3.1.22 より求める確率は 2/5 である.

2. 問 3.1.8 と $E_C(j,j) = \frac{1}{2} \sum_{x,y} j_{xy}^2 R_{xy}$ であることから, 明らかである.

3. エネルギーが最小になる電位は, 対称性により原点からの距離が等しい頂点では同じ値をとる. よって, それらの頂点をショートさせてもエネルギーに変化はないから有効抵抗も変わらない. このようにショートさせたとき, 原点からの距離が $i$ の点から $i+1$ の点につながるボンドの数は $2^i$ であるから, 原点からの距離が $m$ までの有限グラフ近似における有効抵抗は $R_{(m)}(0, \partial V_m) = 1/2 + 1/4 + \cdots + 1/2^m = 1 - 1/2^m$ である. よって $R_{\mathrm{eff}}(0) = \lim_{m \to \infty}(1 - 1/2^m) = 1$, したがって対応する単純マルコフ連鎖は非再帰的である. ボンドの出方が $n$ 本の場合は, 同様の計算により $R_{(m)}(0, \partial V_m) = 1/n + 1/n^2 + \cdots + 1/n^m = (1 - 1/n^m)/(n-1)$ であり, $R_{\mathrm{eff}}(0) = 1/(n-1)$ である. したがって, 対応する単純マルコフ連鎖は非再帰的である.

4. 系 3.2.8 より, このマルコフ連鎖は $\mathbf{Z}^2$ 上のシンプルランダムウォークと同じ型で

あるから再帰的である．$\mathbf{Z}^3$ の場合は，同じ理由により非再帰的である．

5．[例] グラフ $\mathbf{Z}_+$（非負整数を頂点とし，距離 1 の頂点間を抵抗 1 のボンドでつないだグラフ）の各点 $i$ に対し，$2^i$ 個の新たな点を与え，$i$ とこれらの点をそれぞれ抵抗 1 のボンドでつないだグラフ $G$ を考える．簡単な計算により $R^G_{\mathrm{eff}}(0) = \infty$ と分かり，したがって $G$ 上の単純マルコフ連鎖は再帰的である．一方 $G_{(2)}$ には $i$ と $i+1$ の間に $2^{i+1}$ 個以上の抵抗 2 のボンドができるので，その間の抵抗は $1/2^i$ 以下である．よって $R^{G_{(2)}}_{\mathrm{eff}}(0)$ $\leq \lim_{n\to\infty} \sum_{i=0}^n 1/2^i = 2$ となり，$G_{(2)}$ 上の単純マルコフ連鎖は非再帰的である．

6．対応する電気回路の，ボンド $\{n, n+1\}$ における抵抗を $R_n$ とおくと，簡単な計算により $p_n = R_n^{-1}/(R_{n-1}^{-1} + R_n^{-1})$ と分かる．これから $R_n/R_{n-1} = p_n^{-1} - 1$ となり，$R_0 = 1$ とすると $R_n = \prod_{i=1}^n (p_i^{-1} - 1)$ が求める電気回路の抵抗である（この定数倍でもよい）．
$$R_{\mathrm{eff}}(0) = \sum_{n=0}^\infty R_n = 1 + \sum_{n=1}^\infty \prod_{i=1}^n (p_i^{-1} - 1)$$
であるから，この値が収束するような $\{p_n\}$ についてはマルコフ連鎖は非再帰的であり，発散するような $\{p_n\}$ については再帰的である．

# 参考文献

まず，確率論の入門書を紹介します．現在，確率論の入門書は邦書, 洋書ともに充実しています．このうち, 邦書を中心に私が実際に手に取って見たことのある入門書を以下に挙げます．いずれも著者の方々の独創性に富んだ良書です．なお, 最後の [Q1], [Q2] は, 確率論の演習問題書です.

[P1] R. Durrett, *Probability: Theory and Examples*, Second Edition, Duxbury Press, 1995.

[P2] フェラー (W. Feller) 著, 河田龍夫監訳,『確率論とその応用 I, II（上・下）』, 紀伊国屋書店, 1960–1970.

[P3] 福島正俊,『確率論』, 裳華房, 1998.

[P4] 伏見正則,『確率と確率過程』, 講談社, 1987.

[P5] 樋口保成,『パーコレーション』, 遊星社, 1992.

[P6] 伊藤清,『確率論 I, II, III』, 岩波書店（岩波講座基礎数学）, 1976–1978.

[P7] 小林道正,『Mathematica 確率—基礎から確率微分方程式まで—』, 朝倉書店, 2000.

[P8] 河野敬雄,『確率概論』, 京都大学学術出版会, 1999.

[P9] 楠岡成雄,『確率・統計』, 森北出版, 1995.

[P10] J. Lamperti, *Probability—A Survey of the Mathematical Theory*, Second

Edition, John Wiley & Sons, 1996.

[P11] 松本裕行・宮原孝夫, 『数理統計入門』, 学術図書出版, 1990.

[P12] 森真・藤田岳彦, 『確率・統計入門―数理ファイナンスへの適用』, 講談社, 1999.

[P13] 西尾真喜子, 『確率論』, 実教出版, 1978.

[P14] 佐藤坦, 『測度から確率へ―はじめての確率論』, 共立出版, 1994.

[P15] シナイ (Ya. G. Sinai) 著, 森真訳, 『シナイ確率論入門コース』, シュプリンガー・フェアラーク東京, 1995.

[Q1] ブロム (G. Blom)・ホルスト (L. Holst)・サンデル (D. Sandell) 著, 森真訳, 『確率問題ゼミ―コイン投げからランダム・ウォークまで』, シュプリンガー・フェアラーク東京, 1995.

[Q2] G. Grimmett and D. Stirzaker, *One Thousand Exercises in Probability*, Oxford University Press, 2001.

次に, 測度論・ルベーグ積分についてもっと詳しく勉強しておこう考えている読者のために, 関連した参考文献をいくつか挙げます.

[Le1] 伊藤清三, 『ルベーク積分入門』, 裳華房, 1963.

[Le2] 小谷眞一, 『測度と確率 1, 2』(岩波講座現代数学の基礎), 岩波書店, 1997.

[Le3] 盛田健彦, 『実解析と測度論の基礎』, 培風館, 2004.

[Le4] W. Rudin, *Real and complex analysis*, Third Edition, McGraw-Hill, 1986.

[Le5] 志賀浩二, 『ルベーク積分入門 30 講』, 朝倉書店, 1990.

[Le6] 志賀徳造, 『ルベーグ積分から確率論』, 共立出版, 2000.

本書は，スタンダードな入門書という立場で見ると，確率空間を設定するところから話を起こして，大数の法則，中心極限定理といった基本的な定理を学び，ポアソン過程, ブラウン運動など基本的な確率過程の性質を垣間見た後，離散のマルチンゲールについて触れた所で終わっています（その後の最適問題，オプションの価格付けや電気回路の章は，より応用的な題材を扱ったものです）．この先さらに確率論の勉強を続けたいと思う読者は，本書の内容の続きとして確率解析について勉強していくのがもっともスタンダードな方向でしょう．確率解析については，以下の文献 [SA1]〜[SA8] などを参照されるとよいでしょう．具体的な確率モデルについてもっと勉強したいと思う読者は，[P5], [SP4] や，本シリーズ続刊の [SP2] などをお勧めします．加法過程について詳しく知りたい読者は，[LP1], [LP2], [LP3] を参照して下さい．

[SP1] ディンキン (E.B. Dynkin) 著, 筒井孝胤訳,『マルコフ過程―定理と問題』,総合図書, 1972.

[SP2] 服部哲弥,『ランダムウォークとくりこみ群-確率論から数理物理学へ』, 共立出版, 2004.

[SP3] 楠岡成雄,『ランダムネス』, 数学の未解決問題, 数理科学, 8 月号 2000.

[SP4] シナジ (R.B. Schinazi) 著, 今野紀雄・林俊一訳,『マルコフ連鎖から格子確率モデルへ』, シュプリンガー・フェアラーク東京, 2001.

[SA1] 舟木直久,『確率微分方程式』（岩波講座現代数学の基礎）, 岩波書店, 1997.

[SA2] N. Ikeda and S. Watanabe, *Stochastic Differential Equations and Diffusion Processes*, North Holland-Kodansha, Amsterdam, 1981.

[SA3] カラザス (I. Karatzas)・シュレーブ (S.E. Shreve) 著, 渡邉壽夫訳,『ブラウン運動と確率積分』, シュプリンガー・フェアラーク東京, 2001.

[SA4] 長井英生,『確率微分方程式』, 共立出版, 1999.

[SA5] エクセンダール (B. Øksendal) 著, 谷口説男訳,『確率微分方程式―入門か

ら応用まで』, シュプリンガー・フェアラーク東京, 1999.

[SA6] 重川一郎,『確率解析』, 岩波書店 (岩波講座現代数学の展開), 1998.

[SA7] J.M. Steele, *Stochastic Calculus and Financial Applications*, Springer, 2001.

[SA8] 渡辺信三,『確率微分方程式』, 産業図書, 1975.

[LP1] J. Bertoin, *Lévy Processes*, Cambridge University press, 1996.

[LP2] 佐藤健一,『加法過程』, 紀伊國屋出版, 1990.

[LP3] K. Sato, *Lévy Processes and Infinitely Divisible Distributions*, Cambridge University press, 1999.

大偏差原理については, 本書では独立同分布の場合の入門的な内容の紹介に留まりました. 詳しく知りたい読者は, [LD1]～[LD6] などを参照して下さい (著者の知るかぎり, 邦書で大偏差原理について体系的に述べてある本はありません. 多少専門的にはなりますが, 国内研究者達による [LD6] は, 90 年代半ばまでの研究の流れをほぼ網羅しています). また, 電気回路についてさらに発展的な内容を扱った書としては, [EN2] 等があります. 確率解析の応用として近年脚光を浴びている数理ファイナンスに興味のある読者も多いかと思います. この方面の入門書はここ数年で非常に充実してきており, 著者自身新しい文献を完全に把握はできていませんので, ここでは [P12], [SA3], [SA4], [SA5], [SA7] に加えて, 著者の知る範囲で [F1]～[F6] を挙げるに留めておきます. さらに詳しく文献を知りたい読者は, これらの本の巻末にある文献表を参照して下さい.

[LD1] A. Dembo and O. Zeitouni, *Large Deviations Techniques and Applications* (2nd ed.), Springer, 1998.

[LD2] J.-D. Deuschel and D.W. Stroock, *Large Deviations*, Academic Press, 1989.

[LD3] R.S. Ellis, Entropy, *Large Deviations and Statistical Mechanics*, Springer, 1985.

[LD4] F. den Hollander, *Large Deviations*, Fields Institute Monographs, AMS, 2000.

[LD5] D.W. Stroock, *An Introduction to the Theory of Large Deviations*, Springer 1984.

[LD6] 『特集/大偏差原理とその応用』, 数理科学, サイエンス社, 2月号 1995.

[EN1] P.G. Doyle and J.L. Snell, *Random Walks and Electric Networks*, Carus Monograph, Math. Assoc. of America, Washington DC, 1984; http://front.math.ucdavis.edu/math.PR/0001057 においても入手可能.

[EN2] 室田一雄, 『離散凸解析』, 共立出版, 2001.

[EN3] 砂田利一, 『分割の幾何学―デーンによる2つの定理―』, 日本評論社, 2000.

[F1] バクスター (M. Baxter)・レニー (A. Rennie) 著, 藤田岳彦・高岡浩一郎・塩谷匡介訳, 『デリバティブ価格理論入門―金融工学への確率解析』, シグマベイスキャピタル, 2001.

[F2] R.J. Elliott and P.E. Kopp, *Mathematics of Financial Markets*, Springer, 1999.

[F3] 木島正明, 『ファイナンス工学入門 I, II』, 日科技連, 1994, 1996.

[F4] ランベルトン (D. Lamberton)・ラペール (B. Lapeyre) 著, 青木信隆・岩村伸一・大多和亨・中川秀敏訳, 『ファイナンスへの確率解析』, 朝倉書店, 2000.

[F5] ネフツィ (S.N. Neftci) 著, 投資工学研究会訳, 『ファイナンスへの数学―金融デリバティブの基礎』, 朝倉書店, 2001.

[F6] プリスカ (S.R. Pliska)・スタンレイ (R. Stanley) 著, 東京海上火災保険財務企画部運用企画グループ訳, 『数理ファイナンス入門―離散時間モデル』, 共立出版, 2001.

最後に, 上述した参考文献の中で, 本書を執筆するに当たり特に参照した本を列挙します. [P2]：世界的に有名な確率論入門書であり, この方面のバイブルと呼んでもよい大著です. [P1],[P13]：確率論入門書として定評のある本で, 本書の第1章および第2章の一部で述べた内容とその発展について, より詳しく記してあります. [P10]：私が初めて読破した確率論の入門書です (私が読んだのは第1版ですが). これも定評のある本で, やはり本書の第1章および第2章を書く際に参照しました. [SP3]：第1章 Tea Break「ランダム性とは何か」の話は, この記事を参照しました. [LD1], [LD4], [LD6]：第1章の大偏差原理の部分で参照しました. [SA3], [SA4], [SA5]：第2章のブラウン運動に関連した部分で参照しました. [P7]：数式処理ソフト *Mathematica* を用いた確率論の入門書で, 実際にプログラムを走らせて視覚的理解を深めることができます. [SP1]：本書の第2章の最適戦術について詳しく書かれてあります. [P12], [F4], [F5]：第2章のオプションの価格付けの部分で参照しました. [F4] は, 数理ファイナンスの入門書として大変お勧めです. [P12] は, ユニークな視点から書かれた確率・統計の入門書です. [Q1], [Q2]：数多くの演習問題が載っています. おもしろい問題も満載です. [EN1]：第3章の電気回路とランダムウォークは, この本の内容をベースとしてこれにいくつかのトピックを加えました. [EN3]：3.1.5小節で扱ったデーンの定理およびその周辺について詳しく書かれてあります. [Le6]：ルベーグ積分の入門書であると同時に確率論の入門書でもある本で, マルコフ連鎖や簡単な確率モデルについても詳しく述べるなど特色のある本です. [Le4]：いろいろな本を読んでもルベーグ積分論をよく理解できなかった私に, この世界の生き生きとした美しさを実感させてくれた思い出の本です. 付録Aの作成の際に参考にしました.

# 索引

## [あ]

アメリカ型オプション (American option), 103
安全資産 (riskless asset), 104
安全連続利子率 (instantaneous rate), 112

イェンセンの不等式 (Jensen's inequality), 53
位相 $\sigma$ 加法族 (topological $\sigma$-algebra), 11
一様分布 (uniform distribution), 12
一致条件 (consistency condition), 16
伊藤の公式 (Itô's formula), 84

ウィーナー過程 (Wiener process), 69
ウィーナー測度 (Wiener measure), 69
埋め込む (embed), 157

エネルギー消費量 (energy dissipation), 118

オームの法則 (Ohm's law), 117
同じ型 (same type), 153

## [か]

概収束 (almost sure (everywhere) convergence), 25
ガウス–グリーンの公式 (Gauss-Green formula), 119
ガウス–ザイデル法 (Gauss-Seidel method), 131
下極限 (inferior limit), 23
確率解析 (stochastic analysis), 84
確率過程 (stochastic process), 59, 68
確率空間 (probability space), 3, 12
確率収束 (convergence in probability), 22
確率測度 (probability measure), 11
確率変数 (random variable), 4, 13
可測関数 (measurable function), 167
可測空間 (measurable space), 11, 164
可測集合 (measurable set), 164
型問題 (type problem), 146
カット則 (cut method), 142
加法過程 (additive process), 70
加法的集合関数 (signed measure), 172
カメロン–マーティン部分空間 (Cameron-Martin subspace), 76
可予測 (predictable), 90
カラテオドリ外測度 (Carathéodory outer measure), 166
カラテオドリの拡張定理 (Carathéodory's extension theorem), 166
完備 (complete), 164
完備化 (completion), 171

幾何分布 (geometric distribution), 12, 38
危険資産 (risky asset), 104
期待値 (expectation), 4, 14
既約 (irreducible), 146
キュムラント母関数 (cumulant generating function), 54
境界 (boundary), 34
強連続半群 (strongly continuous semigroup), 85

キルヒホッフの法則 (Kirchhoff's law), 117
きれいに描かれる (can be drawn in a civilized manner), 157
緊密 (tight), 36

クラメールの定理 (Cramér's theorem), 50
クラメール変換 (Cramér transform), 51
グリーン核 (Green density), 127
グリーン関数 (Green function), 127
グリベンコの定理 (Glivenko's theorem), 44

骨格 (skelton), 76
コルモゴロフの拡張定理 (Kolmogorov's extension theorem), 16
コルモゴロフの連続変形定理 (Kolmogorov's continuity criterion), 79
根元事象 (elementary event), 8
コンダクタンス (conductance), 116

[さ]
再帰的 (recurrent), 144
再生性 (reproducing property), 128
最適戦術 (optimal strategy), 94
最適停止 (optimal stopping), 94
最適停止時刻 (optimal stopping time), 94
最良選択の問題 (best choice problem), 97

資金自己調達的 (self-financing), 108
$\sigma$ 加法性 ($\sigma$-additivity), 12, 164
$\sigma$ 加法族 ($\sigma$-algebra), 10, 164
$\sigma$ 有限 ($\sigma$-finite), 165
事象 (event), 3, 10
指数分布 (exponential distribution), 61
弱収束 (weak convergence), 31

シュワルツの不等式 (Schwarz inequality), 21
上極限 (superior limit), 23
条件付き確率 (conditional probability), 6
条件付き請求権 (contingent claim), 102
条件付き平均 (conditional expectation), 92
ショート則 (short method), 142
シンプルランダムウォーク (simple random walk), 80, 149, 154

推移確率 (transition probability), 123
酔歩 (random walk), 149
スコロホッドの定理 (Skorokhod's theorem), 35
スネル包 (Snell envelope), 95

正規数 (normal number), 28
正規分布 (normal distribution), 13, 38
生成作用素 (generator), 86
生成された $\sigma$ 加法族 (generated $\sigma$-algebra), 11
積率母関数 (moment generating function), 54
絶対連続 (absolutely continuous), 172
全変動（測度）(total variation measure), 172

像測度 (image measure, induced measure), 14
測度 (measure), 164
測度空間 (measure space), 164

[た]
台 (support), 34
大数の強法則 (strong law of large numbers), 24
大数の弱法則 (weak law of large numbers), 21

大偏差原理 (large deviation principle), 49
互いに素 (mutually disjoint), 12, 164
互いに独立 (mutually independent), 7
多次元正規分布 (multi-dimensional normal distribution), 39
たたみ込み (convolution), 19
単関数 (simple function), 15, 167
単調収束定理 (monotone convergence theorem), 169
単調族定理 (monotone class theorem), 56

チェビシェフの不等式 (Chebyshev's inequality), 20
チャップマン–コルモゴロフの等式 (Chapman-Kolmogorov equation), 78
中心極限定理 (central limit theorem), 30, 47
頂点 (vertex), 115
重複対数の法則 (law of iterated logarithm), 27
調和 (harmonic), 118
直積測度 (product measure), 171

抵抗 (resistance), 116
停止時刻 (stopping time), 87
ディリクレの原理 (Dirichlet principle), 120
ディリクレ問題 (Dirichlet problem), 86, 129
デーンの定理 (Dehn's theorem), 136
適合する (adapted), 87
デルタ測度 (delta measure), 12
電圧（電位差）(voltage), 117
電気回路 (electric network), 116
電流 (electric current), 117

同時分布 (joint distribution), 14
到達時刻 (hitting time), 87

同値マルチンゲール測度 (equivalent martingale measure), 106
特異 (singular), 172
特性関数 (characteristic function), 38
独立 (independent), 14
独立同分布 (independent and identically distributed), 16
トムソンの原理 (Thomson's principle), 122
ド・モアブル–ラプラスの定理 (de Moivre-Laplace theorem), 47
ドゥーブの任意抽出定理 (Doob's optional sampling theorem), 89
取引戦略 (trading strategy), 108
ドンスカーの不変性定理 (Donsker's invariance principle), 81

[な]
二項分布 (binomial distribution), 12, 38
任意停止定理 (optional stopping theorem), 92

熱方程式 (heat equation), 84

[は]
排反 (exclusive events), 3
派生商品 (derivative), 102

非再帰的 (transient), 144
非負定値 (non-negative definite), 41
標準正規分布 (standard normal distribution), 13
標準偏差 (standard deviation), 4
標本路 (sample path), 68

ファトゥーの補題 (Fatou's lemma), 170
フィルトレーション (filtration), 87
複製ポートフォリオ (replicating (hedging) portfolio), 104
フビニの定理 (Fubini's theorem), 171

ブラウン運動 (Brownian motion), 69
ブラック–ショールズの公式 (Black-Scholes formula), 112
フロー (flow), 121
分散 (variance), 4, 14
分枝過程 (branching process, Galton-Watson process), 113
分布 (distribution), 14
分布関数 (distribution function), 31

ペアごとに独立 (pairwise independent), 57
平均 (mean), 4, 14
ベルヌーイ列 (Bernoulli sequence), 18
ベルンシュタインの多項式 (Bernstein polynomial), 28

ポアソン過程 (Poisson process), 65
ポアソンの少数の法則 (Poisson's theorem), 61
ポアソン分布 (Poisson distribution), 60
ポアソン方程式 (Poisson equation), 134
包除の公式 (inclusion-exclusion formula), 114
法則 (law), 14
法則収束 (convergence in distribution (in law)), 34
ポートフォリオ (portfolio), 104
ポーヤの定理 (Pólya's theorem), 149
母関数 (generating function), 113
ホップの拡張定理 (Hopf's extension theorem), 166
ポテンシャル (potential), 118
ほとんど至るところ (almost everywhere), 26
ボホナーの定理 (Bochner's theorem), 42
ボラティリティ (volatility), 112
ボレル–カンテリの補題 (Borel-Cantelli lemma), 22

本質的上限 (essential supremum), 88
ボンド (bond), 115
ボンドの次数 (degree of bonds), 154

[ま]
マルコフ性 (Markov property), 126
マルコフ連鎖 (Markov chain), 123
マルチンゲール (martingale), 88

密度関数 (density function), 13

無裁定条件 (non-arbitrage), 105

モーテル問題 (motel problem), 97
モンテカルロ法 (Monte Carlo method), 130

[や]
有限加法性 (finite additivity), 165
有限加法族 (algebra), 165
有限加法的測度 (finite additive measure), 165
有限グラフ (finite graph), 115
有限グラフ近似列 (approximation by finite graphs), 146
有効抵抗 (effective resistance), 139

ヨーロッパ型オプション (European option), 103

[ら]
ラドン–ニコディム導関数 (Radon-Nikodym derivative), 173
ラドン–ニコディムの定理 (Radon-Nikodym's theorem), 173
ラプラス作用素（ラプラシアン）(Laplacian), 84
ランダムウォーク (random walk), 80, 149

リスク中立確率 (risk neutral probability), 106

ルジャンドル変換 (Legendre transform), 54
ルベーグ可測集合 (Lebesgue measurable set), 166
ルベーグ–スティルチェス測度 (Lebesgue-Stieltjes measure), 166
ルベーグ積分 (Lebesgue integral), 167
ルベーグ測度 (Lebesgue measure), 166
ルベーグの収束定理 (Lebesgue's dominated convergence theorem), 170
ルベーグ分解 (Lebesgue decomposition), 173

レート関数 (rate function), 54
レイリーの単調性定理 (Rayleigh's monotonicity law), 142
レヴィの反転公式 (Lévy's inversion formula), 39
レヴィの連続性定理 (Lévy's continuity theorem), 42
連結 (connected), 116
連続変形 (continuous modification), 79

[わ]
ワイエルシュトラスの多項式近似定理 (Weierstrass approximation theorem), 27
ワイルの定理 (Weyl's equidistribution theorem), 44

## Memorandum

# Memorandum

〈著者紹介〉

熊谷　隆（くまがい　たかし）
　1991 年　京都大学大学院理学研究科修士課程修了
　現　　在　早稲田大学理工学術院基幹理工学部数学科教授
　　　　　　博士（理学）
　専攻科目　確率論

|  |  |
|---|---|
| 新しい解析学の流れ<br>確率論 | 著　者　熊　谷　　隆　ⓒ2003<br>発行者　南　條　光　章<br>発　行　共立出版株式会社<br>　　　東京都文京区小日向4丁目6番19号<br>　　　電話（03）3947-2511番（代表）<br>　　　郵便番号112-0006<br>　　　振替口座 00110-2-57035 番<br>　　　URL　www.kyoritsu-pub.co.jp |
| 2003 年 3 月 15 日　初版 1 刷発行<br>2024 年 4 月 15 日　初版 7 刷発行 | 印　刷　横山印刷<br>製　本　ブロケード |
| 検印廃止<br>NDC 417.1 | 一般社団法人<br>自然科学書協会<br>会員 |
| ISBN978-4-320-01731-3 | Printed in Japan |

JCOPY ＜出版者著作権管理機構委託出版物＞
本書の無断複製は著作権法上での例外を除き禁じられています．複製される場合は，そのつど事前に，
出版者著作権管理機構（ＴＥＬ：03-5244-5088，ＦＡＸ：03-5244-5089，e-mail：info@jcopy.or.jp）の
許諾を得てください．

◆ 色彩効果の図解と本文の簡潔な解説により数学の諸概念を一目瞭然化！

ドイツ Deutscher Taschenbuch Verlag 社の『dtv-Atlas事典シリーズ』は、見開き2ページで1つのテーマが完結するように構成されている。右ページに本文の簡潔で分り易い解説を記載し、かつ左ページにそのテーマの中心的な話題を図像化して表現し、本文と図解の相乗効果で理解をより深められるように工夫されている。これは、他の類書には見られない『dtv-Atlas 事典シリーズ』に共通する最大の特徴と言える。本書は、このシリーズの『dtv-Atlas Mathematik』と『dtv-Atlas Schulmathematik』の日本語翻訳版である。

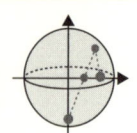

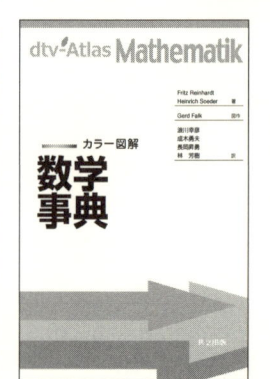

## カラー図解 数学事典

Fritz Reinhardt・Heinrich Soeder [著]
Gerd Falk [図作]
浪川幸彦・成木勇夫・長岡昇勇・林　芳樹 [訳]

数学の最も重要な分野の諸概念を網羅的に収録し、その概観を分り易く提供。数学を理解するためには、繰り返し熟考し、計算し、図を書く必要があるが、本書のカラー図解ページはその助けとなる。

【主要目次】　まえがき／記号の索引／序章／数理論理学／集合論／関係と構造／数系の構成／代数学／数論／幾何学／解析幾何学／位相空間論／代数的位相幾何学／グラフ理論／実解析学の基礎／微分法／積分法／関数解析学／微分方程式論／微分幾何学／複素関数論／組合せ論／確率論と統計学／線形計画法／参考文献／索引／著者紹介／訳者あとがき／訳者紹介

■菊判・ソフト上製本・508頁・定価6,050円(税込)■

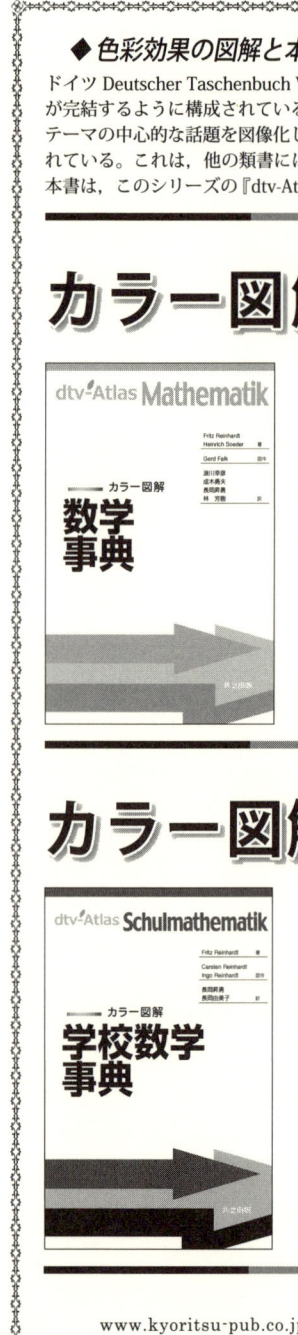

## カラー図解 学校数学事典

Fritz Reinhardt [著]
Carsten Reinhardt・Ingo Reinhardt [図作]
長岡昇勇・長岡由美子 [訳]

『カラー図解 数学事典』の姉妹編として、日本の中学・高校・大学初年級に相当するドイツ・ギムナジウム第5学年から13学年で学ぶ学校数学の基礎概念を1冊に編纂。定義は青で印刷し、定理や重要な結果は緑色で網掛けし、幾何学では彩色がより効果を上げている。

【主要目次】　まえがき／記号一覧／図表頁凡例／短縮形一覧／学校数学の単元分野／集合論の表現／数集合／方程式と不等式／対応と関数／極限値概念／微分計算と積分計算／平面幾何学／空間幾何学／解析幾何学とベクトル計算／推測統計学／論理学／公式集／参考文献／索引／著者紹介／訳者あとがき／訳者紹介

■菊判・ソフト上製本・296頁・定価4,400円(税込)■

www.kyoritsu-pub.co.jp　　共立出版　　(価格は変更される場合がございます)